新编全国高等职业院校烹饪专业规划教材

现代厨房管理

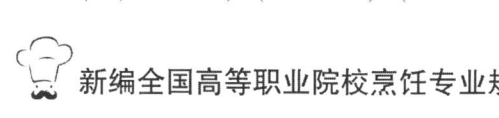

马开良◎主编　陆理民　高志斌◎副主编　（第2版）

北京·旅游教育出版社

责任编辑：果凤双

图书在版编目（CIP）数据

现代厨房管理／马开良主编．--2 版．--北京：旅游教育出版社，2018.6（2021.12重印）
新编全国高等职业院校烹饪专业规划教材
ISBN 978-7-5637-3739-0

Ⅰ.①现… Ⅱ.①马… Ⅲ.①厨房—管理—高等职业教育—教材 Ⅳ.①TS972.3

中国版本图书馆 CIP 数据核字（2018）第 110666 号

新编全国高等职业院校烹饪专业规划教材

现代厨房管理
（第 2 版）

马开良　主　编
陆理民　高志斌　副主编

出版单位	旅游教育出版社
地　　址	北京市朝阳区定福庄南里 1 号
邮　　编	100024
发行电话	（010）65778403　65728372　65767462（传真）
本社网址	www.tepcb.com
E-mail	tepfx@163.com
排版单位	北京旅教文化传播有限公司
印刷单位	北京市泰锐印刷有限责任公司
经销单位	新华书店
开　　本	710 毫米×1000 毫米　1/16
印　　张	16.375
字　　数	256 千字
版　　次	2018 年 6 月第 2 版
印　　次	2021 年 12 月第 6 次印刷
定　　价	32.00 元

（图书如有装订差错请与发行部联系）

出版说明

我国烹饪技术历史悠久,珍馐美馔享誉世界。进入21世纪以来,随着社会经济的发展和人们生活水平的不断提高,国际化交流不断深入,烹饪行业经历了面临机遇与挑战、兼顾传承与创新的巨大变革。烹饪专业教育教学结构也随之发生了诸多新变化,我国烹饪教育已进入了一个蓬勃发展的全新阶段。因此,编写一套全新的、能够适应现代职业教育发展节奏的烹饪专业系列教材,显得尤为重要。

本套"新编全国高等职业院校烹饪专业规划教材"是我社邀请众多业内专家、学者,依据《国务院关于加快发展现代职业教育的决定》的精神,以职业标准和岗位需求为导向,立足于高等职业教育的课程设置,结合现代烹饪行业特点及其对人才的需要,精心编写的系列精品教材。

本套教材的特点有:

第一,推进教材内容与职业标准对接。根据职业教育"以技能为基础"的特点,紧紧把握职业教育特有的基础性、可操作性和实用性等特点,尽量把理论知识融入实践操作之中,注重知识、能力、素质互相渗透,契合现代职业教育体系的要求。

第二,以体现规范为原则。根据教育部制定的高等职业教育专业教学标准及劳动和社会保障部颁发的执业技能鉴定标准,对每本教材的课程性质、适用范围、教学目标等进行规范,使其更具有教学指导性和行业规范性。

第三,确保教材的权威性。本套教材的作者均是既具有丰富的教学经验又具有丰富的餐饮、烹饪工作实践经验的专家,熟悉烹饪专业教学改革和发展情况,对相关课程的教学和发展具有独到见解,能将教材中的理论知识与实践中的技能运用很好地统一起来。

第四,充分体现本套教材的先进性和前瞻性。在现代技术日新月异的大环境下,尽量反映烹饪行业中的新工艺、新理念、新设备等内容,适当展示、介绍本学科最新研究成果和国内外先进经验,以体现出本套教材的时代特色。

第五,体例新颖,结构科学。根据各门课程的特点和需要,结合高等职业教育规范以及高职学生的认知能力设计体例与结构框架,对实操性强的科目进行模块化构架。教材设有案例分析、知识链接、课后练习等延伸内容,便于学生开阔视野,提升实践能力。

作为全国唯一的旅游教育专业出版社,我们有责任也有义务把体现最新教学改革精神、具有普遍适用性的烹饪专业教材奉献给大家。在将这套精心打造的教材奉献给广大读者之际,深切地希望广大教师、学生能一如既往地支持我们,及时反馈宝贵意见和建议。

旅游教育出版社

目 录

第1章 现代厨房管理概述 ……………………………………………… 1
 第一节 现代厨房生产运作的特点 …………………………………… 3
  一、生产量不确定 …………………………………………………… 3
  二、生产制作多为手工 ……………………………………………… 4
  三、生产工艺要求各岗位密切配合 ………………………………… 5
  四、产品具有特殊性 ………………………………………………… 6
  五、成本构成复杂 …………………………………………………… 6
  六、工作环境较差 …………………………………………………… 7
  七、产品质量信息反馈困难 ………………………………………… 7
 第二节 现代厨房生产要求 …………………………………………… 8
  一、设置科学的组织机构 …………………………………………… 8
  二、提供必备的生产条件 …………………………………………… 8
  三、建立相对稳定的厨师队伍 ……………………………………… 9
 第三节 现代厨房管理任务 …………………………………………… 9
  一、激发员工积极性 ………………………………………………… 9
  二、完成饭店规定的各项任务 ……………………………………… 9
  三、建立高效的运转管理系统 ……………………………………… 10
  四、制定工作规范和产品标准 ……………………………………… 10
  五、科学设计和布局厨房 …………………………………………… 11
  六、制定系统的管理制度 …………………………………………… 11
  七、督导厨房有序运转 ……………………………………………… 12

第2章 厨房组织机构 ……………………………………………………… 13
 第一节 厨房组织机构设置 …………………………………………… 14
  一、厨房的种类 ……………………………………………………… 14
  二、厨房各部门职能 ………………………………………………… 17

三、厨房机构设置原则 …………………………………………… 19
　　四、厨房组织机构图 ……………………………………………… 20
第二节　厨房岗位职责 ……………………………………………………… 23
　　一、总厨师长岗位职责 …………………………………………… 23
　　二、加工厨房岗位职责 …………………………………………… 24
　　三、中厨房岗位职责 ……………………………………………… 26
　　四、宴会厨房岗位职责 …………………………………………… 29
　　五、西厨房岗位职责 ……………………………………………… 31
第三节　厨房与相关部门的沟通联系 ……………………………………… 34
　　一、与餐厅部门的沟通联系 ……………………………………… 34
　　二、与宴会预订部门的沟通联系 ………………………………… 35
　　三、与原料供给部门的沟通联系 ………………………………… 35
　　四、与餐务部门的沟通联系 ……………………………………… 35

第3章　厨房人力资源管理 …………………………………………… 37
第一节　厨房人员配备 ……………………………………………………… 38
　　一、确定厨房人员数量的要素 …………………………………… 38
　　二、确定厨房人员数量的方法 …………………………………… 39
　　三、厨房岗位人员的选择 ………………………………………… 40
　　四、厨师长的遴选 ………………………………………………… 41
第二节　厨房人员招聘与培训 ……………………………………………… 42
　　一、厨房员工招聘来源与渠道 …………………………………… 43
　　二、厨房员工招聘程序与方法 …………………………………… 43
　　三、厨房员工培训原则 …………………………………………… 48
　　四、厨房员工培训程序与方法 …………………………………… 50
第三节　厨房员工评估与激励 ……………………………………………… 51
　　一、厨房员工评估的作用 ………………………………………… 52
　　二、厨房员工评估的方法与步骤 ………………………………… 53
　　三、厨房员工激励的基础 ………………………………………… 57
　　四、厨房员工激励的原则与方法 ………………………………… 59

第4章　厨房设计布局 …………………………………………………… 64
第一节　厨房设计布局的意义与原则 ……………………………………… 65

一、厨房设计布局的意义 ················· 65
　　二、影响厨房设计布局的因素 ············· 66
　　三、厨房设计布局的原则 ················· 67
第二节　厨房整体与环境设计 ················ 70
　　一、厨房面积确定 ······················· 70
　　二、厨房环境设计 ······················· 74
　　三、厨房布局类型 ······················· 79
第三节　厨房作业间的设计布局 ·············· 81
　　一、加工厨房的设计布局 ················· 81
　　二、中餐烹调厨房的设计布局 ············· 85
　　三、冷菜、烧烤厨房的设计布局 ··········· 87
　　四、面食、点心厨房的设计布局 ··········· 89
　　五、西餐厨房、餐厅烹饪操作台的设计布局 · 91

第5章　厨房设备与设备管理 ················ 100
第一节　厨房设备选择原则 ·················· 101
　　一、安全性原则 ························· 101
　　二、实用、便利性原则 ··················· 102
　　三、经济、可靠性原则 ··················· 103
　　四、发展、革新原则 ····················· 103
第二节　厨房加工、冷冻、冷藏设备 ·········· 103
　　一、厨房加工设备 ······················· 103
　　二、厨房冷冻、冷藏设备 ················· 106
第三节　厨房加热设备 ······················ 108
　　一、中餐菜肴、面点加热设备 ············· 108
　　二、西餐菜肴、包饼加热设备 ············· 110
　　三、抽排油烟设备 ······················· 112
第四节　厨房设备管理 ······················ 112
　　一、设备管理意义 ······················· 112
　　二、设备管理要求 ······················· 113
　　三、设备管理原则 ······················· 114
　　四、设备管理方法 ······················· 115

第6章 厨房菜单管理 ... 119

第一节 菜单的作用与种类 ... 121
- 一、菜单的作用 ... 121
- 二、菜单的种类 ... 123

第二节 菜单设计的原则与内容 ... 125
- 一、菜单设计的原则 ... 125
- 二、菜品组合选择 ... 127
- 三、菜单内容 ... 128

第三节 菜单制定程序 ... 130
- 一、零点菜单制定程序 ... 130
- 二、宴会标准菜单制定程序 ... 131
- 三、自助餐菜单制定程序 ... 132

第四节 菜单定价 ... 133
- 一、菜品的价格构成 ... 133
- 二、菜单定价原则与程序 ... 133
- 三、菜单定价方法 ... 137

第7章 厨房生产管理 ... 143

第一节 原料加工管理 ... 145
- 一、加工质量管理 ... 145
- 二、加工数量管理 ... 146
- 三、加工工作程序与标准 ... 149

第二节 菜肴配份、烹调与开餐管理 ... 151
- 一、配份数量与成本控制 ... 152
- 二、配份质量管理 ... 152
- 三、烹调质量管理 ... 154
- 四、烹调工作程序 ... 154
- 五、厨房开餐管理 ... 158

第三节 冷菜、点心生产管理 ... 162
- 一、分量控制 ... 163
- 二、质量与出品管理 ... 164
- 三、冷菜、点心工作标准与程序 ... 164

第四节 标准食谱管理 ... 165

一、标准食谱的作用与内容 ·················· 165
　　二、标准食谱的式样 ······················ 168
　　三、标准食谱制定程序与要求 ················· 169

第 8 章　厨房产品质量管理 ····················· 172
第一节　厨房产品的质量概念 ··················· 173
　　一、产品质量指标内涵 ···················· 173
　　二、质量感官评定 ······················ 178
　　三、产品外围质量要求 ···················· 180
第二节　影响厨房产品质量的因素分析 ··············· 181
　　一、厨房生产的人为因素 ··················· 181
　　二、生产过程的客观自然因素 ················· 182
　　三、就餐宾客的自身因素 ··················· 183
　　四、服务销售的附加因素 ··················· 183
第三节　厨房产品质量控制方法 ·················· 183
　　一、阶段标准控制法 ····················· 184
　　二、岗位职责控制法 ····················· 187
　　三、重点控制法 ······················· 188

第 9 章　厨房卫生管理 ······················ 192
第一节　厨房卫生的重要性 ···················· 193
　　一、卫生是保证宾客消费安全的重要条件 ············ 193
　　二、卫生是创造餐饮声誉的基本前提 ·············· 193
　　三、卫生决定餐饮企业经营成败 ················ 194
　　四、卫生构成员工工作环境 ·················· 194
第二节　厨房卫生规范 ······················ 194
　　一、食品安全法 ······················· 194
　　二、厨房食品卫生制度 ···················· 195
　　三、厨房生产卫生制度与标准 ················· 196
　　四、厨房设备卫生管理制度 ·················· 201
第三节　厨房卫生管理 ······················ 202
　　一、原料加工阶段的卫生管理 ················· 202
　　二、菜点生产阶段的卫生管理 ················· 202

三、菜点销售服务的卫生管理 ··· 205
　第四节　食物中毒与预防 ··· 205
　　一、食物中毒及其特征 ··· 205
　　二、食物中毒原因分析 ··· 205
　　三、食物中毒的种类与预防 ··· 206

第10章　厨房安全管理 ·· 209
　第一节　厨房安全的意义 ··· 210
　　一、安全是有序生产的前提 ··· 210
　　二、安全是实现企业效益的保证 ··· 210
　　三、安全是保护员工利益的根本 ··· 211
　第二节　厨房安全管理原则 ··· 211
　　一、责任明确，程序直观 ··· 211
　　二、预案详尽，隐患明忧 ··· 211
　　三、督查有力，奖罚充分 ··· 212
　第三节　厨房安全管理规范 ··· 212
　　一、厨房员工安全操作规程 ··· 213
　　二、仓库安全管理规定 ··· 216
　　三、防火管理规范 ··· 218
　第四节　厨房事故及其预防 ··· 219
　　一、烫伤与预防 ··· 219
　　二、扭伤、跌伤与预防 ··· 220
　　三、割伤与预防 ··· 221
　　四、伤口的紧急处理 ··· 222
　　五、电器设备事故与预防 ··· 222
　　六、火灾的预防与灭火 ··· 223

附　录　中华人民共和国食品安全法 ··· 225

后　记 ·· 251

第1章

现代厨房管理概述

学习目标

- ➢ 了解现代厨房生产运作特点
- ➢ 了解现代厨房生产要求
- ➢ 明确现代厨房管理任务
- ➢ 熟悉餐饮企业规定的各项任务指标

厨房,是烹饪工作人员作业的地方,也是进行烹饪作业必备的相关条件。准确地讲,厨房是从事菜肴、点心等食物产品加工、生产、制作的场所,是宾馆、饭店唯一的将原料进行技术处理、艺术加工,进而向宾客提供实物产品的部门。在宾馆和饭店,厨房的组织运作其实更像工厂制造业的生产:进入的是原料,输出的是形态、质感均发生变化了的成品。

现代厨房是在对传统的厨房设计、组织、管理扬弃的基础上,实行资源(尤其是设备、场地等)整合和部分流程再造,以先进的手段和方法,对厨房生产过程和质量控制方式、方法进行调整、完善,以提供能满足当今餐饮消费者需求的质量稳定、可靠的各类产品,并在此基础上做到资源的充分利用、效率的最大发挥、企业的持久发展。

本章将对现代厨房及其生产运作的特点加以系统分析,以发现其内在的规律和联系,进而找出进行有序、高效、优质的厨房生产的要求,在此基础上,总结出现代厨房管理的主要任务,为从事厨房运作管理认准目标,找准切入点。

案例导入

从厕所清洁工到麦当劳总裁

从15岁在麦当劳打工开始,到43岁成为麦当劳最年轻的首席执行官,查理·贝尔能否让麦当劳继续值得消费者说"我就喜欢"? 突如其来的一切,对麦当劳来说是否只是短期的影响?

打扫厕所出身的CEO

2004年4月19日,麦当劳公司董事会主席和首席执行官吉姆·坎塔卢波突然辞世后,麦当劳公司董事会随后推选时年43岁的现任总裁兼首席运营官查理·贝尔为麦当劳公司新任总裁兼首席执行官,他因此成为第一位非美国人的麦当劳公司掌门人,而且也是麦当劳最年轻的首席执行官。

查理·贝尔和麦当劳的渊源可以追溯到28年前。当时,年仅15岁的贝尔由于家境不富裕,在澳大利亚的一家麦当劳打工。作为学生,他从没想过在麦当劳发展事业,只想挣点零用钱。

贝尔在麦当劳的第一份工作就是打扫厕所。虽说扫厕所的活儿又脏又累,贝尔却干得踏踏实实。他常常是扫完厕所,接着就擦地板;地板干净了又去帮着干些别的工作。而这一切都被这家麦当劳的老板——麦当劳在澳大利亚的奠基人彼得·里奇看在眼里。

没多久,里奇就说服贝尔签署了员工培训协议,把贝尔引向正规职业培训。培训结束后,里奇又把贝尔放在店内各个岗位进行锻炼。虽说只是钟点工,但悟性出众的贝尔不负里奇一片苦心。经过几年锻炼,他全面掌握了麦当劳的生产、服务、管理等一系列工作。19岁那年,贝尔被提升为澳大利亚最年轻的麦当劳店面经理。

亲自站柜台的董事长

贝尔后来被调到麦当劳美国总部,先后担任亚太、中东和非洲地区总裁、欧洲地区总裁及麦当劳芝加哥总部负责人。2002年底,他被提升为首席运营官。

在担任总裁兼执行官期间,贝尔负责麦当劳公司在118个国家的超过3万家麦当劳餐厅的经营和管理,并从2003年1月1日起开始进入董事会。

无论处在哪个职位,贝尔都用心研究业务和顾客消费规律。他深知中午和傍晚马路上车最多时便是顾客最需要麦当劳之时。每到此时,他总和员工们一道亲自站台服务,接待顾客。有人说,贝尔是近年来餐饮业中唯一一个亲自站柜台的董事长。

投资者充满信心

尽管坎塔卢波的突然去世使得部分地区的股市产生了波动,但麦当劳公司上下以及分析界对查理·贝尔的继任仍显得颇有信心。

加拿大皇家商业银行旗下的全球市场公司分析师约翰·格拉斯评论道:"贝尔才43岁,因此有人会说他还年轻。但是对麦当劳的最高管理者来说,有很多事情可以做,董事会主席或首席执行官可以用不同的方式来履行他的职责。"

贝尔还对餐馆设计非常在行。在他出生和成长的澳大利亚,他创造了名为"麦咖啡"的咖啡店,为顾客提供了一个可以从容品尝咖啡和小点心的地方。现在,麦咖啡已经开到了澳大利亚以外的很多地方,大受欢迎。

案例分析

本案例告诫人们:

1.在阳光进取的单位、在真正追求经营业绩的公司、在不断谋求良性健康成长发展的集团,出身和籍贯都不是门槛。职业起点不重要,做什么都可以通向成功,关键是做事的态度和工作的方式。

2.学习新知识,练就新技能,不仅不能畏难、嫌烦,而且不能图新鲜、赶热闹,只有真实掌握了相应的知识,熟练掌握了实操技能,才可能在职业生涯里进入上升通道。

3.即使有所成功,任何时候都不能浅尝辄止。要取得更大成功,需要努力进取不停步。基础的知识、技能是必需的铺垫,而思考、整合、推陈出新,则是更高层次的学习,当然也是自我价值实现的标志。

总之,劳动、思考、勤奋、务实是获得事业成功的必由之路,时不我待,青春精彩,人生才不会遗憾。

第一节 现代厨房生产运作的特点

厨房生产,即厨房员工按照一定规格标准和操作程序,运用技术和艺术手段对各类烹饪原料进行有计划、有秩序、有目的的加工的劳动。由于厨房在饭店所处的特殊环境、位置和独特的生产运作方式,使其具有明显有别于餐厅服务和其他工业生产的特点。

一、生产量不确定

不论从事何种产品生产,首先应该明确产品的生产数量,这样才可以做到有的放矢和有计划生产,对生产和成品质量的把握才胸中有数。厨房生产当然也需要明确品种、数量,以指导安排生产。但实际上厨房生产很难找到一个确定的量,这主要是因为厨房生产免不了受以下因素的影响。

1.厨房生产的需求变动因素多

厨房生产的需求,主要取决于客流,即一定时间内前来餐厅就餐的客人数量。客流具有不稳定性。客情对于厨房生产及餐厅服务销售来说也是一个难以确定和把握的变量。客情明确,厨房就可以根据宾客的就餐类型做出适当准备,从事有计划的生产。但事实上,厨房掌握的客情,不是不及时,就是不准确。因为影响就餐客情的变化因素很多,饭店前厅、餐厅等有关部门与厨房沟通客情的准确性和及时性也时有问题。因此,客流客情引发的厨房生产需求变动既不可预料,更难以控制。

2.季节变化因素和原料性质的影响

现代餐饮消费者对菜肴时令性的要求愈来愈高,因此,饭店对时令性原料,要抢先应市;对快过时原料,要积极推销。当这些情况出现时,厨房生产都会变得骤然繁忙。

原料的性质与厨房的生产量大多有着反比关系。原料新鲜,质地鲜嫩,加工相对简单,厨房生产就快捷;相反,原料坚硬老陈,或需干货涨发、反复处理,厨房工作量便会增大。

3.消费导向和出菜节奏的影响

客人对菜肴的需求,有时会受到临近客人消费的影响,特别是现场烹制、边桌服务,以及火焰、铁板类容易制造气氛的菜肴更是如此。餐厅销售一旦产生导向性的连带效应,给厨房生产带来的影响是不言而喻的。

出菜节奏,指上菜的速度、菜与菜之间的出品时间间隙。自助餐在客人用餐前菜肴已烹制完毕(中途视情况再作添补),宴会则须在客人进餐中循序渐进地烹制出品。宴会致辞多、祝酒多、礼仪重,出菜要求缓慢;客人抢时间,要赶路,则要求上菜快捷。这些都对厨房的切配及烹制岗位在一定时间内的工作量产生影响。

厨房生产量的不确定性,还表现为厨房各工种、岗位的生产和工作量的不均衡性。

生产量的不确定,导致厨房订料、领料、加工、预制工作的无序、盲目。准备多了,可能出现原料不新鲜,甚至变质的情况,造成浪费,增大成本;准备少了或不作准备,客人蜂拥而至时,则出现供不应求的状况;临时加工,又免不了出现客人催菜的被动局面。

二、生产制作多为手工

厨房生产,又叫厨房烹饪制作,它既是厨师的技术性操作过程,又是烹饪艺术构思及创作的过程。著名社会科学家于光远先生说,"烹饪是属于物质产品生产的一种文化""烹饪的艺术首先表现在生产出味觉上精美的艺术品"。人们在对菜肴、点心进行品尝、享用的同时,也在对厨师手工创作的各类以味为主的食用艺术品进行鉴赏和评价。

1.生产劳动凭借手工

厨房机器设备目前难以全面成龙配套,同时也很难适应大多数厨房的生产现状。如:①厨房菜点品种繁多,中餐、西餐、零点、宴会、大菜、小食、甜品、点心等,一家饭店供应的品种少则逾百,多则近千。②产品规格各异,大如整只乳猪,小若精美船点,规格千差万别。③生产批量小,散客零点,单桌宴会,少配勤烹,既是保证产品质量的需要,又是为满足客人零散消费所必需的。④技术要求复杂,有的明火急烹,立等可取;有的则需腌煎熏烤,反复制作,方可成菜。因此,加工生产主要凭借手工仍是厨房工作近阶段的现实。

2.手工制作导致成品差异

由于生产人员的体力、耐力不同,认识、审美水平不一致,考虑问题的方式、深度、角度不一样,厨房生产主要凭借手工必然导致厨房生产及成品的方法、质量和结果的多样化。主要表现为:①厨房生产人员接受教育的渠道、程度不同,其技术熟练程度、加工烹调方法和对成熟度的把握会不一致。②厨师的理解能力、审美角度和价值取向不一致,则对同一种菜点会采用不同用料和配伍,选择不同形态和大小,采取不同装盘和点缀。

3.手工制作致使劳动强度大

相对于饭店的前厅、客房、餐厅等部门和岗位,厨房生产人员的劳动强度明显比较大。这主要表现在:①工具、用具的笨重。铁锅、汤桶、油盆、厨刀,轻则上千克,重则上百斤。②长时间持械操作的劳累。厨师借助于器械加工原料,制作菜肴,或切、或炒、或端、或倒,无不消耗较大的体力。

厨房生产制作的手工性,既有方便生产人员发挥聪明才智、提高烹饪艺术效果的一面,又有使厨房产品质量出现千差万别、难以控制的另一面。

三、生产工艺要求各岗位密切配合

传统的小型厨房其菜肴的原料加工、切配、烹调可以由一人不断变换岗位独立完成,而规模和业务量较大的现代厨房,大多分工明确,岗位固定。因此,菜肴的加工、配份、烹调,就不得不由不同岗位人员分工协作、共同完成。不仅是制作热菜,烧烤、卤水、冷菜以及点心的加工、制作,同样需要加工、熟制、装盘等不同岗位轮番、协同作业才能完成。此外,菜肴、点心的原料、调料等的购买和供给,还得依靠饭店采购部门、仓库协助提供;厨房生产成品,也得借助服务人员传送和销售。这种生产工艺的配合性,客观决定了个人的作用在菜肴的生产过程中,只能是局部的。虽然有些岗位的作用较大,如炉灶烹调岗位对菜肴口味、成熟度等起着至关重要的决定作用,然而,它终究不可能独立地将整个产品完成。因此,厨房产品质量的整齐划一、完善稳定,还有赖于全体员工责任心的加强以及技术水平的全面提高。

四、产品具有特殊性

厨房不仅为宾客提供直接享用的食品,其产品还具有与餐饮服务相配合、相依存,与饭店餐饮规模、档次相适应的特殊要求。

1. 提供宾客享用的食品性商品

厨房产品与普通商品一样,具有价值和使用(食用)价值,并且需要通过餐饮服务来体现和实现其价值。作为食品,应该符合《食品安全法》规定,无毒、无害,符合应有的营养卫生要求,具有相应的色、香、味等感官性状。因此,厨房产品是餐厅服务员服务的载体,其价值的实现离不开餐厅服务人员积极有效的销售服务。食品质量的优劣,不仅关系就餐客人对餐饮服务的满意程度,还直接影响宾客的身心健康。厨房产品一旦运送、贮存、保管不善,导致食物污染,引发食物中毒,其后果就十分恶劣了。

2. 产品大多规格各异,生产批量小

厨房产品因就餐客人需要而定,是根据客人所预订的数量进行生产的。同批就餐客人数和进食数量决定了厨房生产单位产品的生产量。因此,往往表现为个别的、零星的、时断时续的、规格不一的生产作业方式。

3. 产品销售的即时性

厨房产品,无论菜肴(特殊质感要求的冷菜除外)还是点心,一经烹制完成,其质量效果便随着时间的延长而降低。质量降低的表现有菜点色、香、味、形、声、温等给消费者的感觉鉴赏效果变差,菜点内部营养成分的损失和破坏。因此,厨房生产应与服务密切沟通、配合,保证产品在第一时间内被消费。部分厨房产品的餐厅烹制,为销售的即时性提供了便利。

4. 产品质量具有多元性

厨房产品的质量,不仅取决于生产该产品的厨师技艺及其菜点原料本身,而且还受服务销售、就餐环境以及就餐宾客等诸多因素的影响。因此,其产品质量具有不同于其他商品的多元性特点。

五、成本构成复杂

厨房生产所使用的原材料(主料、配料)、调味料,构成生产产品的主体成本。

原料由毛料到净料,其出净率、涨发率的高低和生产达标情况变化多,难以控制。具体到每个菜点,其物耗、能耗、人力消耗难以计算和统计。烹饪原料、调料的采购、验收、贮存、领用及加工制作,众多环节的循环往复,保障了厨房生产得以正常进行,但也降低了成本的可控性。厨房生产成本同时还随原料的季节性、价格的变化而波动。另外,厨房生产人员的技术水平、主人翁精神以及生产管理的力度、厨房生产产品的控制手段等,都影响着厨房成本。

六、工作环境较差

厨房工作属于饭店后台工作,其位置、气温、接触面都与前台大相径庭。

1. 位置偏,接触面窄

厨房的位置大多在饭店主体建筑的底层、地下层或景观区的背面,远离采光好、风景美的建筑物的正面。有的厨房作业间甚至位于建筑物的"半开放"地带(一半露天、一半在整体建筑物内)。特殊的位置,常常使员工产生压抑、烦躁、自愧和不安的心理,对其情绪稳定产生不利影响。厨房人员的接触面窄而固定,大多是冷冰冰的食品原料和设备用具,这些使厨房人员丧失了很多与社会交流、与领导接触、与人打交道的机会。厨师的社交、沟通才能,不同程度地因缺乏锻炼而受到影响;厨师的劳动表现、工作业绩,也常因此被埋没或无法及时得到肯定。

2. 工作条件较艰苦

由于生产的需要和操作的复杂性,目前厨房工作条件在以下几个方面比较艰苦:①烹饪厨房高温湿热,厨师容易产生疲劳感,食品原料及成品难以存放和保质。②加工厨房及冷库低温潮湿,使生产变得束手束脚,卫生工作繁杂而艰巨。③噪声、气味的污染,妨碍了厨师的判断和操作效果。④厨房日常使用的电、气、火、油、刀等,在生产过程中都有可能成为事故的隐患,从而增加了生产的危险性。

七、产品质量信息反馈困难

厨房产品比其他产品更需要具有针对性,道理很简单,即"适口者珍"。厨房非常需要关注、搜集产品质量信息,信息反馈及时、准确,利于采取相应措施,调整产品设计,改进产品标准,从而争取更多的回头客。可这方面的信息却很难获得,这就有可能使菜单的制定、菜肴的生产与客人的需求越来越脱节,越来越背离。

1. 产销难见面,第一手资料少

厨房从生产到消费,中间还有备餐、跑菜和服务销售几个环节,厨房人员很少与顾客直接接触。因此,宾客对厨房产品质量即使有意见和想法,也很难及时反馈、传达到适当的岗位和具体生产、管理人员那里。尽管有些产品质量可以反馈到饭店领导层,可这些大多只能供领导用以考核员工,并不能及时反馈给厨房生产及

管理人员,实际操作人员甚至根本得不到任何反馈信息,结果仍于事无补。

2.信息零散,异地发布

宾客在餐厅用餐完毕,很少就菜点质量直接发表意见,其原因是:①餐厅气氛、服务尚好,菜点质量有些欠缺宾客便迁就了。②就餐客人时间有限,不愿因提意见花费时间或得罪饭店。③还有不少客人存有"因为菜肴质量而较真有失身份"的心理。一些实证研究显示,在服务业中,27个不满意的顾客仅有一个会站出来抱怨。美国通用电气公司作过一项研究,发现满意的顾客最多只会告诉3个人,而一位不满意的顾客则平均会告诉11个人。就餐客人把对厨房产品质量的意见带出餐厅、饭店,其影响往往具有"乘数效应"。一旦不满意的舆论经口耳相传的方式形成,饭店花数倍的广告费也可能难以扭转销售颓势。即使有时饭店的服务、销售人员获知一些与厨房产品有关的信息,但由于平时部门间缺少沟通的机会,或认为提供此类信息不太好,故而也未必热心提供。

有些就餐方式创造了厨房生产与宾客消费直接见面的机会,比如自助餐厨师值台、客前烹制与客人面对面制作服务等,厨房管理人员应把握机会,善于收集客人的反馈意见,用以指导、完善管理。

第二节 现代厨房生产要求

为了使厨房工作井然有序、产品符合规格标准,饭店厨房至少应该在工作人员、组织、生产工作条件及标准等方面达到如下要求。

一、设置科学的组织机构

现代厨房规模大,分工细致,强调工作的分工协作和协调配合,因此,厨房的生产和管理必须通过一定的组织形式来实现。厨房组织机构科学合理与否,关系生产方式和完成生产任务的能力,影响工作的效率、产品的质量、信息的沟通和职责的履行。设置合理的厨房组织机构,保证厨房所有工作和任务都得以落实,明确厨房各岗位、各工种的职能,确定员工的岗位和职责,明确各部门的生产范围及其协调关系,便于厨房实施管理,有序开展工作。

二、提供必备的生产条件

厨房要从事正常有序的生产,必须具备生产原料能供给到位和产品及时出售的条件。只有这样,厨房员工才能专心致志地开展各自的加工、生产工作。

(1)原料的采供、申领渠道要畅通,货源要有保障,各种原料、调料、用具、用品不断档,规格、质量要符合要求。

(2)厨房的设计布局要尽可能合理,生产操作和出品流程要通畅便利。厨房设备及工具品种、规格要齐全,方便操作,通风、排水要合理。

(3)厨房产品的服务销售要与生产紧密衔接,保证成品能及时、高质量地销售。

三、建立相对稳定的厨师队伍

建立一支高素质、相对稳定的厨师队伍,对提高厨房工作效率,保证出品质量有重要的意义。

1. 培训、培养一支技术过硬、责任心强的厨师队伍

在厨房一线直接从事加工、生产的多是近年才走上工作岗位的烹饪新手,他们是厨房的生力军和未来的希望。然而,年轻人既有充满活力、敢想敢干的一面,同时又有感情用事、凭兴趣干活的一面。因此,就要通过各种方式、渠道,培养造就一批既有技术又富有责任感的厨师。

2. 保持技术骨干的稳定性

厨师队伍的稳定,尤其是厨房各主要岗位技术骨干的相对稳定,对维持正常的生产秩序,保证出品质量是十分重要的。然而,近年来,随着旅游业、餐饮业的迅猛发展,厨师的流动率呈明显上升的趋势。这就需要加强管理,提供较好的工作条件,保持骨干队伍的相对稳定。

第三节 现代厨房管理任务

现代厨房管理,就是要在现代先进管理理论的指导下,将厨房人力、设备、原料等各种资源进行科学利用和整合,提供品质优良且持续稳定的出品,创造最高的工作效益。

一、激发员工积极性

运用情感管理,配合经济的、法律的、行政的各种手段和方式,激发厨房员工的工作热情,充分调动员工的工作积极性,是厨房管理的重要任务。员工积极性调动起来了,工作效率就会得到提高,产品质量就会有保障,对技术精益求精的风尚就可能形成并发扬光大;反之,员工情绪消沉,将为厨房生产和管理带来种种隐患,厨房的发展、产品开发与创新就会变得举步维艰。

二、完成饭店规定的各项任务

厨房是饭店唯一的食品生产部门,饭店为树立良好形象,维护消费者利益,扩

大餐饮收益,自然要为它规定一定的任务及考核指标。厨房,作为饭店的一个部门,而且是一个重要的食品生产和出品部门,理应承担饭店所规定的有关任务,以保证饭店或餐饮部门整体目标的实现。

(1)实现饭店规定的营业收入指标。营业收入反映着饭店综合收益、总体经营的情况。厨房虽不直接销售产品,但其出品是构成饭店收入的主要组成部分。

(2)实现饭店规定的毛利及净利指标。饭店为积累资金,扩大再生产,提高经济效益,规定厨房产品的毛利及净利指标必须实现。这也是厨房管理的一个重要内容。

(3)达到饭店规定的成本控制指标。在保护消费者利益的前提下,成本控制准确,才能为饭店多创效益。

(4)达到饭店及卫生防疫部门规定的卫生指标。这是对消费者身心健康负责、保证饭店社会效益、创造饭店可持续发展条件的重要考核指标。

(5)达到饭店规定的菜点质量指标。质量指标包括出品给客人的感官印象和内在的营养卫生等要素。有些饭店规定厨房产品的出品合格率(客人满意率)不能低于98%。

(6)实现饭店规定的食品创新、促销活动指标。研究开发菜点新品、不断推出各种食品促销活动,既是餐饮业竞争所必需,又是扩大饭店声誉、为饭店创收赢利的重要手段。

三、建立高效的运转管理系统

厨房管理要为整个厨房设立一个科学的、精练的、富有成效的生产运转系统。这主要包括人员的配备、组织管理层次的设置、信息的传递、质量的监控、货源的组织与出品销售的协调指导等方面。

四、制定工作规范和产品标准

为了保证厨房的各项工作有章可循,统一厨房的业务处理程序,保持一致的加工、制作、出品标准,厨房管理者必须明确制定并督导执行各项工作规范和产品规格标准。厨房生产的规格标准要符合以下标准:管理者与员工一致认可;切实可行;可以衡量和检查;能贯彻始终。

工作规范和产品标准可以具体分解为生产、管理程序和作业规格、要求。

(一)规范操作程序

同一项工作、同一种出品,不同操作程序可导致不同的行为结果,产生不同的性状、质量。因此,同一厨房的工作和烹饪生产必须制定规范的操作程序。

1. 运转管理程序

运转管理程序包括:客情通知、接收程序;原料申领、申购程序;设备、器材检查、运行程序;设备使用清洁、保养程序;新产品开发、试制、推广程序;原料售缺、菜点沽清通知程序;客人退换菜点处理程序;安全器械保管、使用程序等。

2.厨房生产操作程序

厨房生产操作程序包括:厨房原料加工、洗涤程序;水产、肉类等原料切割程序;干货原料涨发程序;原料活养、收藏、保管程序;上浆、挂糊程序;开餐前准备程序;开餐出品程序;餐后收尾程序等。

(二)统一生产规格与标准

生产规格和标准,是对生产工作结果的控制。明确具体、切实可行的工作规格、标准,不仅有利于员工执行,还能减少盲目生产和劳动浪费,也更利于消费者对厨房产品的进一步认同。

1.厨房生产、作业规格

厨房生产、作业规格包括:原料加工、切割规格;原料浆腌规格;烹调调味汁兑制规格;装盘出品规格;申购原料规格;不同销售标准果盘制作规格等。

2.厨房工作标准

厨房工作标准包括:厨房员工行为规范标准;物品、原料、成品存放标准;干货原料涨发标准;各类出品温度标准;食品、生产、人员卫生标准等。

五、科学设计和布局厨房

厨房的规划设计和布局既是建筑设计部门的事,也是厨房管理人员分内的工作。厨房设计布局科学合理,为节省人力、物力,从事正常的生产操作带来很大便利,也为提高、稳定厨房出品质量起到一定的保障作用;反之,不仅增大设备投资,浪费人力、物力,而且还为厨房的卫生、安全留下事故隐患,为出品的速度和质量控制带来诸多不便。因此,厨房管理者应积极参与,不断完善厨房的设计与设备布局,为员工创造良好的工作环境。

六、制定系统的管理制度

发动厨房员工讨论并制定一些维护厨房生产秩序必需的基本制度,既可以保护大部分员工的正当权益,又可以约束少数人员的不自觉行为,是十分必要的。厨房所需建立的基本制度有:厨房纪律、厨房出菜制度、厨房员工休假制度、值班交接班制度、卫生检查制度、设施设备使用维护制度、技术业务考核制度等。

制定厨房管理制度必须注意:

(1)要从便于管理和照顾员工利益的角度出发。

(2)内容要切实可行,便于执行和检查。

(3)措辞要严谨,制度之间、制度与餐饮企业总体规定不应有违背和矛盾的地方。

(4)要以正面要求为主,注意策略和员工情绪。

厨房管理制度,实际上就是厨房员工的行为规则。它说明什么可以做,什么不可以做,如何去做,做什么可以获得奖励,做什么将受到惩罚。

七、督导厨房有序运转

将厨房的硬件、软件进行有机地组合搭配,随时协调、检查、控制、督导厨房生产全过程,保证厨房各项工作规范和工作标准得以贯彻执行,生产并及时提供各种风味纯正、品质优良的厨房产品,保证饭店各餐厅按时开餐,满足各类用餐客人的需要,是厨房管理的根本性任务。督导厨房生产全过程,是对厨房所有岗位、各个生产环节的全面质量管理。管理者要以身作则,以实际行动感染和培养厨房所有员工自觉自律、勤奋工作,这可为厨房顺利开展各项工作奠定坚实可靠的基础。

本章小结

现代厨房管理是一项系统工程,全面、系统理解和把握厨房生产运作的特点是从事厨房管理的前提,在此基础上,全面把握厨房管理的任务。这样,就为学习和掌握全书内容、真正进入厨房管理明确了目标、找到了方向。通过本章的学习,学生应系统了解现代厨房生产运作的特点,熟知进行有序厨房生产所必须达到的要求,明确现代厨房管理的任务。

 思考与练习

(一)理解思考

1.现代厨房生产运作有哪些特点?

2.现代厨房生产有哪些要求?

3.现代厨房管理有哪些任务?

4.厨房完成企业规定的任务指标有哪些?

5.制定厨房管理制度有哪些注意要领?

(二)实训练习

1.应用厨房生产运作特点思考、分析厨房管理要求。

2.应用生产工艺配合性思考厨房生产岗位配合的重要性。

3.调查、了解营业收入与成本的具体内涵。

第 2 章

厨房组织机构

学习目标

- 了解厨房的种类
- 清楚厨房各部门职能
- 掌握厨房机构设置原则
- 明确总厨师长的岗位职责
- 了解厨房与相关部门的沟通联系

厨房生产和管理是通过一定的组织形式实现的。厨房设置科学、完善的机构有以下作用：①可以清楚地反映每个工种及岗位人员的职责。②可以避免越级或横向指挥。③容易发现工作疏漏，并防止重复安排工作。④使每个员工清楚自己在厨房中的位置和发展方向。本章将系统围绕厨房各部门职能、厨房机构的设置、各岗位职责的制定进行讨论，为从事厨房管理打下必要的组织基础。

案例导入

沙司主厨岗位的重要性

北方某五星级酒店总经理亲自为西餐厨房聘请来一位二十多岁的年轻厨师小梁，专门负责基础汤与沙司的制作。据说，他是被总经理用高薪从一家知名国际品牌酒店挖来的，薪水比在该西厨房工作多年的资深主厨高很多，这使得大家心里很不平衡，私下里纷纷议论：花如此代价请个人来就专门做基础汤和沙司，值得吗？心想倒要看看这个年轻人有何过人之处。一个月下来，就餐客人对菜肴质量的表扬越来越多，主要集中在菜品的口味、香气方面，比之前有明显提升。三个月后，小梁去新加坡和我国香港参加世界厨师联合会的交流活动，为期十天。这期间，几乎天天有客人投诉，反映菜品口味不稳定，特别是沙司口味不如以前醇正。菜品质量分析会上，总经理亲自来到现场，和餐饮总监、厨师长及全体西厨房员工一起对近期菜品质量的起伏问题进行了研讨,大家一致意识到基础汤是厨房工作的基础,沙司是菜肴的关键。至此,大家对这位年轻的厨师心悦诚服,虚心向他学习基础汤、沙司的制作技术。

案例分析

基础汤是专业厨房里最基本的液体材料,法国烹调大师艾斯可菲曾说过:"烹调中,基础汤意味着一切,没有它将一事无成。"沙司是指用于确定菜点滋味的稠滑状液体,是菜肴口味的主角,它还可对菜肴起到保湿、保温和美化的作用。二者品质的好坏,不但直接影响菜品的质量,甚至影响到整餐的品质。国际品牌酒店大型厨房都专门配备沙司主厨,足见这个岗位的重要性。小梁虽然年轻,但深得西方烹饪大师的真传,确实有一手,他深谙基础汤和沙司工艺精髓,到岗不久,明显提升了菜品质量,赢得了宾客的赞誉。赴外交流期间,菜品质量起伏不定,便是更好的例证。小梁也以技艺和人品赢得了大家的尊重。

当然,值得一提的是,该酒店的总经理、人事部是好"伯乐",正是他们的慧眼识才,才请到了小梁这匹"千里马"。

第一节　厨房组织机构设置

厨房组织机构体现饭店及厨房管理者的管理风格。餐饮规模、厨房面积、食品结构和功能要求等的不一致,决定了各饭店厨房的机构也是不尽相同的。分清并了解厨房各部门、各工种职能,是进行厨房机构设置的前提;而机构设置的结果,则多以组织机构图的形式体现。这其中的关键是将机构设置的原则,有机地与饭店的类型、档次及厨房现状相结合,力求有创意地设计出便于管理、节省人力、全面系统的厨房机构。

一、厨房的种类

厨房,泛指从事菜点制作的生产场所。国外经常将厨房描述成"烹调实验室"或"食品艺术家的工作室",甚至是"一处生财宝地"。本书所阐述的厨房特指为生产经营、为服务顾客而进行菜点制作的生产场所。它必须具备以下要素:

(1)一定数量的生产工作人员(有一定专业技术的厨师、厨工及相关工作人员)。

(2)生产所必需的设施和设备。
(3)生产空间和场地。
(4)烹饪原料。
(5)适用的能源等。

厨房是一个集合概念,就其规模、餐别、功能的不同,可作如下分述。

(一)按厨房规模划分

1. 大型厨房

大型厨房是指生产规模大、可以使众多顾客同时用餐的生产场所。一般客房在500间、经营餐位在1500个以上的饭店,大多设有大型厨房。这种大型厨房,是由多个不同功能的厨房组合而成的。各厨房分工明确,协调一致,承担饭店大规模的生产出品工作。

2. 中型厨房

中型厨房是指能同时生产、提供300~500个餐位的厨房,场地面积较大,大多将加工、生产与出品等集中设计,综合布局。

3. 小型厨房

小型厨房多指可以提供200~300个餐位甚至更少餐位的场所,多将各工种、岗位集中设计,综合布局设备,占用场地面积相对节省,出品风味比较专一。

4. 超小型厨房

超小型厨房,是指生产功能单一、服务能力十分有限的烹饪场所。比如在餐厅设置面对客人现场烹饪的明炉、明档。饭店豪华套间或总统套间内的小厨房,商务行政楼层内的小厨房,公寓式酒店内的小厨房等也属于这种超小型厨房。它多与其他厨房配套完成生产出品任务,虽然小,但设计都比较精巧,很方便。

(二)按餐饮风味类别划分

餐饮,根据经营风味,从大的风格上可分为中餐、西餐等;从风味流派上进行细分,中餐又可分为川、苏、鲁、粤以及宫廷、官府、清真、素菜等;西餐又可分为法国菜、美国菜、俄罗斯菜、意大利菜等。所以,依据生产经营风味,与之相应的厨房可分为如下几种。

1. 中餐厨房

中餐厨房,是生产中国不同地方、不同风味、不同风格菜肴、点心等食品的场所。如:

(1)广东菜厨房;

(2)四川菜厨房;

(3)江苏菜厨房;

(4)山东菜厨房;

(5)宫廷菜厨房;

(6)清真菜厨房;

(7)素菜厨房。

2.西餐厨房

西餐厨房,是生产西方国家风味菜肴及点心的场所。如:

(1)法国菜厨房;

(2)美国菜厨房;

(3)俄罗斯菜厨房;

(4)英国菜厨房;

(5)意大利菜厨房。

3.其他风味厨房

除了典型的中餐风味、西餐风味厨房,还有一些生产制作特定地区、民族、特殊风格菜点的场所,即其他风味厨房。如:

(1)日本料理厨房;

(2)韩国烧烤厨房;

(3)泰国菜厨房。

(三)按厨房生产功能划分

厨房生产功能,即厨房主要从事的工作或承担的任务,是与相对应的餐厅功能和厨房总体工作分工相吻合的。

1.加工厨房

加工厨房是对各类鲜活烹饪原料进行初加工(宰杀、去毛、洗涤)、对干货原料进行涨发、对原料进行刀工处理和适当保藏工作的场所。

加工厨房在国内外一些饭店中又称为主厨房,负责饭店各烹调厨房所需烹饪原料的加工。由于加工厨房每天的工作量较大,进出货物较多,垃圾和用水量也较多,因而许多饭店都将其设置在建筑物的底层、出入方便、易于排污和较为隐蔽的地方。

2.宴会厨房

宴会厨房是指为宴会厅服务,主要烹制宴会菜肴的场所。大多饭店为保证宴会规格和档次,专门设置此类厨房。设有多功能厅的饭店,宴会厨房大多同时负责各类大、小宴会厅和多功能厅的烹饪出品工作。

3.零点厨房

零点厨房是专门生产、烹制零散点、菜点的场所,即零点餐厅。零点餐厅是给客人提供自行点餐的餐厅,故列入菜单经营的菜点品种较多,厨房准备工作量大,开餐期间亦很繁忙,其设计有足够的设备和场地,以便于制作和及时出品。

4. 冷菜厨房

冷菜厨房又称冷菜间,是加工制作、出品冷菜的场所。冷菜制作程序与热菜不同,一般多为先加工烹制,再切配装盘,故冷菜间的设计,在卫生和整个工作环境温度等方面有更严格的要求。冷菜厨房还可分为冷菜烹调制作厨房(如加工卤水、烧烤或腌制、烫拌冷菜等)和冷菜装盘出品厨房,后者主要用于成品冷菜的装盘与发放。

5. 面点厨房

面点厨房是加工制作面食、点心及粥类食品的场所。中餐又称其为点心间,西餐多叫包饼房。由于生产用料的特殊性,与菜肴制作有明显不同,故又将面点生产称为白案,菜肴生产称为红案。各饭店分工不同,面点厨房的生产任务也不尽一致。有的面点厨房还承担甜品和巧克力小饼等的制作。

6. 咖啡厅厨房

咖啡厅厨房是为咖啡厅生产制作菜肴的场所。咖啡厅是相对于扒房等高档西餐厅而言的,实际上就是西餐快餐或简餐餐厅。咖啡厅经营的品种多为普通菜肴,甚至包括小吃和饮品。因此,咖啡厅厨房设备配备相对较齐,出品也较快。也正因为如此,许多饭店将咖啡厅作为饭店内每天经营时间最长的餐厅,咖啡厅厨房也就成了生产出品时间最长的厨房,有的咖啡厅厨房还兼备房内用餐食品的制作出品功能。

7. 烧烤厨房

烧烤厨房是专门加工制作烧烤类菜肴的场所。烧烤菜肴如烤乳猪、叉烧、烤鸭等,由于加工制作工艺、时间与热菜、普通冷菜程序、时间和成品特点不同,故需要配备专门的制作间。烧烤厨房,室内一般温度较高,工作条件较艰苦,其成品多转交冷菜明档或冷菜装盘间出品。

8. 快餐厨房

快餐厨房是加工制作快餐食品的场所。快餐食品是相对于餐厅经营的正餐或宴会大餐食品而言的。快餐厨房,大多配备炒炉、油炸锅等便于快速烹调出品的设备,成品大多较简单、经济。生产流程的畅达和生产节奏的高效是其显著特征。

二、厨房各部门职能

厨房职能随饭店规模的大小和经营风味、风格的不同而有所区别。大型饭店的厨房规模大、联系广,各部门功能比较专一(见图2-1)。

厨房的生产运作是厨房各岗位、各工种通力协作的过程。原料进入厨房,要经过加工、配份、烹调,以及冷菜、点心等工种、岗位的相应处理,至成品阶段才能送至备餐间,用以传菜销售,因此,厨房各工种、岗位都承担着不可或缺的重要职能。

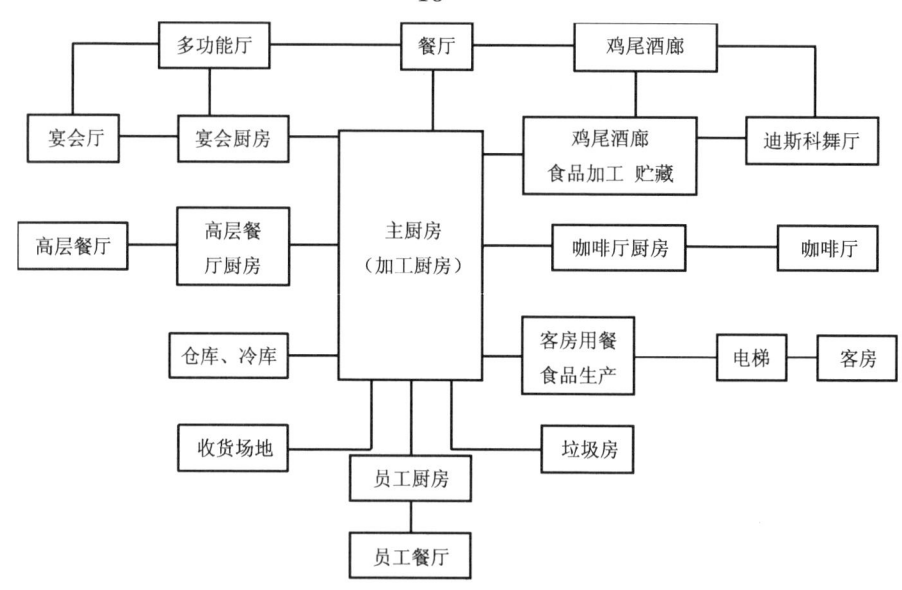

图 2-1 大型饭店厨房功能示意图

1.加工部门

加工部门是原料进入厨房的第一生产岗位,主要负责将蔬菜、水产、禽畜、肉类等各种原料进行拣摘、洗涤、宰杀、整理,即所谓的初加工;干货原料的涨发、洗涤、处理也在初加工范畴。现代厨房明显强化加工厨房的职能,在对原料进行初加工的基础上,还负责按照规格要求对原料进行刀工切割处理,并做预制浆腌,这又叫深加工或精加工。这样,在整个厨房生产过程中,刀工处理基本在加工部门就得以完成。由于加工部门工作量的增大,并对配份、烹调部门有着基础而又长远的影响,所以,加工部门又被称为加工厨房,甚至叫作主厨房或中心厨房。

在连锁、集团饭店或餐饮企业,加工部门的职能还要扩大一些,比如在将一些原料进行加工、调味的基础上,还需要按规格要求进行真空包装,再送达各连锁销售点,以便于烹调、销售。因此,有些连锁、集团饭店或餐饮企业需在加工厨房的基础上,建立(加工)配送中心,或叫切配中心。

2.配菜部门

配菜部门,又称砧墩或案板切配,负责将已加工的原料按照菜肴制作要求进行主料、配料、料头(又叫小料,主要是配到菜肴里起增香作用的葱、姜、蒜等)的组合配份。由于这里使用的原料都是净料,而且直接影响着每道菜、每种原料的投放数量,就涉及原料成本控制问题,因此,配菜部门很关键。

有些生产量不大的厨房的配菜部门,又叫切配部门,即加工部门只是负责对各种原料进行初步加工、洗涤、整理,而原料的切割、浆腌等刀工处理、精细加工及配菜则由此部门完成,在整个生产链条中起着加工与炉灶烹调中的桥梁、纽带作用。

3. 炉灶部门

需要经过烹调才可食用的热菜,都需炉灶部门处理。炉灶部门将配制好的组合原料,经过加热、杀菌、消毒和调味等环节,做出符合风味、质地、营养、卫生要求的成品。该部门决定成菜的色、香、味、质地、温度等,是开餐期间最繁忙,也是对出品质量、秩序影响最大的部门。

4. 冷菜部门

冷菜部门负责冷菜(亦称凉菜)的刀工处理、腌制、烹调及改刀装盘工作。冷菜与热菜的制作、切配程序不完全一致,冷菜大多先烹调后配份、装盘。因此,它的生产、制作与切配、装盘是分开进行的。冷菜的切配、装盘场所特别要求低温、杀菌,卫生要求也相当高。由于地域、饮食习惯和文化上的差异,有些消费者更喜欢食用烧烤、卤水菜肴或色拉等品种,这些菜品通常也多作为类似冷菜功能的前菜或开胃菜出品。

5. 点心部门

点心部门主要负责点心的制作和供应。中餐广东风味厨房的点心部门还负责茶市小吃的制作和供应。有的点心部门还兼管甜品、炒面类食品的制作。西餐点心部又称包饼房,主要负责各类面包、蛋糕、甜品等的制作与供应。

三、厨房机构设置原则

只有管理风格、隶属关系、经营方式和品种几乎一样的饭店或餐饮企业的厨房,其机构才是基本相似的,比如必胜客、大娘水饺连锁店。绝大部分饭店的厨房机构是大相径庭的,这是因为各饭店的经营风格、经营方式和管理体系是不尽相同的。正因为如此,不同饭店在确立厨房机构时不应生搬硬套,而是要在力求遵循机构设置原则的基础上,充分考虑自己的特色。

1. 以满负荷生产为中心的原则

在充分分析厨房作业流程、统观管理工作任务的前提下,应以满负荷生产、厨房各部门承担足够工作量为原则,因事按需设置组织层级和岗位。机构确立后,本着节约劳动的原则,核计各工种、岗位劳动量,定编定员,杜绝人浮于事,保证组织精练、高效。

2. 权力和责任相当的原则

在厨房组织机构的每一层级都应有相应的责权。必须树立管理者的权威,赋予每个职位以相应的职务权力。有一定的权力是履行一定职责的保证,有权力就应承担相应的责任。责任必须落实到各个层次、各个岗位,必须明确具体。要坚决杜绝"集体承担、共同负责",而实际上无人负责的现象。一些高技术、贡献大的重要岗位,比如厨师长、头炉等在承担菜肴开发创新、成本控制等重要任务的同时,应该有与之相对应的权力。

3.管理跨度适当的原则

管理跨度是指一个管理者能够直接有效地指挥、控制下属的人数。通常情况下,一个管理者的管理跨度以 3~6 人为宜。影响厨房生产管理跨度大小的因素主要有:

(1)层次因素。厨房内部的管理层次要与整个饭店相吻合,层次不宜多。厨房组织机构的上层,创造性思维较多,以启发、激励管理为主,管理跨度可略小;而在基层管理人员身先士卒,以指导、带领员工操作为主,管理跨度可适当增大,一般可达 10 人左右。中、小规模厨房,切忌模仿大型厨房设置行政总厨之类。机构层次越多,工作效率越低,差错率越高,内耗越大,人力成本也就居高难下。中、小规模厨房机构,正规化程度不宜太高,否则管理成本也会无端增大。

(2)作业形式因素。厨房人员集中作业比分散作业的管理跨度要大些。

(3)能力因素。管理者自身工作能力强,下属自律能力强,技术熟练稳定,综合素质高,跨度可大些;反之,跨度就要小些。

4.分工协作的原则

烹饪生产是诸多工种、若干岗位、各项技艺协调配合进行的,一个环节的不协调都会给整个厨房生产带来不利影响。因此,厨房各部门既要强调自律和责任心,不断钻研业务技能,又要培训一专多能,强调谅解、合作与补台。在生产繁忙时期,更需要员工发扬团结一致、协作配合的精神。

四、厨房组织机构图

厨房组织机构图是厨房各层级、各岗位在整个厨房当中的位置和联络关系的图表表现。饭店及餐饮部门性质和管理风格不同、烹饪生产规模和作业方式不一,厨房组织机构图也就不同。厨房组织机构图并非一成不变,随着餐饮经营方式、策略、饭店管理风格的变化,厨房的组织机构图也需作相应的调整和改变,以反映厨房生产各岗位和工种之间的最新关系。

1.大型厨房组织机构图(见图 2-2)

大型厨房机构的特点是集中设立,并特别强化主厨房的职能,由主厨房加工、提供各烹调厨房半成品原料。根据饭店规模,分设若干烹调厨房,领用主厨房原料,进行烹制出品。集中与分散有机结合,既便于控制加工规格,计核原材料成本,又一定程度上保证了各烹调厨房的卫生和出品质量。

2.中型中、西餐厨房组织机构图(见图 2-3)

这种厨房大多兼有中、西餐功能的厨房机构,通常分为中菜、西菜两部分,厨房的规模不是很大,除了加工工作合并、集中设计外,每个厨房具有相对独立、全面的多种生产功能。

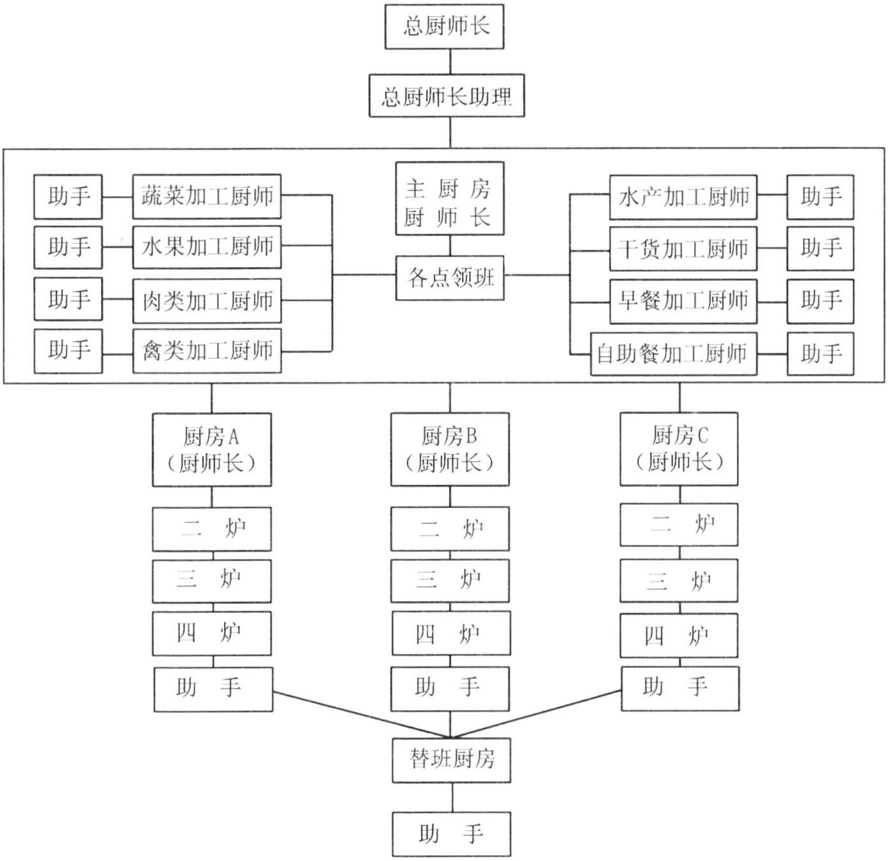

图 2-2 大型厨房组织机构图

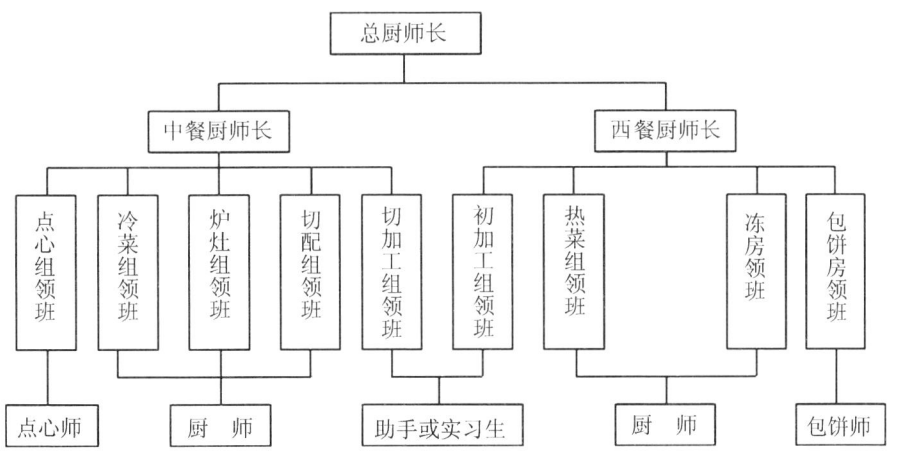

图 2-3 中型中、西餐厨房组织机构图

3. 中型中餐厨房组织机构图（见图2-4）

这种机构图的优点在于岗位分工细致，职责明确，便于基层督导和监控管理。

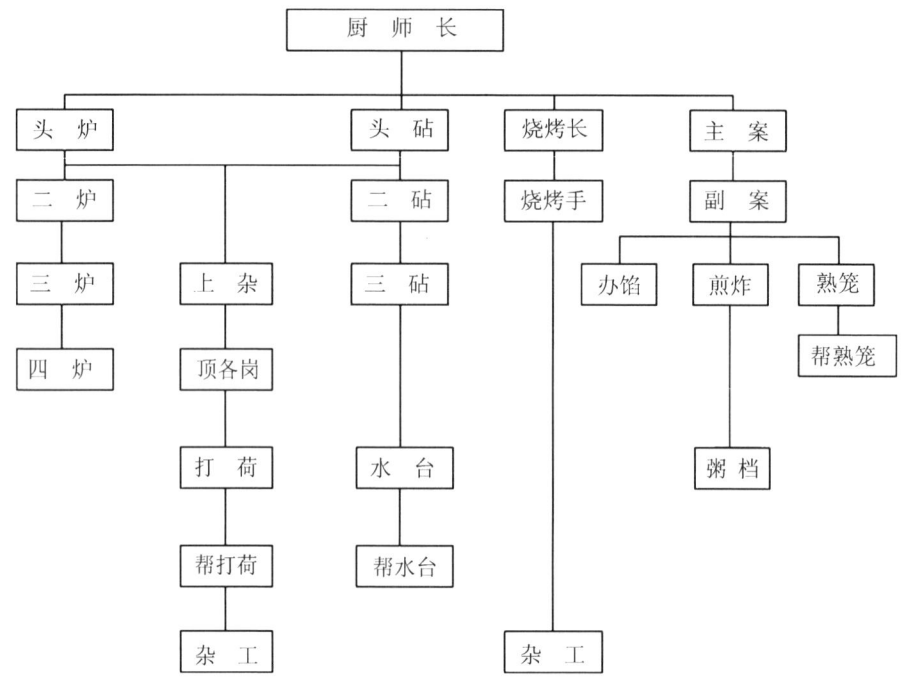

图 2-4 中型中餐厨房组织机构图

4. 小型厨房组织机构图（见图 2-5）

小型厨房机构比较简单，设置几个主要的职能部门即可，加工直接隶属于切配，可不单独设组。更小的厨房可以不设部门而直接设岗。

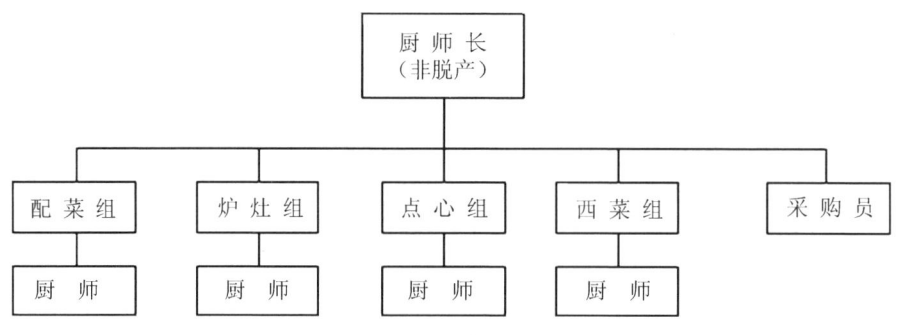

图 2-5 小型厨房组织机构图

第二节　厨房岗位职责

厨房岗位职责就是明确界定厨房员工在厨房组织当中的位置和应承担的责任。制定岗位职责,就是对岗位规定工作责任、明确组织关系、提出任职要求,使厨房各岗位员工明确自己在组织中的位置、工作范围、工作任务及权限,知道对谁负责,接受谁的工作督导,同谁在工作上保持相关联系。岗位职责是衡量和评估每个员工工作的依据,是工作中进行沟通和协调的依据,是选择岗位人选的标准和依据,同时也是实现厨房高效率安排工作、高效率从事生产的保证。所以,各项岗位职责不仅要使管理者清楚,而且要让员工明白。岗位职责内容应具体明确、易理解、易执行,应真正成为厨房各项生产、管理工作的指南。

一、总厨师长岗位职责

岗位名称:总厨师长

岗位级别:(略)

直接上司:餐饮部经理或分管厨房的直接领导

管理对象:中、西餐厨师长

职责提要:负责整个厨房的组织、指挥、运转管理工作;通过设计、组织生产、提供富有特色的菜点产品吸引客人;进行食品成本控制,为饭店创造最佳的社会效益和经济效益。

具体职责:

(1)组织和指挥厨房工作,监督食品制作,按规定的成本生产优质产品。

(2)根据餐饮部的经营目标和方针及下达的生产任务,负责中、西餐市场开发及发展计划的制订,设计各类菜单,并督导菜单更新。

(3)协调中、西厨房工作,协调厨房与其他相关部门之间的关系,根据厨师的业务能力和技术特长,决定人员安排和调动工作。

(4)根据各工种、岗位的生产特点和餐厅营业状况,编制工作时间表,检查下属对员工的考勤、考核工作,负责对下属的工作表现进行评估。

(5)根据餐饮部总体工作安排,计划并组织实施厨房员工的考核、评估工作,对下属及员工的发展作出规划。

(6)督导厨房管理人员对设备、用具进行科学管理,审定厨房设备用具的更换添置计划。

(7)审定厨房各部门工作计划、培训计划、规章制度、工作程序和生产作业标准。

（8）负责菜点出品质量的检查、控制，亲自为重要顾客烹制菜肴。

（9）定期分析、总结生产经营情况，改进生产工艺，准确控制成本，使厨房的生产质量和效益不断提高。

（10）负责对饭店贵重食品原料的申购、验收、领料、使用等情况进行检查控制。

（11）主动征求宾客以及餐厅对厨房产品质量和供应方面的意见，督导实施改进措施，负责处理客人对菜点质量方面的投诉。

（12）参加饭店及餐饮部召开的有关会议，保证会议精神的贯彻执行。

（13）督导厨房各岗位保持整齐清洁，确保厨房食品、生产及个人卫生，防止食物中毒事故的发生。

（14）检查厨房安全生产情况，及时消除各种隐患，保证设备设施及员工的操作安全。

（15）审核、签署有关厨房工作方面的报告。

任职条件：

（1）热爱本职工作，忠于企业，有较强的事业心、责任感，工作积极主动，具有创新意识。熟知烹饪原料特性，掌握原料质量鉴别与保管知识。

（2）熟悉中、西厨房生产工艺流程，全面掌握菜肴生产技术，并了解一般点心食品的生产制作方法及成品特点。

（3）有较强的组织管理能力和全面的厨房成本核算和控制能力，有分析当地餐饮市场、调整适应市场的能力，具有设计、开发菜肴新品的能力，具有食品促销活动的计划、组织和相应的培训实施能力。

（4）具有大专以上或同等学力，有四年以上从事厨房管理工作经历，已达高级烹饪厨师水平。

（5）身体健康，精力充沛。

权力：

（1）有组织指挥安排厨房生产的权力。

（2）有决定厨房班次、安排厨房各岗位人员的权力。

（3）有奖惩厨房员工的决定权和招聘及辞退的建议权。

（4）有对库存积压食品原料的处理决定权。

二、加工厨房岗位职责

（一）加工厨师长岗位职责（要点）

职责提要：

全面负责中、西加工厨房的组织管理工作，保证及时向各烹调厨房提供所需的、按规格加工生产的各类烹饪原料。

具体职责：

(1) 检查加工原料的质量，根据客情及菜单要求，负责加工厨房各岗位人员的安排和生产组织工作。

(2) 收集、汇总各厨房所需的加工原料，具体负责向采购部门订购各类食品原料。

(3) 检查原料库存和使用情况，并及时向总厨师长汇报，保证厨房生产的正常供给和原料的充分利用，准确控制成本。

(4) 检查督导并带领员工按规格加工各类原料，保证各类原料加工及时，成品合乎要求。

(5) 主动征询各厨房对原料使用的意见，不断研究和改进加工工艺；对新开发菜肴原料的加工规格进行研试和规范。

(6) 检查下属的仪表仪容，督促各岗位搞好食品及加工生产的卫生。

(7) 负责加工厨房员工的考核、评估，协助总厨师长做出奖惩决定。

(8) 督导员工检查、维护各类加工设备，并对其维修保养和添置提出意见。

(9) 制订加工厨房员工培训计划，并组织实施。

(二) 加工厨房领班岗位职责(要点)

职责提要：

协助加工厨师长负责加工厨房的管理工作，带领员工按规格加工各烹调厨房所需各类烹饪原料，并保证及时有序发货。

具体职责：

(1) 根据生产需要，负责安排择菜、水台、切割、上浆等岗位工作，保证加工原料的供给。

(2) 根据原料的质地、性能，带领员工进行合理分割，严格按规格加工、切割，努力提高出净率，准确控制成本。

(3) 严格检查每天宴会菜单、自助餐菜单及各厨房原料申订情况，确保加工生产的各类原料没有遗漏。

(4) 协助加工厨师长负责检查冷库原料，合理申购原料；协助把好原料进货的质量和数量关，杜绝浪费。

(5) 安排员工值班、轮休，协助加工厨师长负责本组员工工作表现的考核和评估。

(6) 检查员工的仪表仪容及个人和包干区卫生，督促员工做好收尾工作。

(7) 督导员工做好加工设备的维护保养工作。

(三) 切割浆腌厨师岗位职责(要点)

职责提要：

负责蔬菜、家禽、家畜、水产品的加工、切割、上浆等工作,保证及时向各烹调厨房提供合乎质量标准的、所需数量的加工成品原料。

具体职责：

(1)了解客情和菜单备齐切割、浆腌原料。

(2)负责按加工规格要求对原料进行切割、浆腌(上浆、腌制)。

(3)与各烹调、出品厨房配份、点心及冷菜等岗位密切联系,保证提供的加工原料及时适量,不断改进加工工艺,提高出净率。

(4)及时清运垃圾,保持本岗位卫生整洁。

(5)正确使用和维护所用器械设备,妥善保管加工用具。

(6)及时、妥善保藏未加工及加工好的原料,杜绝浪费。

(7)负责每日各点所需已加工原料的发放。

(8)负责每日菜肴盘饰用品的加工雕刻工作。

(四) 初加工员工岗位职责(要点)

职责提要：

负责家禽、家畜、水产、蔬菜等原料的初步整理、洗涤、宰杀等加工工作,并负责厨房区域地面、墙壁的清洁卫生工作。

具体职责：

(1)在加工厨师的指导安排下,具体负责食品原料的初步加工整理工作。

(2)负责将蔬菜原料按规格要求去皮、筋、枯叶、虫卵等杂物,洗涤干净。

(3)负责将禽畜、鱼虾水产类原料按规格去净羽毛、鳞壳、脏器等杂物,洗涤干净。

(4)认真钻研加工业务,努力提高出净率,保证加工原料符合营养、卫生及烹制菜肴的规格质量要求。

(5)主动落实并保持厨房区域地面及墙壁的清洁和干爽。

(6)妥善保管加工用具,保持本岗位设备用具的卫生整洁。

三、中厨房岗位职责

(一) 中餐厨师长岗位职责(要点)

职责提要：

协助总厨师长,全面负责中厨房零点菜点的生产管理工作,带领员工从事菜点生产制作,保证向宾客及时提供符合质量标准的产品。

具体职责：

(1) 协助总厨师长做好零点厨房的组织管理工作。

(2) 安排零点厨房的生产，检查并督促切配、炉灶、冷菜、点心等岗位按规定的操作程序进行生产。

(3) 与总厨师长一起编制零点菜单，协助总厨师长制定菜肴规格和制作标准；向采购部门提供所用原料的规格、标准；参与研究开发新品菜点，计划食品促销活动。

(4) 督导下属按工作标准履行岗位职责，主持高规格以及重要客人菜点的烹制工作，带头执行各项生产规格标准。

(5) 具体负责预订及验收零点厨房每天所需原材料，负责原料、调料领用单的审签。

(6) 负责协调零点厨房各班组的工作，负责对下属进行考勤考核，根据其工作表现向总厨师长提出奖惩建议。

(7) 督导零点厨房各岗位搞好环境及个人卫生，防止食物中毒事故的发生。

(8) 负责拟订零点厨房员工的业务培训计划，报请总厨师长审定并负责实施。

(9) 负责零点厨房所有设备、器具正确使用情况的检查与指导，填、开厨房设备检修报告单，保证设施设备良好运行。

(10) 根据总厨师长的要求，负责制订零点厨房年度工作计划。

(二) 中餐炉灶领班岗位职责 (要点)

职责提要：

带领本组员工及时按规格烹制中餐各类菜肴，安排打荷工作，做到出品质量稳定，风味纯正，前后有序。

具体职责：

(1) 了解营业情况，熟悉菜单，合理调配打荷、炒灶、汤锅、油锅、蒸笼等岗位工作。

(2) 负责调制本厨房所有烹调菜肴的调味汁（芡汁、酱汁等），确保口味统一；督促打荷备齐各类餐具，及时安排员工做好开餐前的准备工作。

(3) 带领员工按规格烹调，与切配领班密切合作，保证生产有序，出品优质及时。

(4) 负责检查炉灶烹制出品的质量，检查盘饰的效果，妥善处理和纠正质量方面的问题。

(5) 督导本组员工节约能源，合理使用调料，降低成本，减少浪费。

(6) 安排本组员工值班、轮休，负责本组员工工作表现的考核、评估。

(7) 检查员工的仪表仪容及个人和包干区卫生，督促员工做好收尾工作。

(8)负责炉灶员工菜肴烹制技术的培训与指导工作。

(9)负责检查员工对设备及用具的维护和保养情况,对需要修理或添补的设备和用具提出报告和建议。

(三)中餐切配领班岗位职责(要点)

职责提要:

带领本组员工按规格切配各类中餐菜肴,保证炉灶烹调的顺利进行。

具体职责:

(1)根据中餐营业情况和菜单,合理分配本组员工从事各项切配工作。

(2)负责检查每日冰箱及案板工作柜中原料的库存数量和质量,准确申订原料并充分利用剩余原料。

(3)督导员工按规格切配,合理用料,准确配份,准确控制成本,保证接收订单与出品有条不紊。

(4)负责对本组员工进行工作安排,并对其工作表现进行考核、评估。

(5)督导本组员工搞好与炉灶厨师的关系,把握出品节奏与顺序,理顺工作秩序。

(6)检查员工的仪表仪容及个人和包干区卫生,督促员工做好收尾工作。

(7)督导员工做好设备、用具的维护保养和保管工作。

(8)检查砧板常用储备原料的库存数量,及时补充订货。

(9)根据营业情况,每天及时、准确地对次日所需原料进行预订。

(四)中餐冷菜领班岗位职责(要点)

职责提要:

组织安排本组员工按规格加工制作中餐各类风味纯正的冷菜,保证出品及时有序。

具体职责:

(1)根据正常营业情况和中餐冷菜菜单,合理安排本组员工工作;遇有大型宴会活动,主动与宴会厨师长协调,分担冷菜制作与出品工作。

(2)负责安排冷菜原料申领、加工和烹调工作。

(3)督导员工按规格加工制作冷菜,保证出品冷菜的口味、装盘形式等合乎规格要求;负责制作冷菜所需的调味汁。

(4)每天检查冰箱内的冷菜质量,力求当天制作冷菜当天出售,严把冷菜质量关。

(5)自觉钻研,适时推出新品冷菜。

(6)负责对冷菜装盘形式和重量进行检查,准确控制冷菜成本。

(7)每天检查所用冷藏设备运转是否正常,发现问题及时报修。

(8)合理安排本组员工值班、轮休,确保生产及出品得以正常进行;负责本组员工工作表现的考核、评估。

(9)检查员工的仪表仪容及个人和包干区卫生,确保食品卫生、安全,督促员工做好收尾工作。

(五)中餐点心领班岗位职责(要点)

职责提要:

负责中餐点心单的制定以及点心间的生产管理工作,带领本组员工制作、出品风味纯正的中餐点心。

具体职责:

(1)制定中餐点心单以及点心制作规格标准,报厨师长审批后督导执行,定期推出新品种。

(2)负责安排原料的申领、加工,掌握客情,根据菜单做好开餐的准备和收尾工作。

(3)检查冰箱及工作台冷柜原料的贮藏情况,确保原料质量,杜绝浪费。

(4)负责检查各种馅料的配比、口味,严格把好质量关。

(5)带领员工按规定操作程序和质量标准,加工制作早餐及午餐、晚餐各类面点;做到点心出品质量达标,准确及时;节约使用原料,控制点心成本。

(6)主动与热菜厨房等岗位协调,合理调配、安排大型活动中的点心生产与出品工作;安排本组员工值班、轮休,负责本组员工工作表现的考核、评估。

(7)督导维护和保养设备,负责对面点生产所需设备、器具的添补和维修提出建议和报告。

(8)检查员工的仪表仪容及个人和包干区卫生,督促员工做好收尾工作。

四、宴会厨房岗位职责

(一)宴会厨师长岗位职责(要点)

职责提要:

在总厨师长的领导下,主持宴会厨房的日常生产及管理工作;协助总厨师长负责宴会菜单安排和生产组织,向宾客提供优质宴会菜点,以创造最大效益。

具体职责:

(1)负责宴会厨房生产计划的安排,检查并协调炉灶、案板、冷菜及点心各班组宴会菜点的生产和出品工作,保证宴会的顺利开餐。

(2)负责不同规格宴会标准菜单的制定工作,并针对不同客源,负责临时或特殊客情宴会菜单的制定工作。

(3)根据宴会菜单,负责审签原料申购和领用单,检查领取原料的质量和数量,保证宴会菜肴所用原料都达到质量标准。

(4)制定并督导执行宴会菜肴规格,负责菜点制作过程中的质量控制工作,确保出品符合规格质量标准。

(5)虚心听取顾客的意见和要求,不断提高菜点的质量;设计、创新菜式,适时翻新变化。

(6)根据宴会工作任务,合理安排员工工作,确保出品的质量和速度都得到有效的控制。

(7)对下属不断进行业务指导,并组织实施各项技术培训;负责对下属进行工作评估,并向上级提出奖惩建议。

(8)负责督导员工做好本范围内工具、设备、设施的正确使用及清洁和维护保养工作;督导员工做好工作区域的清洁卫生工作。

(二)宴会厨房领班岗位职责(要点)

职责提要:

带领本组员工及时按规格生产出品宴会的各类菜肴,安排打荷工作,做到出品质量稳定,风味纯正,先后有序,不断提高菜品质量。

具体职责:

(1)了解营业情况,根据菜单,合理安排切配、打荷及炉灶等岗位工作。

(2)带领员工备齐宴会菜肴原料,检查落实冷菜及点心的生产和提供工作,督促打荷根据宴会菜单备齐各类餐具,做好开餐前的准备工作。

(3)督导盘饰工作,检查宴会菜肴的出品质量,保证出品合乎规格标准。

(4)安排员工值班、轮休,负责对员工进行考核和评估。

(5)主动征询意见,提高出品质量,积极开展菜肴创新活动,适时调整宴会菜单。

(6)检查员工的仪表仪容及个人卫生和包干区卫生,督促员工做好收尾工作。

(7)带头维护和保养宴会厨房设备,对所需维修或添补设备及用具提出报告或建议。

(8)负责对宴会厨师进行菜肴生产技术的培训与指导。

(三)宴会炉灶厨师岗位职责(要点)

职责提要:

负责宴会菜肴的烹制出品工作,保证向宾客及时提供标准一致、风味纯正的宴会菜肴。

具体职责:

(1)了解客情及菜单内容,负责蒸锅、油锅、烤箱、炉灶等烹调准备工作。

(2)负责原料焯水、过油等初步熟处理及耐火原料的预先烹制工作,确保各类宴会准时起菜。

(3) 及时按规格烹制宴会菜肴,保证出品符合规格质量要求。

(4) 保持个人、工作岗位及包干区的卫生整洁,做好收尾工作。

(5) 妥善保管宴会所剩的各种成品和半成品,并妥善保管、使用。

(6) 维护、保养、规范使用各种设备及用具。

(四) 宴会切配厨师岗位职责(要点)

职责提要:

负责宴会菜肴的切配工作,保证及时向炉灶提供合乎配份规格的产品。

具体职责:

(1) 根据客情,领取、备齐菜单所需的各种原料。

(2) 按宴会规格标准进行切配工作,保证主、配料和料头齐全,分量准确。

(3) 根据菜肴要求,负责将耐火原料提前送至炉灶烹调。

(4) 搞好收尾工作,妥善保存各类成品和半成品;分类整理并保管好各类用具。

(5) 保持个人和工作岗位及包干区的卫生整洁。

(6) 正确使用和维护器械用具,保持其完好整洁。

五、西厨房岗位职责

(一) 西餐厨师长岗位职责(要点)

职责提要:

协助总厨师长全面负责西厨房的生产管理工作,带领员工从事菜肴生产及包饼制作,保证向宾客及时提供符合质量标准的产品。

具体职责:

(1) 协助总厨师长做好西厨房人员及生产的组织管理工作。

(2) 根据总厨师长要求,制订年度培训、促销等工作计划。

(3) 负责咖啡厅厨房及西厨房人员的调配和班次的计划安排工作。

(4) 根据厨师的技艺专长和工作表现,合理安排员工的工作岗位,负责对下属进行考核评估。

(5) 负责制定西餐菜单,对菜品质量进行现场指导把关。

(6) 根据菜单,制定菜点的规格标准;检查库存物品的质量和数量,合理安排、使用原料;审签原料订购和领用单,把好成本控制关。

(7) 负责指导西餐厨房领班工作,搞好班组间的协调工作,及时解决工作中出现的问题。

(8) 负责西餐厨房员工培训计划的制订和实施;适时研制新的菜点品种,并保持西餐的风味特色。

(9) 督促员工执行卫生法规及各项卫生制度,严格防止食物中毒事故的发生。

(10) 负责对西厨房各点所有设备、器具的使用情况进行检查与指导,审批设备检修报告单。

(11) 主动与餐厅经理联系,听取宾客及服务部门对菜点质量的意见;与采购供应等部门协调关系,不断改进工作。

(12) 参加餐饮部门有关会议,贯彻会议精神,不断改进、完善西餐生产和管理工作。

(二) 西厨领班岗位职责(要点)

职责提要:

负责西厨房及咖啡厅厨房菜肴生产及管理工作,保证向宾客及时提供优质的西餐菜肴。

具体职责:

(1) 协助厨师长做好西厨房及咖啡厅厨房各岗位的协调、组织管理工作。

(2) 协助西厨厨师长制定各类西餐菜单、菜肴制作规格及工作程序和标准。参与制定自助餐菜单,研究开发特选菜品。

(3) 检查、督导员工按标准加工、切配、烹制菜肴。

(4) 具体负责每日所需原料的预订和进入厨房原料质量的检查工作。

(5) 督促检查员工的仪表仪容、个人卫生及包干区卫生,做好收尾工作。

(6) 安排员工值班、轮休,督促做好各班次间的交接工作。

(7) 负责对下属员工工作表现进行考核和评估,向厨师长提出奖惩建议。

(8) 对下属员工进行技术培训。

(9) 带领下属做好设备的维护、保养工作。

(三) 西餐炉灶厨师岗位职责(要点)

职责提要:

负责西餐及客房用餐菜肴的烹制与出品工作,保证出品及时,并合乎质量要求。

具体职责:

(1) 根据营业情况和客情通知,负责熬制开餐所需汤汁。

(2) 及时补充调制各类热汁沙司,保证满足开餐需要。

(3) 根据订单,有序烹制客人所点各种热菜,并及时出品。

(4) 妥善保藏各种调料及食品,确保食品卫生,做好开餐准备及餐后收尾工作。

(5) 维护、保养各种烹调设备,合理使用和保管各种用具。

(6) 保持个人、工作岗位、设备、用具及包干区的卫生整洁。

(四)西厨切配厨师岗位职责(要点)

职责提要：

负责西餐及客房用餐菜肴的配份与排菜工作，与炉灶配合，保证出品及时有序。

具体职责：

(1)根据营业情况和客情通知，负责领取、备齐各类已加工原料。

(2)负责备齐各类开餐切配用盛器，清洁工作台，做好开餐的准备工作。

(3)根据订单、宴会菜单和出品次序，分别进行菜肴配份，并及时分派给炉灶烹调。

(4)妥善保藏各种原料，清理工作区域，做好餐后的收尾工作。

(5)维护、保养各种器械设备和用具。

(6)搞好个人及岗位责任区域卫生。

(五)冻房厨师岗位职责(要点)

职责提要：

负责冷菜、色拉、冷沙司及各种水果盘的制作工作，保证及时提供合乎西菜风味要求的色、香、味、形俱佳的各类菜品。

具体职责：

(1)根据客情通知，负责制作宴会、自助餐、零点、套餐等形式的冷菜、色拉及冷调味汁。

(2)负责冻房原料及水果的领取、加工、烹制及装盘出品工作，对出品的质量和卫生负责。

(3)负责雕刻并及时提供热菜盘饰及自助餐台用各类食雕花卉、艺术品。

(4)接收零点和宴会订单，及时按规格切配装盘，向餐厅准确发放冷菜、色拉和水果盘。

(5)妥善保藏剩余的原料、冷调味汁及成品，做好餐后的收尾工作。

(6)定期检查、整理冰箱，保证存放食品、水果的质量。

(7)保持个人、工作岗位及包干区的卫生整洁，并负责冻房的消毒工作。

(8)正确维护、合理使用器械设备，保持其完好清洁。

(六)包饼房领班岗位职责(要点)

职责提要：

负责西厨包饼房的生产管理工作，保证及时提供合乎风味要求的包饼产品。

具体职责：

(1)负责包饼房各种包饼、点心及雪糕的制作和出品工作；协助厨师长参与有关包饼、甜品供应单的制定工作，并进行成本核算与定价。

(2)负责制定各类包饼、甜品的标准食谱，报厨师长审核后督导执行。

(3)参与设计、布置自助餐台及其他大型活动的餐台。

(4)根据客情,负责分配、安排包饼生产任务,严格把好原料的领用和包饼出品质量关。

(5)负责安排包饼房员工的值班、轮休,并对员工进行考勤和评估。

(6)检查员工仪表仪容,督促其搞好个人及包干区的卫生。

(7)督导员工对用具和设备进行维护和保养。

(七)包饼师岗位职责(要点)

职责提要:

负责饭店内部及外卖所有面包、蛋糕及甜品的生产制作,并保证正常供给。

具体职责:

(1)负责检查所有包饼、甜品的库存情况。

(2)检查落实面包糕饼制品的原料,并及时补充。

(3)根据客情需要,有计划地按规格标准生产包饼、甜品,保持有一定的周转成品。

(4)检查冰箱、冷库,保证各种存放原料、成品的卫生和质量。

(5)维护、保养各种设备,正确使用、保管各种用具。

(6)保持个人、工作岗位、器具及包干区的卫生整洁。

第三节 厨房与相关部门的沟通联系

为了连续不断地进行生产,及时向宾客提供各种优质产品,保证满足宾客的餐饮需求,厨房工作必须得到各个相关方面的支持与配合。

一、与餐厅部门的沟通联系

厨房的主要责任是及时为宾客提供优质菜点,而菜点质量的权威评判者就是就餐客人。客人的意见和建议要靠餐厅部门传达给厨房,这样才有可能改进生产,提高出品质量,使产品更加适销对路。厨房要及时通报售缺或已售完菜品,使点菜服务员能主动向客人做好解释工作。餐厅要协助厨房检查出菜速度、温度等质量和次序问题,帮助推销特色、新创或可能出现过剩的菜点。因此,厨房要主动征求、虚心听取餐厅部门的意见,不断改进工作,以积极、诚恳的态度搞好与餐厅的沟通与联系。餐厅、厨房进行沟通的联系表见表2-1。

表 2-1 餐厅、厨房联系表

餐厅名称：　　　　　　　　日期：　　　　　　　　餐别：

推销品种	时蔬品种	备　注

厨房通知人：　　　　　　餐厅接受人：　　　　　　时间：

二、与宴会预订部门的沟通联系

宴会预订是指饭店与宾客接触、洽谈、接受并处理宴会等用餐需求的工作，由负责餐饮经营客情信息的部门进行搜集、整理和发布。宴会预订部门，就是负责该项工作的组织管理部门。厨房必须密切关注由宴会预订部门发出的各种客情信息，包括宴会的规格、宴会菜单、用餐人数、特殊要求、用餐日期等。大部分宴会的菜单是由宴会预订部门发出的，因此，厨房应经常性地与宴会预订部门做好以下几方面的沟通配合工作：

（1）厨房每天要主动向宴会预订部门提供货源情况，尤其是鲜活待销货源，以便列入菜单及时销售。

（2）厨房要经常向宴会预订部门提供时令创新品种，介绍其特点和做法，以不断满足客人需求。

（3）厨房还要经常向宴会预订部门提供原料出净率、涨发率等技术资料，以使宴会预订部门掌握情况，控制成本。另外，还要积极配合宴会预订部门做好出品及控制工作，主动征询服务人员及客人意见，不断提高宴会菜点质量。

三、与原料供给部门的沟通联系

厨房生产的原料是由采购部提供的，因此，厨房必须和采购部保持密切联系，共同商定食品原料采购规格标准和库存量；每日定时向采购部提交原料申购单。厨房还应重视采购部门关于货物库存方面的信息，协助加快库存原料的周转，推销、处理积压原料。采购部门给厨房提供有关新的原料市场行情也是十分重要和必要的。

四、与餐务部门的沟通联系

餐务即餐饮事务、杂务，是餐饮部除厨房生产、餐厅和酒水服务主要业务工作以外与餐饮十分相关的工作。该部门叫餐务部，又叫管事部，它承担厨房大量的清洁卫生和垃圾处理工作。厨房与餐务部门在分工协作的同时,还要协调、督促餐务部门及时做好相关工作。遇有大型餐饮活动,厨房更应事先充分计划各类餐具规格和需要量,并及时与餐务部门沟通,以使餐务部门准备的餐具保证满足开餐的需要。

本章小结

根据厨房规模,设计好厨房的组织机构是从事厨房管理的组织基础,也是对厨房管理起到纲举目张作用的必要工作。对不同性质、不同规模的厨房进行科学的机构设计,应首先系统了解和把握机构设计的原则。此外,本章还系统介绍了厨房的不同种类及其功能,厨房不同岗位的职责内容;讨论了厨房各主要部门的职能,以及厨房生产与主要相关部门的沟通联系。

 **思考与练习**

(一)理解思考

1. 加工厨房、宴会厨房、零点厨房的工作内容是什么?
2. 厨房机构设置原则有哪些?
3. 厨房与餐厅部门沟通联系内容有哪些?
4. 厨房与宴会预订部门沟通联系内容有哪些?
5. 厨房与原料供给部门沟通联系内容有哪些?
6. 厨房与餐务部门沟通联系的内容有哪些?

(二)实训练习

1. 调查、绘制中、小型厨房机构设置图。
2. 对中、小型厨房岗位进行职责规定。
3. 组织编写厨师长一天工作主要事项(内容)。

第 3 章

厨房人力资源管理

学习目标

- ➤ 掌握确定厨房人员数量的方法
- ➤ 了解厨师长的素质要求
- ➤ 了解厨房员工招聘程序与方法
- ➤ 掌握厨房员工培训原则
- ➤ 明确厨房员工评估的作用
- ➤ 掌握厨房员工激励的原则与方法

厨房人力资源管理不仅要根据饭店的餐饮规模、档次和经营特色,以及厨房的结构、布局状况进行组织机构设置,并与人事部门协商,决定员工的配备数量,确定各工种的用工比例,而且,还要在岗位工作量与厨房生产总量相适应的基础上,通过优化组合,发挥人力资源的最大效用。此外,适时通过社会招聘,充实、调整、健全厨房员工队伍,实施各种形式的培训和激励,使厨房员工队伍素质不断提高,也是厨房人力资源管理的重要内容。

案例导入

在轻松的氛围里选聘实习生

阿联酋迪拜某豪华酒店筹备开业,总经理带着人力资源总监、行政总厨来到中国某旅游职业学院选聘烹饪专业实习生,实习期为 2 年。实习生享有与岗位相应的薪酬。2 年级有部分学生为圆出国梦,报了名,填好申请表,认真做好了选拔准备。

本次选拔分为操作测试与面试两大环节。操作测试内容为,指定原料,要求在规定时间内制作完成三道菜肴。操作测试过程中,酒店的总经理、人力资源总监、总厨始终在现场,全程观看每位选手的操作,还不时用幽默的语言与操作学生做交流,那位行政总厨还不停地在每位选手申请表上仔细做着记录。面试现场,轻松而活跃。参选学生进入面试室,首先被要求用英语作自我介绍,然后回答面试官的一些问题,比如,"你为什么要学烹饪?""你认为你最喜欢吃哪道菜?""记忆中你妈妈的哪道菜最好吃?""将来环境变了你还会继续做烹饪吗?""你为什么选择我们酒店?"等。他们还和学生聊一些其他轻松的话题。

操作测试与面试都结束了,本次参加烹饪专业选拔的学生共有24位,最终有10位入选。该酒店选拔烹饪专业实习生的标准与方法让学生们称奇不已。

案例分析

国际酒店对于人力资源非常重视,即使选聘实习生也像招聘正式员工一样,绝不马虎。此次选聘实习生,总经理亲临现场,并带着人力资源总监、行政总厨,足见其重视程度。测试分为操作测试与面试两大环节,说明世界顶尖酒店烹饪选才标准体现在一个人的综合能力与素质上。事后,通过与人力资源部总监深入交流,我们了解到:操作测试环节,除了考察学生的烹调技能、菜肴品质外,还要观察选手的仪表仪容、着装规范,操作过程中的卫生习惯、操作规范等基本职业素养,以及原材料的综合利用能力等;在面试环节,除了测试英语交际能力外,还要考察学生的专业知识、人文知识、职业礼仪、应变能力,以及学生对烹饪职业的认同感、对待企业的忠诚度、对待父母及家人的情感、价值观、团队合作意识等。

第一节 厨房人员配备

厨房人员配备,包括两层含义:一是指满足生产需要的厨房所有员工(含管理人员)人数的确定;二是指生产人员的分工定岗,即厨房各岗位人员的选择和合理安置。厨房人员配备,不仅直接影响劳动力成本的大小、厨师队伍士气的高低,而且对厨房生产效率、产品质量以及餐饮生产经营的成败都有着不可忽视的影响。因此,这项工作是饭店进行正常生产经营的基础管理工作,必须抓细做好。

一、确定厨房人员数量的要素

不同规模、不同档次、不同规格要求的饭店的厨房,员工配备的数量是不一样的,要综合考虑以下因素,对生产人员的数量进行科学的确定。

1. 厨房生产规模

厨房的大小、多少,厨房的生产能力如何,人员配备很关键。厨房规模大,餐饮服务接待能力就大,生产任务无疑较重,配备的各方面生产人手就要多;厨房规模小,厨房生产及服务对象有限,厨房就可少配备一些人手。

2. 厨房的布局和设备

厨房结构紧凑,布局合理,生产流程顺畅,相同岗位功能合并,货物运输路程短,厨房人员就可减少;厨房多而分散,各加工、生产厨房间隔或相距较远,或不在同一座建筑物、不在同一楼层,配备的厨房人员就要增加。

厨房设备性能先进,配套合理,功能全面,不仅可以节省厨房人员,而且还可以提高生产效率,扩大生产规模;相反,则需多配备人手,才能满足生产需要。

3. 菜单与产品标准

菜单是餐饮生产、服务的任务书。菜单品种丰富,规格齐全,菜品加工制作复杂,加工产品标准高,无疑都要加大工作量,要配备较多厨房人员;反之,人员即可减少。快餐厨房由于供应菜式固定、品种有限,因此,厨房人员比零点或宴会厨房可少配许多。

4. 员工的技术水准

员工技术全面、稳定,操作熟练程度高,工作效率高,厨房员工就可少配;员工大多为新手,或不熟悉厨房产品规格标准,或来自四面八方,缺乏默契配合,工作效率低,生产的差错率就会较高,员工要多配。

5. 餐厅营业时间

与厨房生产对应的餐厅,其营业时间的长短和生产人员的配备也有很大关系。有些饭店的某些餐厅除一日三餐外,还要经营夜宵、负责饭店住客18小时或24小时的客房用餐,甚至还要承担外卖产品的生产。随着营业时间的延长,厨房的班次就要增加,人员就要多配。若是仅开午、晚两餐的厨房,人手则可相对少配。

二、确定厨房人员数量的方法

厨房人员数量可以先测算,然后再进行综合确定。确定了人员数量,在日常工作中再加以跟踪考察,并进行适当调整,以确保科学用工。

1. 按比例确定

国外饭店一般以30个餐位至50个餐位配备1名厨房生产人员,其间差距主要在于经营品种的多少和风味的不同。国内饭店一般是15个餐位配1名厨房生产人员,规模小或规格高的特色餐饮企业,甚至每7~8个餐位就配1名厨房人员。中西方厨房员工配比有较大悬殊,其原因主要是由于产品结构、品种、规格、生产制作的繁简程度和购进原料的加工程度以及设备、设施的配套使用等情况的不同而造成的。按餐位比例确定厨房人员数量落实到具体饭店有时数字出入较大,还有一个重要因素,是餐厅的性质及使用率问题。如有的饭店有规模很大而使用效率并不高的多功能厅,若将多功能厅餐位完全统计并按餐位配比全额配员,则大多数情况下厨房员工显得过剩。粤菜厨房内部及相关岗位员工配备比例一般为:1个炉头配备7个生产人员。比如2个后镬(炉头),相应要另配备2个打荷、1个上杂、2个砧板、1个水台、1个洗碗、1个择菜煮饭、2个走楼梯(跑菜)、2个插班,共14人。如果炉头数在6个以上,应设专职大案(面点生产人员)。其他菜系的厨房,炉灶与其他岗位人员(含加工、切配、打荷等)的比例多为1∶4,点心与冷菜工种人员的比例为1∶1。这些均可用作参考。

2.按工作量确定

对于规模、生产品种既定的厨房来讲,可以全面分解测算每天所有加工生产制作菜点所需要的时间,累积起来,即可计算出完成当天厨房所有生产任务的总时间,再乘以一个员工轮休和病休等缺勤的系数,除以每个员工规定的日工作时间,便能得出厨房生产人员的数量。公式为:

$$厨房员工数 = \frac{总时间 \times (1 + 10\%)}{8}$$

3.按岗位描述确定

根据厨房规模,设置厨房各工种岗位,将厨房所有工作任务分解至各岗位,对每个岗位工作任务进行满负荷界定,进而确定各工种、岗位完成其相应任务所需要的人手,就可汇总出厨房用工数量。综合型饭店的客房用餐厨房,大多用这种方式确定配备员工数量。

三、厨房岗位人员的选择

将厨房员工分配至各自适合的岗位,这不仅是人事部门管理的范畴,更是厨房管理者的重要工作。厨房管理人员对所属岗位需要配备什么样的人,比人事部门应该更清楚,而人事部门提供员工的背景材料、综合素质,以及对其进行岗前培训等也是必不可少的。因此,加强人事部门与厨房之间的协调与配合,共同确定厨房岗位人员的选择与安排,是十分必要和有利的。

在对厨房进行岗位人员的选择和组合时,要做到以下两点:

1.量才使用,因岗设人

厨房在对岗位人员进行选配时,首先要考虑各岗位人员的素质,即岗位任职条件。首先要能胜任、履行其岗位职责。同时要在认真细致地了解员工特长、爱好的基础上,尽可能照顾员工的爱好,让其有发挥聪明才智、施展才华的机会和舞台。要力戒照顾关系、情面,因人设岗,否则,会给厨房生产和管理留下隐患。

2.不断优化岗位组合

厨房人员分岗到位以后,其岗位并非一成不变。在生产过程中,可能会发现一些学非所用、用非所长的员工,或者会暴露一些班组群体搭配欠佳、团体协作精神缺乏等现象,长此以往不仅会影响员工工作情绪和效率,还可能形成不良风气,妨碍管理。因此,优化厨房岗位组合是必须的。但在优化岗位组合的同时,必须兼顾各岗位,尤其是主要技术岗位工作的相对稳定性和连贯性。优化岗位组合的依据是系统的、公平、公正的考核和评估;在形成动态平衡的风气之后,员工的责任感和自律、自觉及创新意识都会加强。

四、厨师长的遴选

厨师长是至关重要的管理者,是厨房产品风格、结构的设计者,是厨房各项方针政策的决定者。因此,厨师长选配的好坏,直接关系厨房运转与管理的成败,直接影响厨房产品质量的优劣和饭店经营效益的高低。

厨师长的自身素质是厨师长工作能力和工作作风的基础,因此遴选厨师长必须对其素质提出要求,并进行全面考察。

1.基本素质

厨师长的基本素质,主要是指担任厨师长必须达到的思想、身体等方面的起码要求。

(1)必须具备良好的思想品德,作风正派,严于律己,品德高尚,有较强的事业心,忠于企业,热爱本职工作。

(2)有良好的体质和心理素质,对业务精益求精,善于和人打交道,工作有原则性也不失灵活性。

(3)有开拓创新精神,具有竞争和夺标意识,善于学习,思想开放,有把握潮流和领导潮流的勇气和能力。

2.专业知识

厨师长既是厨房的行政管理者,同时又是厨房的技术权威,因此,具备必要的菜肴、烹饪及相关专业知识是十分必要的。

(1)菜系菜点知识。熟悉中、西菜系的特点和名菜名点,掌握其质量标准,熟知原材料的产地、产季以及性能特点。

(2)烹饪工艺知识。熟知中、西菜肴的基本烹调方法、加工生产的步骤和关键,善于鉴别菜肴的品质和口味,熟悉现代厨房设备的性能、结构和特点。

(3)食品营养卫生知识。熟知各类原料的营养化学成分,懂得食品营养的搭配与组合,知晓常见疾病的饮食禁忌,掌握食物中毒的预防和食品卫生知识。

(4)实用美学知识。懂得色彩搭配及食物造型艺术,具有基本的美学鉴赏能力。

(5)文化基础知识。具有大专以上文化程度,了解主要客源国、地区客人的风俗习惯、宗教信仰、民族礼仪和饮食宜忌,具有一定的语言表达能力。

(6)财务知识。具有有关财务报表的查看、分析能力,熟知成本核算及控制的程序和方法。

3.管理能力

厨房管理有其特殊性和复杂性,厨师长具有基本管理能力和经验是有效实施针对性厨房管理的基础。

(1)计划和组织能力。确定并坚持始终一贯的工作标准,善于制订厨房各项工作计划并通过行之有效的手段使其顺利实施。

(2)激励能力。懂得培养、使用、选拔、推荐人才。有号召力,并能区别不同层次、级别员工的特点进行有效的沟通激励,培养、发挥良好的团队精神。

(3)创新能力。能及时发现、把握有实用价值的信息,开发新的厨房产品,同时不断更新自我,突破自我。

(4)协调沟通能力。善于发挥信息传递渠道的作用,改进厨房各工种、岗位之间,以及与原料采购、仓库保管部门之间的关系,调动各方面力量,并要明确指示工作程序,不断完善管理,提高出品质量。

(5)有组织能力。理解下属,能发挥一班之长的作用,善于团结、带动一班人,借助整个厨房组织系统,靠集体的智慧和力量,做好厨房各项工作。

(6)培训能力。善于发现问题,针对薄弱环节和需要发现、设计培训主题,具有引导、培训、激发下属积极向上、不断进取的能力和技巧。

(7)解决问题的能力。善于以诚恳的态度听取下属意见,在错综复杂的矛盾中抓住主要矛盾,对紧急事件有果断从容的应变和处理能力。

第二节 厨房人员招聘与培训

厨房人员招聘是长期的、经常性的工作。现代厨房管理,要求应聘厨房人员具有内在、外表、技能、知识等多方面的良好素质,以确保应聘人员很快胜任厨房工作,并为提高菜点质量,改进厨房管理,做出积极贡献。

厨房员工招聘的过程是发现求职者并根据工作要求对其进行筛选的过程。员工挑选过程从征聘开始到录用结束,一般由厨师长根据厨师岗位空缺情况提出申请,报饭店人事部门核实、批准,再通过店内公告或新闻媒体刊登广告等方式,吸引有关人员前来应聘。

一、厨房员工招聘来源与渠道

厨房员工招聘可以面向本饭店内部,也可以广泛面向社会,两者各有利弊。

1. 招聘在职员工的亲属、朋友

厨房招聘在职人员的亲属或朋友有好处也有坏处。好处是在职人员了解本饭店厨房工作的要求,并知道厨房工作情况。假如他们对工作环境的印象好,可能成为"征聘其他员工出色的推销员"。与在职人员保持联系的这些人可能会成为理想的候选人。坏处是几位亲属或朋友在同一家饭店、同一个厨房工作,会给管理增加难度。

2. 在员工中提拔

在厨房内部制订职业阶梯、职业生涯计划,经过培训的优秀员工可以使其逐步担任更加重要的职务。优秀的员工是不容易找到的,因此要通过向员工提供晋升的机会来鼓励其留下。例如,根据"职业阶梯"计划,可以提拔一名初加工人员担任切配厨师助手,然后经过培训和一段时间的工作,再提拔他担任厨师。另外,也可以作横向调动,从厨房的一个工种调到另一个工种或者另一个厨房。对员工进行内部提拔或调动的好处是能提高员工士气,鼓励在职员工更好地工作,以期有机会晋升。由于有晋升的可能,员工关爱企业、积极工作的意识也会增强。

3. 其他来源

可以在报纸上、网络上刊登广告,也可以通过各类职业介绍所发现求职者,还可以通过(失业者)就业培训指导中心招聘员工。通过这些渠道招聘的员工干活出色,尤其是可以让其从最基层的工作做起,但要加强上岗期间即磨合期、适应期的跟踪指导。另外,饭店还可以从烹饪大专院校、旅游学校和职业中学招聘。

二、厨房员工招聘程序与方法

厨房员工招聘大致可按初试、填写求职申请表、面谈、测验、政审、体检、录用等步骤进行。

1. 初试

初试是饭店与应聘人员的第一次见面,也是应聘人员接受的第一次挑选。饭店通过初试可以对应聘求职者的大致情况有个粗略的了解。如果应聘人员与招聘的条件大致相符,应在感谢其前来应聘的同时,表明初试仅仅是招聘的开始,以后还要有许多手续和事情要办,希望配合;如应聘人员外形或身体状况与饭店对厨房员工的要求不符,或其他与招聘条件有明显出入者,应及早予以婉言谢绝。

2. 求职申请

经过初试,凡符合招聘条件的求职者都可获得求职申请的机会。应聘人员应认真填写求职申请表(见表3-1)。

表 3-1　求职申请表

日期_____

| 姓名_____ | 电话号码_____ | | 申请何职_____ |

地址_____

全日工作还是部分时间工作？_____

目前是否任职？_____

工 作 简 历

饭店名称	地　　址	职　　务	任职起止日期	薪　　金

求职理由_____
_____
_____

请填写三名证明人的姓名和地址

1._____
_____

2._____
_____

3._____
_____

　　求职申请表可以提供求职者的基本情况。根据这些情况，不仅可以判断应聘者是否达到最低的岗位要求，而且还为在面试中准备提哪些问题提供了基本资料；此外，还可以了解求职者的经历，据此可以判断目前厨房的空缺是否符合求职者从业的计划。

3. 面谈

面谈即面试,是进入实质性招聘的重要一步。通过面谈,不仅可以初步证实应聘者提供的申请情况是否属实,而且还可以初步了解其技术程度、受训情况、知识范围,以及仪容、仪表、言谈举止、为人处世、思维动作的敏捷程度等,从而为确定聘用与否提供重要依据。

面谈应在宽敞、明亮、自然、平等的环境和氛围中进行。因为面谈的过程,既是饭店了解应聘者的过程,同时也是饭店推销自我、开展公关、树立信誉、扩大影响的过程,因此,招聘人员始终应以饭店使者的身份和形象出现,表现出应有的礼貌与风度,给所有应聘人员以美好友善的印象。精心准备和组织面谈的内容,是获得最佳面试效果的前提。面谈内容通常包括开头语、实质性交流和闲谈几个部分。

面谈内容(例)

○开头语:
1. 我看了你的申请表,你为什么愿意到我们饭店工作?
2. 为什么你认为你适合在我们饭店工作?
3. 你对你的工作是如何产生兴趣的?
……

○顺水推舟进入实质性会谈:
1. 说说你的从厨经历好吗?
2. 你对附近几家饭店/餐馆经营的饭菜有何看法?
3. 你认为我们饭店经营什么风味的菜更好?
4. 你对其他菜系的菜肴熟悉吗?
……

○以闲聊的口气闲谈:
1. 你带过徒弟吗?
2. 以前经常加班吗?
3. 你希望我们提供哪些便利?
……

通过面谈,可以对求职者的能力、态度以及是否适合本厨房工作作出初步结论。在面试时,应鼓励求职者询问工作岗位和单位的情况。面谈结束后,应告诉他下一个步骤是什么。同时,要记录通过面试获得的具体资料(见表3-2),这对于做出是否录用的决定是很重要的。

表3-2 招聘厨师面试情况表(样)

面试内容 \ 表现	代号:A 很满意 B 满意 C 一般 D 差			
	初试		面谈	
	代号	备注	代号	备注
仪容仪表				
技术技能				
知识面				
职业自信心				
上进心				
谈吐、礼貌				
评估结论	□很满意 □满意 □一般 □差		□很满意 □满意 □一般 □差	
招聘建议	人事部门: 餐饮部门:		人事部门: 餐饮部门:	
备注:			年 月 日	

4.测验

测验是对通过面试的应聘人员在技术技能、理论知识、文化素养等方面的检查。招聘厨师既不是请徒工,更不是雇说客。拿得起,放得下,既懂原理,又精烹饪,才是招聘的对象。因此,招聘实践性很强、操作技能高的厨师,十分重要的一环就是根据对不同岗位厨师的招聘需要,设计不同难度、规模的操作实例,观其操作,赏其姿势,尝其口味。操作干净利落、姿势优美准确、风味可口宜人,可以看得出其基本功扎实、厨艺高强。通过不同深度、不同广度的书面问卷测验,则可以检查其掌握的知识面和烹饪原理。对应聘者进行实践和理论的全面测验,不仅为招聘既有理论又能操作的有用厨师提供依据,而且还可预测此人的发展前景,判断能否重点培养。

厨师长招聘考题 （例）

○举办食品促销活动要考虑哪些因素？主要步骤有哪些？
○厨师烹制出品菜肴口味因人而异,如何做才可以使出品味一致？
○厨房出菜速度跟不上,一般有哪几个方面的原因？
○厨房产品的成本构成有哪些因素？如何准确控制成本？
○西菜有哪几大风味流派？"早西"分哪两大风味,各包括哪几类食品？
○请开一张秋季台湾客人每位200元,一席10人的寿宴菜单(成本约算),并进行烹饪制作。

5.政审

厨房工作的特殊性,决定了应聘人员仅有娴熟的烹饪技艺是不够的,还必须具备服务宾客、诚实守信、敬业爱店、严肃认真的工作精神。政审是对应聘人员综合素质的了解和把握,是饭店借助社会资源对应聘人员历史表现的咨询和考查,是招聘厨师必不可少的一环。对应聘人员的政审,需要本着认真负责、实事求是的精神,采取到原单位,或户口所在地进行外调内访,查证核实,以便更好地安排和使用应聘人员,同时也可避免饭店为招聘不合格厨师而可能蒙受的损失。

6.体检

顺利通过前五项招聘程序的应聘者将接受体格检查。正因为厨房产品是客人直接享用,这也恰恰决定了它不仅应营养强身,更应安全无害,因此,体检在厨房员工招聘过程中,显得尤为重要。体检,是对应聘者身体素质的全面、综合的检查,是对应聘人员身体素质是否具有可靠性的了解和把握。体检必须到饭店指定的医院,集中统一进行。注意体检前千万不可将指定医院透露出去,以防舞弊。

7.录用

体检合格的应聘人员,都是经过再三筛选的应聘者,理所应当成为饭店的新生力量。此外,他们还应该办理诸如与饭店签订劳动合同、进行各种登记、领发工作证(牌)等手续,再经过必要的入店教育、岗前培训,即可随着饭店人事部门签发的"聘任通知书"(见表3-3)到指定厨房岗位从事工作。

表3-3 聘任通知书(样)

致:财务部门/餐饮部厨房

员工姓名:_____　　　工作种类:_____

性　　别:_____　　　员工编号:_____

职　　位:_____　　　部门/分部:_____

级　　别:_____　　　上班日期:_____

基本工资	补　贴	奖　金	合　计

人事部门经理:_____　　　日期:_____

正本:财务部门

副本:人事部门、员工本人、部门厨师长

另外,招聘人员应该通知不予录用的应聘者。如果应聘者可能适合以后出现的某个空缺,经本人允许,饭店可保存求职书,并与应聘者保持联系。假如有其他可以胜任的岗位,应该告诉应聘者,请本人予以考虑。如果认为求职者现在不适合,将来也不可能适合来本饭店工作,也应该记录存档。负责招聘、挑选应聘人员工作的厨房及人事部门的工作人员必须特别公正、诚实、慎重、负责地处理在职人员求职应聘的事务。

三、厨房员工培训原则

厨房培训无论是对新员工还是对老厨师都很重要。厨房管理方式、手段革新、菜肴点心制作技巧的创新,都需要培训。厨房可以利用培训向员工传授新的工作技巧,扩大员工的知识面,改变其工作态度。没有经过很好培训的厨房人员,不仅会增加厨房的开支,而且还会造成宾客的不满。因此,培训既是饭店的需要,也是员工的内在需求。厨房培训可以传授菜点知识和操作技巧,也可帮助员工改进工作态度。培训是否有成效取决于教员的能力和学员的学习愿望。厨房新老员工对新的菜肴知识都是愿意并迫切希望学有所成的,因此效果的好坏,培训员往往起着十分重要的作用。

1. 厨房培训员要求

厨房培训员,不仅需要具备特有专业知识、技能,而且还应该掌握相应的培训技能技巧。

(1)教的意愿。厨房培训员必须有教的意愿。乐于帮助、指导他人做菜的厨师,一般都喜欢从事培训工作;反之,技术保守,视手艺为私有的厨师,则不宜做培训员。

(2)知识面。尽管培训员不必是厨房每个工种的权威,但对要求培训的部分业务必须能作讲解与示范,如培训食品雕刻,培训者必须擅长雕刻,并具有这方面较全面的理论和操作技能。

(3)能力。要具有沟通能力,培训员必须与受训厨师进行有效的沟通。如果培训员的语言表达或示范手势受训人员无法理解,那么,其培训效果是不理想的。

(4)耐心。要有耐心,教员必须做到客观、有耐心,而不能轻易失去信心,对新从事烹饪工作或刚进入本饭店厨房的新人尤其如此。

(5)幽默感。要有幽默感,在对厨房员工进行营养卫生、法律法规、菜点知识等理论培训时更应注意发挥幽默的作用。

(6)时间。要有较强的时间观念,培训课开始不能推迟,下课也应准时,否则,可能妨碍开餐或引起受训人员的不耐烦。

(7)尊敬。教、学双方应互相尊敬,防止同行相轻。

(8)热情。对培训工作、对受训学员,培训员都应表现热情。

2.培训的原则

厨房员工大部分是成年人,工作中往往注重实际,因此培训工作必须体现成年人的学习特点,需注意以下原则:

(1)学习的愿望。厨师往往是在他们认为有必要学习新技术、获得更多知识时才接受培训。而大多数厨师是讲求实际的,他们想知道培训对他们到底有多大好处。因此,在培训初期,培训员应该大力宣传培训的必要性,这也是初期培训活动的一部分。

(2)边干边学。厨师是以手工操作为主,要边干边学。被动的学习(听、记等)比主动的学习(学员参与培训、互动式培训)效果要差,厨师尤其如此。另外,培训要集中解决实际问题,应该让受训厨师看到教给他们的知识技巧是可以运用到他们所处的具体环境中去的。因此,厨师的技能培训,应尽可能围绕解决某些菜肴质量问题或改进生产流程、工艺等问题来进行。

(3)以往经历的影响。参加培训的厨师有不同的经历,培训要与他们的经历结合起来。有经验的厨房管理者或厨师现身说法,培训的效果往往较好。另外,学员在一个民主的学习环境中受训,学习效果会更好。因此,厨师培训的课堂应选择在看得见原料、摸得着设备、直观可操作的烹饪教室或厨房最为理想。同时还要注意,厨房培训的教员应该把受训员工看作是同行加同事,不应该把他们看作是下级或孩子。

(4)培训方式。采用各种不同的培训方法可以使培训变得生动形象、效果明显,即使是纯理论课培训,也应尽可能多举案例。培训的重点应放在引导而不是评分。学员希望了解他们现在做得怎样,然而他们更需要了解他们的学习方法是否正确,以及是否理解了教员传授给他们的知识和技巧。厨师培训,有条件的要让受训者充分参与操作练习,培训员从中发现问题,及时予以纠正,效果更佳。

厨房员工培训,除了要遵循上述原则,还应注意如下要点:①一次培训活动的时间不应超出学员的注意力集中限度,必要时安排几次休息。②学员的学习进度是不一致的,培训员要有足够的耐心,要给那些手脚慢、不太容易掌握要领的人提供更多的机会,不妨开些"小灶"。③培训的开始阶段不要强调提高工作速度,而要讲求动作的准确性。培训中强调的重点要反复讲、反复练。④在一项工作、一个菜点制作分解成几个步骤做之前,必须完整地示范一次。只有在学员懂得了完整的工作怎样做以后才可以让其分步练习。⑤厨房受训员工应该知道培训要达到什么要求。培训人员有责任让学员通过培训得到明显的效果。学员应该有机会评估自己的学习,看是否达到了预期的要求。

四、厨房员工培训程序与方法

培训工作是厨房管理的重要内容之一。通过培训可以解决厨房内部若干问题,但并不是所有的问题都能通过培训得到彻底解决。要根据具体情况分析问题产生的原因,假如通过对问题的查找和分析,找到了问题的根源不是工作条件或其他方面而是缺乏培训,那么培训就是解决问题有效的手段。培训不但可以用来解决经营管理中的问题,还可以帮助厨房新员工掌握规定的工作技巧或者指导老厨师学习新的工作程序。厨房培训应该按下列步骤进行。

1. 确定培训需求,考虑费用投入

如果管理中发现一些与工作有关的普遍性问题,诸如客人不满、士气低落、原料浪费大、出菜速度慢、厨房效率低、员工牢骚很多或者发生事故等,那么,进行培训就相当必要。厨师长只要对客人和员工的不满稍加观察和分析,对营业水平的波动作一下研究,并通过检查或通过员工和餐厅及其他人的反馈就能确定是否需要对员工进行培训。确定以后,就要分清主次,找出最迫切需要培训的项目,放在培训的首位。考虑培训计划时,费用是一个重要的因素。通过培训,存在的问题应该明显减少,使人们感到培训确实很有必要。在确定培训主次的同时,厨师长不仅要想到培训的开支有多大,也要考虑假若不进行培训,损失会更大。

2. 计划、制定培训目标

培训过程包括大量的计划工作。为了能评估培训的效果(学员学到的东西),在培训开始前厨房培训员必须了解员工的工作水准。如果通过培训,员工的工作比培训前更接近要求,那就可以判定培训是确有成效的。

一旦做出了培训决定,就要确定总的培训目标。厨房培训要着眼于提高实际工作能力,而不只是为了了解一些知识。厨房培训员必须明确地规定受训者经过培训必须学会做哪些工作和必须达到什么要求。

3. 选择学员,规定预期要求

无论对厨房新员工还是对老厨师都可以进行培训。新员工开始工作时,要经常教给他们有关工作的技巧和知识、本厨房生产、劳动的相关程序和标准。对老厨师来说,随着新菜单的推出和工作程序的改变,他们也需要培训或重新调整。不少员工工作没做好并不是他们不想把工作做好,而是不知道应该做些什么,如何去做,以及为什么要这样做,厨房管理者应该挑选那些通过培训可以得到提高的员工(尽管他们在厨房工作的时间有长有短)作为培训的对象。选定了学员,还要规定通过培训员工应达到的要求。这些要求是指员工在培训的各个阶段要达到的技术水准,因此,它们不能是笼统的,而应该很具体明确。

4.制订培训计划

有了具体的培训目标,就可以制订培训计划。各项技巧的培训必须按照逻辑顺序合理安排。所用原料必须准备好、配备齐。凡是工作需要改进的方面都要进行培训。要制订培训计划并确定授课安排。每个培训计划应列明要开展的活动。每次活动要与培训计划中的具体目标相对应。培训计划实际上是培训工作所有方面的概括。有了培训计划就可以做出授课安排,简要说明每一堂课有哪些集体活动。然后,再确定受训人员要达到这堂课规定的程度,要做哪些具体的事情。

制订培训计划的同时,应选择好培训方式。可以根据培训内容分别选择小组培训、全员培训、理论培训、操作培训、研讨式培训、讲座式培训或示范观摩式培训等,亦可以兼用几种方式。

5.让受训学员做好准备

在参加实际培训之前,受训人员至少应对自己的工作有一个基本的了解。受训者总想知道能学到什么,因此,应向他们讲明每堂课是如何安排的。另外,在制订计划时若能听取员工的意见,将会对培训有很大的帮助。厨房管理人员要保证员工有一定的时间去参加各种培训活动,要尽可能少采用传统的那种忙里偷闲式的培训。必须让员工懂得参加培训并不是一种惩罚,还应该让员工认识到培训既不是浪费时间,也不是蔑视他们的才智。

6.培训的实施

培训的方式不同,培训的实际做法也不一样。培训计划制订以后,有关各方要积极准备,保证人手、场地、时间等一切条件具备,并在培训负责人的主持下顺利进行。

7.培训的评估

需要对培训进行评估以确定培训目标是否实现了。也就是说,员工经过培训,他们的工作能力提高了多少。对培训工作可以从两个方面进行评估:①采用的培训方式;②培训的实际效果(包括对受训人员的考核)。把这两方面的情况结合起来就容易确定培训是否获得成功,是否需要进行再一次培训。通过评估,厨师长也就容易确定员工在实现培训目标方面是否正在进步。

第三节　厨房员工评估与激励

厨房员工评估是对厨房员工工作表现的检查和总结,是改进和提高员工工作业绩的前提。激励,则是管理者为了鼓励或感化他人去做必要的事情而作的努力。评估为激励员工提供依据,激励为提高员工工作积极性、提高工作效率创造条件。

一、厨房员工评估的作用

厨房员工工作评估是厨房系统管理尤其是人力资源管理中不可缺少的组成部分。它的必要性和作用主要有以下几个方面。

1. 员工个人得到承认

对员工进行评估有助于员工本人得到承认。评估时上司把注意力集中在员工身上,并给员工机会对如何进一步做好工作发表意见。因此,评估工作为听取、采纳员工的意见提供了一个讨论的场所。

2. 找出长处和弱点

工作表现评估有助于找出员工的长处和弱点。当评估人员发现员工的长处时,可以对其进行嘉奖,这是激发员工个人奋斗、提高个人信心的方法。同时,通过评估找出员工的弱点,就此可以着手帮助其改进工作。

3. 报告进展情况

评估有助于员工了解其在工作岗位的发展、进步情况,也有助于基层管理人员发现工作中的得失,以及饭店目标达到的程度如何。

4. 为辅导和帮助提供依据

工作表现评估为那些在工作中遇到问题的员工提供了辅导和帮助的依据。

5. 为决定工资提供依据

根据岗位技能决定员工工资,工作表现评估则为决定工资薪金提供了依据。当工资、薪金、荣誉和奖金都与工作表现挂钩时,对员工的评估就可为决定其工资、奖金提供重要的依据。工资、薪金的调整既要关注资历,更要强调工作表现。

6. 为变动员工工作提供正当理由

评估工作做得好,就可以为变动员工的工作提供正当的理由和依据,为厨房人力资源的优化组合、实现厨房人员的动态平衡创造条件。员工在评估中被发现的才能可以成为决定提拔、调动或向其他主要岗位变动的重要因素。若员工工作平平则可以此为依据降职、解聘或调到其他相应岗位工作。厨房管理者必须力求以客观的态度来评估员工的能力、表现。通过评估也可促使厨师长制订出进一步加强对员工工作指导的计划。

7. 找出问题和需求

评估工作如果做得好,就会找到员工工作上的一些问题。这对于决定是否需要培训是很有帮助的。比如,评估中发现一些厨师对新推出的宫廷菜的口味还把握不住,这就意味着需要进行集体培训。另外,对员工进行单独培训或辅导可能会帮助解决各自的一些具体问题。

8. 改进管理工作

当厨房管理人员与员工接触并讨论其长处和弱点时,他们应该考虑发现的问题与他们的管理方式和具体做法有什么联系。

9. 改善关系

工作表现评估有助于改善员工和管理人员的关系。评估人员和员工在进行评估时必须通力合作,保持一个整体。这种关系应该正常发展,评估人员和员工可以了解到对方的想法是什么,自己如何去配合。

二、厨房员工评估的方法与步骤

有多种方法可以对厨房员工进行评估,具体选择何种方法应视厨房管理的状况和实际而定。厨房员工评估的步骤同样应该视企业情况而定。

(一)厨房员工评估的方法

厨房员工工作表现评估的方法有比较复杂的,也有相对简单的;可单一进行,也可选择交叉或结合进行。

1. 比较法

所谓比较法,就是将厨房员工进行比较,以确定其评价。简单排队法就是其中的一种。评估人员对厨房员工从最好到最差进行排队,这是根据厨房员工的全部表现主观地进行的。硬性分配法是比较法中的另外一种。按照这种方法,评估人员可以把厨师划分为几个等级,每个等级限定一定的人数。

2. 绝对标准法

绝对标准法,即厨房管理人员不用与其他工作比较直接对每位厨师做出评估。一般来说,可以通过三种常用的方法把绝对标准结合到评估过程中去。

(1)要事记录法

按照这种方法,厨师长或负责评估的其他管理人员把厨师工做中发生的好的及不好的事情像记日记那样记录下来(见表3-4)。这些事情经过汇总后就能反映厨师的全面表现,据此可以对每位厨师进行评估。

(2)打分检查法

由主管或其他熟知厨师工作并有一定威望的人制定检查表(见表3-5),对厨师的每项工作进行打分,从分数的高低可以看出厨师工作的好坏。

(3)硬性选择法

工作的好坏可以从多方面反映出来,硬性选择法要求评估人员对厨师在几个方面的表现选择一个最合适的评价(见表3-6)。

表 3-4　要事记录法评估表(样)

说明:根据下列各项填写厨师好的和不好的工作事例		
员工姓名_____		
项　目	日　期	观察到的事例
遵从上级指导		
出品质量		
上下道工序协调		
厨师长签名_____		日　期_____

表 3-5　打分检查法评估表(样)

说明:对适用于员工本人的每一项工作检查并打分		
厨师姓名_____		
(如适用请标以√)	项目	得分
_____ _____ _____	1.工作结束关闭能源、门窗 2.保持工作岗位清洁 3.菜肴主配料配备齐全	2.0 1.5 1.5
厨师长签名_____	日期_____	

表 3-6　硬性选择法评估表(样)

说明:对衡量厨师工作好坏的各个因素进行选择
厨师姓名_____

衡量因素	工　作　表　现				
	优	良	中	可	差
工作知识	掌握工作的所有知识	几乎掌握工作的所有知识	掌握工作的基本知识	掌握工作一定的知识	工作知识很欠缺
工作质量	非常准确,并且有条理	很少出差错	工作一般能符合要求	工作经常不符合要求	工作很少达到质量要求

3.正指标法

正指标法是把厨师的各项工作和工作表现用数量直接表示出来,统计数字便是评估依据。

4.工作岗位说明书与工作表现评估

工作岗位说明书(岗位职责)不仅适用于厨房的招工、招聘阶段,而且对厨师进行培训及评估也都很有作用。根据工作岗位说明书所规定的各项工作,对厨师进行培训,使他们的每项工作都能达到工作标准。工作表现评估侧重于所做工作的质量,工作岗位说明书自然就成为进行评估的依据。

5.员工工作表现全面评估

对厨房员工工作表现的全面评估可以通过如表3-7逐项进行。另外,还应配合建立业务、技术考核制度,对厨师进行业务技能考核,以检查、评估厨师的实际操作能力。通过操作和理论见面会式的双重评估,建立全面系统、实事求是的业务档案,这样,可以及时、客观、发展地反映厨房员工的表现和业绩,为随时掌握员工发展变化的状态提供可靠依据。

(二)厨房员工评估工作步骤

(1)确定评估工作目标。对厨房人员进行工作评估的目的是为了改进厨师的工作表现,并找出人际关系中的一些关键问题。每次评估都应该有明确、具体的目标。

(2)确定采用的评估手段和方法。

(3)确定谁去实施评估。一般由基层厨师长去评估员工。员工的直接领班或头炉、头砧也应该做这项工作,起码要参与这项工作。

(4)确定评估的周期。厨师综合性的正规评估至少应每年进行一次。对新员工可适当多进行几次。半年一次的评估可以安排在7月和12月结合员工技术考核进行,评估时间的确定应选择在生产业务不是太繁忙的季节。

(5)制定员工参与评估的方法。要给员工尽可能多的机会参与评估。允许员工对评估人员的意见发表自己的看法,并做出解释。要让厨师帮助制定下一阶段评估的目标以及对评估的工作环境因素发表意见或提出建议。

(6)制定申述方法。倘若员工感到评估工作做得不公,应允许员工向总厨师长或上一级管理部门提出申诉。否则,整个评估工作就可能失去可信性。

(7)制定后续措施。工作表现评估结束后,习惯的做法是进行一些临时性跟踪观察工作。

(8)把评估计划告诉员工。员工希望了解工作中的哪些方面会对他们有影响,因而对评估计划最关心。对评估计划如何实施不应保密,应该把细节都告诉员工,对新员工更应注意这些。

(9)采用有效的谈话技巧。厨房管理人员在进行评估时必须与员工交换意见,因而必须训练和掌握一定的语言沟通和谈话的技巧。

表 3-7　厨房人员工作表现评估表(样)

员工：_____　　　　　　日期：_____

序号	项　　目	工作表现
	工作效率、质量	好/中/差
01	技术熟练程度	☐☐☐
02	工作效率	☐☐☐
03	工作责任心	☐☐☐
04	出品及时,不妨碍下道工序操作	☐☐☐
05	成品达标	☐☐☐
06	主动传授或学习技艺	☐☐☐
厨师长评语		
员工意见		
	劳动纪律方面	
07	服从领导	☐☐☐
08	按时上下班	☐☐☐
09	团结合作	☐☐☐
厨师长评语		
员工意见		
	卫生、爱惜物料	
10	个人卫生	☐☐☐
11	岗位清洁	☐☐☐
12	爱惜物料、调料	☐☐☐
13	维护保养工具、设备	☐☐☐
14	注意个人举止	☐☐☐
厨师长评语		
员工意见		
重大贡献与失误		
员工发展计划	该员工是否愿意担任别的职务/工作(调动或提升)?	
	该员工需学习何种知识或技能以胜任此项工作?	
	其　他　意　见	

总厨师长：_____　　　　主管：_____　　　　员工：_____

注：☐　好——工作质量和数量符合岗位要求。工作扎实、积极、质量好；员工明显胜任现职并在个人发展方面正稳步提高。

　　☐　中——工作质量和数量不符合岗位要求。许多工作需要改进。员工可留在原岗位以期工作有所改进。

　　☐　差——工作质量和数量不符合起码要求。员工不能留在原岗位,除非他的工作面貌迅速发生很大的变化。需要制订具体的纠正计划。

评估中的重点应该放在双向沟通上。这种沟通可以使厨房管理人员在帮助员工改进工作,以及具体行动计划等方面取得一致的意见。评估结束后,必须按照要求填写书面材料,和厨师业务档案一起,用作决定岗位工资时参考。

(三)厨房员工评估的问题与防范

厨房员工评估工作既不能过多过繁,也不能草草了事、走过场。否则,不仅不能通过评估发挥积极作用,而且还浪费人力、物力、时间。采用了不正确的方法和步骤,评估工作通常会出现以下问题:

(1)采用作用不大的评估表。若各种评估表不侧重工作表现而强调个人才能,就可能造成评估中的各种问题。仅仅把评估当作是检查纪律的一种方式,是不恰当的。

(2)缺乏从事评估工作的组织能力。评估人员和厨师长可能缺乏周密地制订和实施员工评估计划的知识和技巧,采取的步骤凌乱,最终效果也就差。

(3)不能定期或者经常性地进行评估。评估工作若不是定期或经常性地进行,就可能收获不大。员工希望而厨师长也应该对如何改进员工的工作不断地反馈。

(4)害怕得罪员工。一些评估人员和厨师长害怕由于告诉了评估过程的真相而得罪员工。这种想法是要不得的。因为管理者的责任是做到诚实并对员工提供需要的帮助使他们更好地工作,真诚地帮助员工改进工作。

(5)没有利用工作表现评估中的资料。在一些饭店的厨房里,评估人员可能制定了评估步骤并填写了各种评估表,但就此了结。某些评估人员可能未征求员工的意见就填写了评估表。这些做法都不足取。员工必须积极参与评估,他们的意见不管有多大都应予以考虑。

(6)评估结束后未采取后续措施。要想让从评估中得到的各种资料发挥作用,就应进行后续管理。评估工作不能做完就弃置一边,到下次评估再说。其实可以在两次评估之间做跟踪监督、辅导等工作,使员工不断地改进工作。

三、厨房员工激励的基础

激励过程应确立目标,并尽可能使员工的目标与本饭店及厨房的目标紧密结合起来,这样,会使员工认识到他们的平凡劳动对厨房、对企业都是至关重要的。当员工在为企业做贡献时,不只是在奉献,他们的自身价值、人生追求和物质需要也将在饭店的发展中得到满足。

(一)厨房员工士气与激励

厨房以厨师手工独立完成各项操作任务为主,因此,培养一支自觉性强、士气高昂的厨房员工队伍是管理者的重要工作之一,也是保证厨房出品质量稳定的需要。所谓士气,是指员工对其工作岗位所有方面(要做的工作、领导和同事、厨房工作环境)的感情和反映。对下面几个问题的考查可以帮助判断厨房员工士气的高低:

(1)原材料、调料是否有过多的浪费?是否较大程度地存在质量控制问题(菜点质量、出品速度等)?

(2)员工的不满和牢骚是否多?事故发生是否频繁?人员流动率是否高?是否经常有缺工现象?

(3)是否普遍缺乏合作(尤其是加工与切配,切配与炉灶之间)?

(4)员工是否对上司不尊重或者对厨房不关心?

如果对以上每个问题以及类似问题的回答是肯定的,那么,厨房管理人员应该意识到可能是由士气问题引起的。高昂的士气对厨房生产有诸多好处,可以降低人员流动率、减少缺工以及事故等现象的发生。

当员工希望实现的目标与企业及厨房要实现的目标一致时,员工会对自己的工作发生兴趣,并千方百计要做好它,员工也更愿意与厨房管理者合作去实现自己的目标,从而产生综合效果。这就是说,群体的产量比一个人单独工作合起来产量要高。反之,员工士气低,员工的需求实际上与企业的总目标相抵触,员工就会产生逆动力,就可能发生破坏、怠工、停工或煽动其他人反对企业等现象。事实上,厨房管理者可以做很多事情去造就一批士气高昂的员工队伍,而最重要的手段便是激励。

(二)厨房员工需求分析

为了使普通厨师产生高昂的士气,厨房管理人员必须了解厨师的期望和需求(目标)。管理者在分配工作和进行督导时,应尽量关心厨师个人的忧虑。厨师工作以外的一些问题,管理人员是难以控制的,而厨师会把个人目标和个人关心的问题带到工作中来,这就需要厨房管理人员去逐步了解他们。下面一些问题反映了大部分厨房员工的需求,结合这些问题,可以制定对厨师更有针对性的激励策略。

(1)员工是单个人,每个人对工作都有不同的认识。这是由不同的经历、文化水平、见识和环境等因素决定的。

(2)每个员工都极为关心自己的问题。员工对实现自己的各种需求、愿望、抱负、目标等很感兴趣,这些是所有人都关心的基本问题(这里,有文化的年轻厨师和缺乏文化的高龄厨师愿望、目标很不一样)。

(3)员工希望满足自己的基本需求。这些需求包括必要的生存条件、工作有保障、对企业有归属感、希望普遍取得同事和上级对自己的好感以及自我实现等。厨房管理人员若能获悉员工想达到什么要求,并能帮助员工去实现这些要求,那么管理人员对员工的帮助同时也会对企业带来额外的好处。

(4)大多数厨师希望:①在与他们相关的事务中,厨房的政策要公平,并要有连贯性,譬如职称考核、晋级、参赛等。②管理人员值得尊敬和信任。③与上司、下属和同事关系融洽。④薪金和工作条件较理想。⑤享有就业保险。⑥有较理想的职位。

（5）其他一些条件如果具备的话,也可以满足厨师的需求以调动其积极性。这些条件包括:①挑战性的工作(尤其是对年轻厨师)。②能产生个人成就感的工作。③对良好的工作表现表示肯定和赞赏的言辞。④职责范围的扩大,工作中有进修提高的机会。⑤自己在企业中有地位感和贡献感。⑥与员工有关的工作事务的参与机会(资深的厨师更为关心)。

（6）对于多数厨师来说,如果管理者能让普通厨师实行工作轮换(把员工调到他们能胜任的其他岗位)、增加工作任务、丰富工作内容,那么厨师的工作就更具有挑战性,也会使他们更感兴趣。

（7）大多数厨师希望能有机会参与决策。厨师长可以邀请他们帮助分析存在的问题,提出各种解决方法以及对他们的决策的结果进行评估。

四、厨房员工激励的原则与方法

依据厨房员工的需求,遵循激励的原则,制定相应的措施,激励将更加行之有效。

（一）厨房员工激励原则

（1）目标的一致性。被激励的人即厨房员工有明确的目标,而且这些目标必须与饭店及厨房的目标相一致(员工目标的建立,有些也需要厨房管理人员的引导)。

（2）激励的灵活性。激励方式要多样化,激励的程度也要有所区别。

（3）多方指导。饭店及餐饮部经理与厨房各级管理人员要成为激励的推动力。

（4）管理的成熟。随着厨房及餐饮规模的扩大、星级规格档次的提高,激励的方式和激励的方向也要改变。

（5）自我激励。厨房管理者的激励必须是为了促成员工的自我激励。

（6）有效的沟通。激励工作要想取得成效,必须有建立在互相尊重基础之上的相互信任的气氛。

（7）员工的参与。尽可能让普通厨师参与同他们有关事情的讨论和决策。

（8）表扬与批评。发现员工的长处有时很困难,要适当和及时表扬,激励厨师加倍地努力工作。

（9）权力、责任和义务。要提高员工的士气,厨房管理人员必须给予他们做工作所必要的权力,同时必须让他们保证把工作做好。

（10）有意识的自我激励。最有效的激励是通过员工个人认真、有意识的努力切实达到效果。

（11）真正的尊重。厨房管理人员只有真正尊重员工,尊重他们的权利并承认他们的自我管理能力,才能成为一名好的激励者。

(二)厨房员工激励方法

厨房管理当中,员工激励方法多种多样,实践当中使用较多的有:

1. 环境气氛激励

厨房员工是在一定的环境里进行生产工作的。厨房管理者可以通过自身影响和努力,在厨房营造一种能使员工感到尊重和关怀、工作心情舒畅、同事之间相处和睦的小环境。在这样的气氛里,员工热爱集体,关心同事,有困难互相帮助,有意见坦诚交流,自觉为集体利益和集体的形象和荣誉添光增彩。反之,一个充满矛盾或以邻为壑的工作环境,不仅生产质量难以稳定,而且人才流失也是不可避免的,企业效益必然受到影响。

2. 目标理想激励

目标激励是国内近年来盛行的一种管理方法。它要求根据饭店长、中、近期目标,由各部门制定具体目标、计划。根据部门目标,各层次、各工种和各岗位员工,可制定出每个人的工作目标。这种管理方法,使每个员工都清楚地知道自己的岗位职责,近阶段任务内容、进度、工作量等具体要求,激发员工竞争的动力,鼓舞员工主动克服困难,实现岗位目标。这种管理,使员工知道大目标的实现,要靠每个员工小目标和脚踏实地平凡的劳动,认识到自我的价值。管理人员、员工职业生涯的设计与践行,是目标理想激励的实践。只要企业良性发展,各级人员的职业生涯便可望可即。

3. 榜样的激励

榜样的力量是无穷的。领导的以身作则、身边先进人物的敬业精神、同行业技术标兵的绝技展示,都能激励厨师做出不平凡的业绩。餐饮部获得各种荣誉称号的员工,每天都在有意无意地影响着周围的员工。他们身上的闪光之处,往往能对周围员工起导向作用。因此,树立和培育厨房里的业务骨干、技术精英,是厨房乃至整个饭店管理人员在日常管理中需要注重的一件事。

4. 荣誉的激励

无论是集体荣誉,还是个人先进,都能鼓舞激励人们去战胜困难,创造更佳业绩。适时、适当地组织厨师参加相关机构组织的确有价值的知识、技能、绝活比赛,为饭店、为组织、为个人争得荣誉,将极大地激发、调动员工的积极性。饭店内部适时组织举办各类健康有益活动,产生各项先进标兵,同样可以起到奖励先进、激励全体的效果。

5. 感情投资激励

不少饭店厨房管理的实践表明,上下级之间感情融洽,气氛和谐,布置下去的任务便能快速有效,甚至创造性地完成;员工感情不好,厨房风气不正,任务布置下去,就可能阳奉阴违,执行走样;若是员工间矛盾突出、尖锐,布置下去的任务有可能还会遭顶撞、被卡壳。这并不说明厨房管理不需要纪律和指令,这恰恰说明,以手工劳作为主的厨房管理,除了有制度、规范管理外,还需要重视和尊重员工,需要从事感情投资。

当厨师或其家庭发生困难,遭遇不幸,饭店管理人员、厨师长理应热情关心,争取条件帮员工解决一些具体困难。这样会使员工对集体、对领导萌生感激之情。

当厨房员工及其家庭欣逢吉庆喜事,倘能收到来自单位、领导恰当的祝贺,无疑会让员工倍感兴奋。

当员工对环境、对工作有怨愤心情时,厨房管理人员应采取手段,使员工的积郁获得正确的疏导和合理的发泄。这样,不仅能预防事态扩大和矛盾激化,还能增进双方的理解和感情。

6. 奖励和惩罚激励

精神的或物质的奖励及其惩罚是一种有力而有效的激励、管理手段。餐饮管理者、厨师长就自身权力及其影响力建议上级部门对员工采用的奖励手段主要有:口头、书面表扬;调换到关键或能发挥更大作用的岗位;提拔晋升或推荐升级;安排部门内员工享受旅游、疗养等福利待遇;推荐员工外出学习、考察、深造或推荐去国外饭店、驻外机构服务;给员工经济奖励;为员工子女解决入托、入园、入学困难;为员工办理人寿保险,增强员工的生活保障等。

饭店管理者、厨师长也可以利用管理权力,运用行政纪律处分、经济手段对员工进行惩罚。

除了上述激励方法之外,厨房管理中还可以运用其他的一些技巧对员工实施激励。如:

(1) 沟通技巧。有效的沟通至少在某种程度上可以满足员工对工作保障、归属感以及上司对自己的承认等企求。相反,沟通工作做得不好,非但达不到激励的目的,还会使问题变得更糟。

(2) 多样化管理方法。不同的领导方式也会促进(或阻碍)激励工作。若可能,可以对工作岗位的要求重新修订。还可以采用工作转换、增加工作任务、丰富工作内容以及灵活的工作时间(员工可自己参与排班)等方法。

(3) 解释技巧。从员工的角度来解释、维护各种规章制度的必要性和合理性。

(4) 倾听技巧。认真听取员工的意见,了解他们的要求。

(5) 从员工的角度出发。把管理者置于员工的位置,发现他们的个人需要,并研究如何在工作中使他们的需求得到满足。切记,看问题和做事情可以有多种方式,要努力支持理解员工的想法,帮助员工提高对工作的热情。

(6) 人际关系技巧。运用处理人际关系的艺术和科学,建立和保持良好的同事关系,积极听取员工的意见。

(7)区别目标。与员工目标结合的是企业的目标,而不是管理者个人的目标。

(8)其他方法。必须看到帮助厨房员工可以有各种不同的方法。如果一种方法效果不好,可以再试另一种。这比那种一有挫折就不再努力的做法要好得多。

 相关链接

厨房奖惩制度

根据饭店规定,结合厨房具体情况,对厨房各岗位员工符合奖惩条件者进行内部奖惩。奖惩采取精神和物质相结合的方法,与员工的自身荣誉和利益直接挂钩。

(一)符合下列条件之一者,给予奖励

1.受饭店选派在国家、省、市等举办的烹饪比赛中成绩优异者。

2.忠于职守,全年出满勤,工作表现突出,受到宾客多次表扬者。

3.对厨房生产和管理提出合理化建议,被采纳后产生较大效益者。

4.在厨房生产中及时消除事故隐患者。

5.受到宾客书面表扬者。

6.节约、综合利用原料成绩突出者。

7.卫生工作一贯表现突出、为大家所公认者。

(二)符合下列情况之一者,给予惩处

1.违反劳动纪律,不听劝阻者。

2.不服从分配,擅自行事者。

3.工作失职,影响厨房生产者。

4.工作粗心,引起宾客对厨房工作或菜肴质量投诉者。

5.弄虚作假或搬弄是非、制造矛盾,影响同事工作关系者。

6.不按操作规程损坏厨房设备和用具者。

7.不按操作规程生产,引起较大责任事故者。

以上奖惩条例的实施,以事实为依据,根据具体情况,由主管或厨师长提议,总厨审定具体奖惩方法和范围。贡献卓越或错误情节严重者,报饭店人事部门按员工守则及其他规定办理。

本章小结

厨房员工是饭店、餐饮部门相当重要的组成部分和十分重要的生产力之源。厨房员工的招聘、培训、激励构成了厨房人力资源管理的主要内容。本章系统介绍了厨房人员的配备方法,详细讨论了厨房人员的招聘程序,同时对厨房员工培训和激励的重要性和基本方法进行了阐述。

 **思考与练习**

(一)理解思考

1. 确定厨房人员数量的要素有哪些?
2. 优秀厨师长的特点有哪些?
3. 厨师长的素质要求有哪些?
4. 厨房员工培训原则有哪些?
5. 厨房员工评估的作用有哪些?
6. 厨房员工激励原则有哪些?

(二)实训练习

1. 根据确定厨房人员数量的方法进行中、小厨房岗位人员配备。
2. 设计场景,编制厨房员工培训计划。
3. 调查、分析现行厨房员工需求,探讨对员工激励的方法。

第4章

厨房设计布局

学习目标

➢ 了解影响厨房设计布局的因素
➢ 掌握厨房设计布局的原则
➢ 了解厨房环境设计包括哪几个方面
➢ 掌握加工厨房设计布局的要求
➢ 掌握中餐烹调厨房设计布局的要求
➢ 掌握冷菜、烧烤厨房设计布局的要求
➢ 掌握餐厅烹饪操作台设计布局的要求

厨房设计布局,即根据饭店经营需要,对厨房各功能所需面积进行分配、所需区域进行定位,进而对各区域、各岗位所需设备进行配置的统筹计划和安排。具体地讲,厨房设计要在饭店确定星级档次、规模及经营需要的前提下,着重做好以下两个方面工作:其一,具体结合厨房各区域生产作业特点与功能,充分考虑需要配备的设备数量与规格,对厨房的面积进行分配,对各生产区域进行定位;其二,依据科学合理、经济高效的原则,对厨房各具体岗位、作业点,根据产品风味和作业要求进行设备配备,对厨房设备进行合理布局。

案例导入

合理布局是厨房高效生产的保证

北方某酒店,经营几年来,生意越来越红火,特别是中餐厅,几乎天天排队。老板看在眼里,乐在心里,考虑扩大经营,于是,将餐厅顶层的行政办公区搬走,设计、改造成150个餐位的餐厅。为了节省开支,厨房依旧,未作任何改造和调整。同时,为了吸引宾客,推出了系列江南风味菜肴。可是,事与愿违,几个月经营下来,客人催菜的现象频频出现,投诉越来越多,反映菜肴质量也大不如前,原来排队候餐的情况不复出现,老板陷入极度的苦恼之中。

是什么原因造成如此尴尬的局面?又如何解决?

案例分析

1.原因:

老板看到餐厅生意红火,出于追求经济效益的目的,在扩大经营面积增加餐位的同时,没能同步对厨房进行合理的改造和调整,造成:

(1)餐厅与厨房距离太远,出菜不便;

(2)餐位与厨房人员或炉头数不成比例,厨房生产压力大;

(3)厨师对新风味菜肴不熟悉。

2.解决方法或建议:

(1)调整厨房布局,改善厨房生产流程;

(2)增加炉灶或炉头;

(3)增加炉灶厨师(或聘请江南风味厨师),加强新风味菜肴的培训;

(4)调整菜单。

第一节 厨房设计布局的意义与原则

厨房设计布局,是厨房基础硬件建设,设计布局的结果直接影响厨房生产出品的速度、质量和建设投资。因此,对厨房进行设计布局必须充分研究,切实遵循相关原则,以免造成遗憾工程。

一、厨房设计布局的意义

厨房设计布局对厨房生产规模和产品结构调整会产生长远的影响,对厨房员工的工作效率和身心健康也具有不可低估的作用。

1.厨房设计布局决定厨房建设投资

厨房设计确定厨房各工种、区域的面积分配,计划并安排厨房的设施、设备。面积分配合理,设施、设备配备恰当,则厨房的投资费用就比较节省。厨房面积过大、设备配备数量多、功率过大,超越本饭店厨房生产需要,产生大马拉小车的现象,或片面追求设备先进,功能完备,都将无端增加厨房的建设投资。厨房面积过小,设备设施配备不足或功率不够,捉襟见肘,生产和使用过程中,不仅需要追加投资以满足生产需要,而且还会影响正常生产和出品。

2.厨房设计布局是保证厨房生产特定风味的前提

无论厨房的结构怎样,其功能分隔和设备的选型与配备,都是与厨房生产经营的风味相匹配的。不同菜系、不同风格、不同特色的餐饮产品,对场地的要求和设备用具的配备是不尽相同的。经营粤菜要配备广式炒炉;以销售炖品为主餐饮的厨房则要配备大量的煲仔炉;以经营比萨为特色的餐饮,厨房必须配备一定数量的烘烤设备。厨房设计为生产和提供特色餐饮创造了前提。正因为如此,随着饭店经营风味的改变,厨房的设计布局必须作相应的调整,这样才能保证出品的质量优良和风味纯正。所以,伴随餐饮市场行情的不断变化,调整和完善厨房的设计布局,将是一个长期的、不容忽视的课题。

3.厨房设计布局直接影响出品速度和质量

厨房设计流程合理,场地节省,设备配备先进,操作使用方便,厨师操作既节省劳动,又得心应手,出品质量和速度便有物质保障。反之,厨房设计间隔多,流程不畅,作业点分散,设备功能欠缺,设备返修率高,无疑将直接影响出品速度,妨碍出品质量。

4.厨房设计与布局决定厨房员工工作环境

假日旅馆集团创始人凯蒙·威尔逊说过:没有满意的员工,就没有满意的顾客;没有使员工满意的工作场所,也就没有使顾客满意的享受环境。因此,良好的厨房工作环境,是厨房员工悉心工作的前提。而要创设空气清新、安全舒适和操作方便的工作环境,关键在于从节约劳动、减轻员工劳动强度、关心员工身心健康和方便生产的角度出发,充分计算和考虑各种参数、因素,将厨房设计成先进合理、整齐舒适的工作场所。

5.厨房设计布局是为宾客提供良好就餐环境的基础

厨房相对于宾客就餐的餐厅来说是餐饮的后台。没有分隔明显的后台,就不可能有独立完整的前台。因此,要给宾客提供清新高雅、舒适自如的就餐环境,就应将厨房设计成与餐厅有明显分隔和遮挡的独立的生产场所,且不能有噪声、气味和高温等污染前台。此外,为宾客提供完整而有序出品所必需的备餐服务,也应在厨房设计内统筹考虑。

二、影响厨房设计布局的因素

厨房设计布局不仅受到饭店内部条件的制约,还会受到来自饭店以外的条件和政策的影响,在进行厨房设计布局时,必须作充分和综合的考虑。

1.厨房的建筑格局和规模

厨房空间的大小和场地的结构形状对厨房的设计构成直接影响。场地规整,面积宽绰,有利于厨房进行规范设计,配备充足数量的设备。厨房的位置若便于原料的进货和垃圾清运,就为集中设计加工厨房创造了良好条件;若厨房与餐厅同在一楼层,则便于烹调、备餐和出品。反之,厨房场地狭小,或不规整,或与餐厅不在同一平面,设计布局则相对比较困难,需要进行统分结合,灵活设计,方能减少生产与出品的不便。

2. 厨房的生产功能

厨房生产功能不同,设计布局考虑的因素也不相同。综合加工、烹调、冷菜和点心所有生产功能的厨房,其设计要求由生到熟、由粗到精、由出品到备餐进行统一的设计和布局。这样的厨房比较少,只见于小型饭店。而一般大、中型饭店的厨房往往是由若干功能独具的分点厨房有机组合而成的。因此,各分点厨房功能不一,设计各异。西厨房的设计,应配备西餐制作设备;加工厨房的设计侧重于配备加工器械;冷菜厨房的设计则应注重卫生消毒和低温环境的创造。厨房的生产功能不同,对面积的要求和设备配备、生产流程方式均有所区别,设计必须与之相适应。

3. 公用事业设施状况

公用事业设施状况对当地经济有着重要的制约和调节作用。对厨房设计影响较大的因素主要是水、电、气。电、煤气、天然气的供给与使用更直接地影响设备的选型和投资的大小。其实,煤气与电之间的选择并不是绝对的,应该视具体烹调设备而定。不论用煤气或电都能产生烤箱及炉灶所需的 1650℃ 高温,都能产生蒸汽及红外线能,但是微波烤箱却非用电不可。煤气烤炉比电力烤炉效果更好,电力油炸炉又优于煤气油炸炉。煤气易燃性好,电力燃料却更安全些。考虑到能源的不间断供给情况,厨房设计应该采用煤气烹调设备和电力烹调设备相结合的方法,以避免受困于任何一种能源供应的中断。总之,厨房设计既要考虑到现有公用设施现状,又要结合其发展规划,做到从长计议,力推经济先进、适度超前的设计方案。

4. 政府有关部门的法规要求

《食品安全法》和当地消防安全、环境保护等法规应作为厨房设计事先予以充分考虑的重要因素。在对厨房进行面积分配、流程设计、人员走向和设备选型上,都应兼顾法律法规的要求,减少因设计不科学、设备选配不合理,甚至配备的设备不允许使用而造成浪费和经济损失。

5. 投资费用

厨房建造投资费用的多少,是对厨房设计,尤其是设备配备影响极大的因素直接影响设计、配备设备的先进程度和配备成套状况。除此之外,投资费用还决定了厨房装修的用材和格调。

三、厨房设计布局的原则

尽管各饭店厨房格局千差万别,设计指导思想也大不相同。但是,在对具体厨房进行设计时,不能贪图省事,草率定案;而应在全面了解实际情况的基础上,充分尊重厨房生产客观规律,自觉遵守设计原则,严肃认真地做好每一项设计布局工作。

良好的厨房设计布局应该达到下列八个目标:

(1)收集所有相关的布置意见。
(2)避免不必要的投资。
(3)提供最有效的利用空间。
(4)简化生产过程。
(5)安排良好的工作流程。
(6)提高工作人员的生产效率。
(7)方便控制全部生产品质。
(8)确保员工在作业环境中的卫生与安全。

厨房设计布局时应遵循如下基本原则。

1.保证工作流程连续顺畅

厨房工作流程,即厨房从原料进入到成品发出一系列循序渐进的作业步骤。厨房生产从原料购进开始,经过加工和切割配份到烹调出品,是一项接连不断、循序渐进的工作。因此,在进行厨房设计时,首先应考虑所有作业点、岗位的安排、设备的摆放,应与生产、出品次序相吻合。同时,要注意厨房原料进货和领用路线、菜品烹制装配与出品路线,要避免交叉回流,特别要防止烹调出菜与收台、洗碟、入柜的交错,以保证菜品的卫生安全。厨房物流和人流的路线在设计布局时应给予充分考虑,不仅要留足领料、清运垃圾的推车通道,而且要兼顾大型餐饮活动时,餐车、冷碟车的进出是否通畅。如果是没有独立分隔的开放式厨房,还要适当考虑餐厅可能借用厨房抬、滚餐面、活动舞台等走动的空间(见图4-1)。

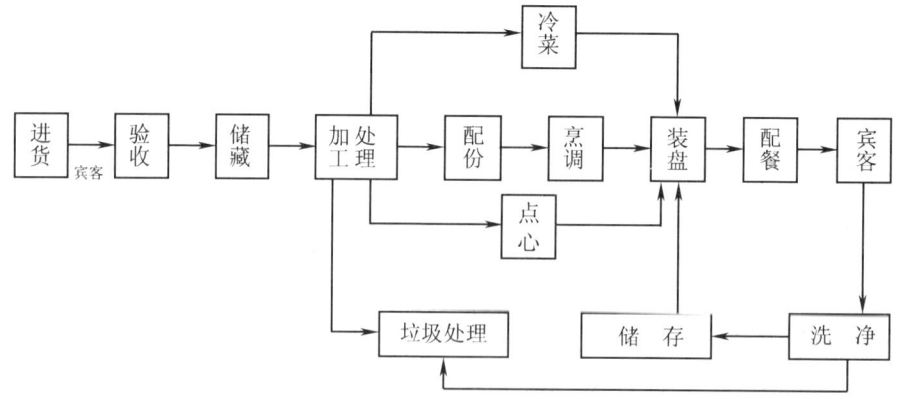

图4-1 厨房作业基本流程图

2.厨房各部门尽量安排在同一楼层,并力求靠近餐厅

厨房的不同加工作业点,应集中紧凑,安排在同一楼层、同一区域。这样可以缩短原料、成品的搬运距离,提高工作效率,便于互相调剂原料和设备、用具,有利于垃圾的集中清运,减轻厨师的劳动强度,保证出品质量,减少客人等餐时间。同时,也更便于管理者的集中控制和督导。如果同层面积不能容纳厨房全部作业点,可将干货库、冷库、烧烤间等布局到其他楼层,但要求它们与出品厨房有方便的垂直交通联系。

厨房餐厅如无法避免高低差时,不应以楼梯踏步连接餐厅,应采用斜坡处理,并有防滑措施和明显标志,以引人注意。

总之,厨房与餐厅越近,前后台的联系和沟通就越便利,出品的节奏、速度就越便于控制,跑菜员的劳动强度就越轻,产品质量就越能达到规定要求。厨房与餐厅应有长边相连,尽可能缩短从取菜点到餐桌的服务距离(见图4-2)。

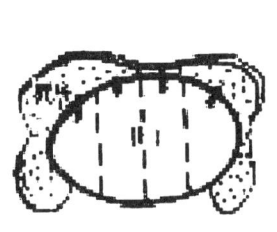 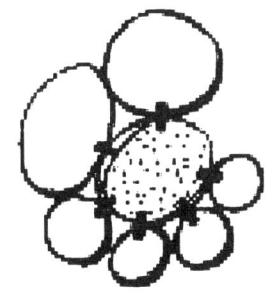 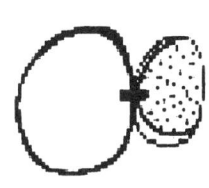

(1)厨房围绕餐厅　　　(2)厨房置诸餐厅之中　　　(3)厨房长边紧邻餐厅

图4-2　厨房与餐厅衔接形式

3.注重食品卫生及生产安全

厨房设计布局,必须考虑卫生和安全因素。厨房选址要远离重工业区,500米以内不得有粪场;若在居民区选址,30米半径内不得有排放尘埃、毒气的作业场所。同时,还要考虑设备的清洁工作是否方便,厨房的排污和垃圾清运是否流畅。进入厨房的原料的存放、保管和加工生产过程的卫生必须引起足够重视,这是生产经营工作的前提。厨房的原料存放应有适宜的位置、仓库、货架及温湿条件。冷菜、熟食间必须单独分隔存放,并配有空调降温、消毒杀菌等设施,保持其独立、凉爽的环境,还必须配备专供操作人员洗手消毒用的水池。拣择蔬菜等加工均不得直接在地面或直接在店外露天进行,必须配备相应的工作台、相应的室内空间。另外,厨房的防火、防盗设施、工作人员的安全通道,在设计布局时都应予以充分考虑。管道气用户的煤气表房及控制阀,应安放在明显而远离明火的位置。选用液化气、柴油等燃料的厨房,更要将燃料分隔设计在独立、安全、通风的场所。

4. 设备尽可能兼用、套用，集中设计加热设备

烹饪作业范围，随饭店经营面积大小、网点多少而变。饭店多功能厅、小宴会厅、风味餐厅、零点餐厅越多，烹调厨房就越多。各厨房若不合理安排布局，势必要配齐若干套厨房设备。尤其是多功能厅厨房，若设备配备齐全，使用频率不高，设备大多闲置，很不经济。因此，应尽可能整合厨房资源、合并厨房的相同功能，如将点心、烧烤、冷菜厨房集中设置、集中生产制作，各出品厨房、各餐厅分点调配使用成品，可节省厨房场地和劳动力，大大减少设备投资。

在厨房设计中，首先必须保证烹饪出品及时，质量可靠；否则，一味追求省、并、套，则可能事与愿违。传统的厨房设计，餐厅与厨房往往不在同一楼层，多以吊笼取菜。这样虽然省去了一个厨房，可出菜质量、时效大多受到影响。如果不同批次餐饮活动同时进行，其负效应就更加明显。针对这种情况，需在不同楼层设计与餐厅规模相适应的烹调厨房，只配备相应的烹调炉灶等必需设备，这是既经济又能保证出品质量的有效做法。

厨房的加热设备，使用最多的岗位当然是烹调间。除此之外，点心间、冷菜、烧烤、卤水制作也都需要一定数量的加热设备，如炉灶、蒸箱、烤箱等。在设计时，应尽量将加热设备集中布局，以缩短加热源的延伸距离，减少投资，减少不安全因素。由加热而产生的油、烟、蒸汽，也便于集中设置抽油烟设施，以创造空气清新的厨房环境。

5. 留有调整、发展余地

厨房设计布局，不仅应考虑饭店中、长期发展规划和餐饮可能出现的新趋势，还应为调整和扩大经营以及今后企业的发展留有适当余地。此外，在设备的功能选配和厨房场地面积的确定上要有适当的前瞻性。还需注意的是，在设备的布局和安装上，要保留一定的间隙，以便于以后的调整。

第二节　厨房整体与环境设计

厨房整体与环境设计，是指根据厨房生产规模和生产风味的需要，充分考虑现有可利用的空间及相关条件，对厨房的面积配备进行确定，对厨房的生产环境进行设计，从而提出综合的设计布局方案。

一、厨房面积确定

厨房的面积在餐饮面积中应有一个合适的比例。厨房面积大小对顺利进行厨房生产是至关重要的，它影响到工作效率和工作质量。面积过小，会使厨房拥挤和闷热，不仅影响工作速度，而且还会影响员工的工作情绪；而面积过大，员工工作时行走的路程就会增加,工作效率自然会降低。因此,厨房面积的确定应该在综合考虑相关因素的前提下,经过测算分析,认真研究加以确定。

(一)确定厨房面积的考虑因素

1.原材料的加工作业量

发达国家烹饪原料的加工大多已实现社会化服务,如猪、牛等按不同部位及用途做到了规范、准确、标准的分割,按质、按需定价,饭店购进原料无须很多加工,便可用于烹制。国内烹饪原料市场供应不够规范,规格标准大多不一,原料多为原始、未经加工的初级原料,原料购进店,都需要进行进一步整理加工。因此,不仅加工工作量大,而且生产场地也要增大。若是以干货原料制作菜肴为主的饭店,厨房场所,尤其是干货涨发间更要加大。

2.经营的菜式风味

中餐和西餐厨房所需面积要求不一,西餐相对要小些,这主要是因为西餐原料供应规范些,加工精细程度高些,同时,西餐在国内经营的品种较中餐少得多。同样是经营中餐,宫廷菜厨房就相对比粤菜厨房要大些,因为宫廷菜选用的干货原料占有很大比例,原料的加工、涨发费时、费事还费地方。同是面点厨房,制作山西面食的厨房就要比粤点、淮扬点心的厨房大,因为晋面的制作工艺要求有大锅、大炉与之配套才行。总之,经营菜式风味不一,厨房面积的大小也是有明显差别的。

3.厨房生产量的多少

生产量是根据用餐人数确定的。用餐人数多,厨房的生产量就大,用具设备、员工等都要多,厨房面积也就要大些。然而用餐人数的多少,又与餐饮规模、餐厅服务的对象、供餐方式(是自助餐经营,还是零点或套餐经营)等有关。用餐人数常有变化,一般以常规经营餐位数量为依据。

4.设备的先进程度与空间的利用率

厨房设备革新、变化很快。设备先进可以提高工作效率,而功能全面的设备还可以节省不少场地,如冷柜切配工作台,集冷柜与工作台于一身,可节省不少厨房面积。厨房的空间利用率也与厨房面积有很大关系。厨房高度足够,且方便安装吊柜等设备,就可以配置高身设备或操作台,这样就能节省很多平面用地。厨房平整规则,且无隔断、立柱等障碍,就为厨房合理设计布局提供了方便,也为节省厨房面积提供了条件。

5.厨房辅助设施状况

在进行厨房设计时必须考虑配合、保障厨房生产所必需的辅助设施。若辅助设施(如员工更衣室、员工食堂、员工休息间、办公室、仓库、卫生间等)在厨房之外大多已有安排,厨房面积则可充分节省。否则,厨房面积将要大幅增加。这些辅助设施,除了员工福利房外,还有与生产紧密相关的煤气表房、液化气罐房、柴油库、餐具库等。

(二)厨房总体面积确定方法

1.按餐位数计算厨房面积

按餐位数计算厨房面积要与餐厅经营方式结合进行。一般来说,与供应自助餐餐厅配套的厨房,每一个餐位所需厨房面积为0.5~0.7平方米。咖啡厅、制作简易食品的厨房,由于出品要求快速,故供应品种相对较少,因此每一个餐位所需厨房面积约为0.4平方米。风味厅、正餐厅所对应的厨房面积就要大一些,因为供应品种多,规格高,烹调、制作过程复杂,厨房设备多,所以每一餐位所需厨房面积为0.5~0.8平方米。具体比例可参考表4-1。

表4-1 不同类型餐厅餐位数与对应的厨房面积比例表

餐厅类型	厨房面积(平方米/餐位)
自助餐厅	0.5~0.7
咖啡厅	0.4~0.6
正餐厅	0.5~0.8

2.按餐厅面积计算厨房面积

国外厨房面积一般占餐厅面积的40%~60%。据日本统计,饭店餐厅面积在500平方米以内时,厨房面积是餐厅面积的40%~50%;餐厅面积增大时,厨房面积比例逐渐下降(见图4-3)。

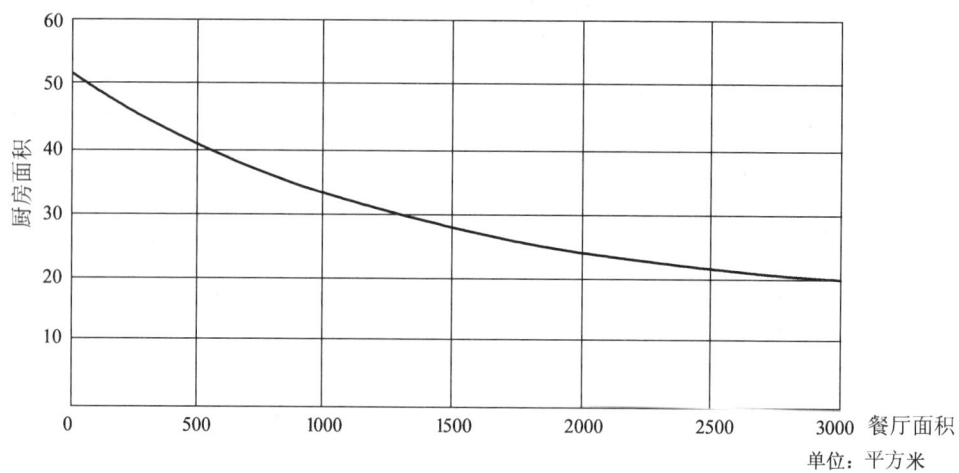

图4-3 国外餐厅厨房面积比

我国台湾相关部门规定的厨房占餐厅面积比例,也是随着餐厅总面积的不断增大,厨房面积比例呈下降趋势(见表4-2)。

表4-2　台湾餐厅厨房面积比

餐厅净面积	厨房面积
1500平方米以下	餐厅净面积×33%以上
1501~2000平方米	餐厅净面积×28%+75平方米以上
2001~2500平方米	餐厅净面积×23%+175平方米以上
2501平方米以上	餐厅净面积×21%+225平方米以上

我国内地厨房由于承担的加工任务重,制作工艺复杂,机械加工程度低,设备配套性不高,生产人手多,故厨房与餐厅的面积比例要大些,一般要占近70%。随着餐厅面积的增大,厨房占餐厅面积比例也在缩小。

3.按餐饮面积比例计划厨房面积

厨房面积在整个餐饮面积中应有一个合适的比例,饭店各部门的面积分配应做到相对合理。从表4-3可以看出,厨房的生产面积占整个餐饮总面积的21%,仓库占8%。需要指出的是,这个比例是含员工设施、仓库等辅助设施在内的。在市场货源供应充足的情况下,厨房仓库的面积可相应缩小一些,厨房的生产面积可适当增大一些。

表4-3　餐饮各部门面积比例表

各部门名称	占餐饮面积百分比
餐厅	50%
客用设施(洗手间、过道)	7.5%
厨房	21%
清洗	7.5%
仓库	8%
员工设施	4%
办公室	2%

二、厨房环境设计

厨房环境设计实际上是对厨师良好工作氛围的营造,主要指对厨房通风采光、温度湿度、地面墙壁等构成厨师工作、厨房生产环境方面的相关设计。厨房环境设计得好,厨师会在清新舒适的环境内进行生产,心情舒畅,工作效率高;设计不好,厨师心里不踏实,即使想做好,有时也难以把握、判断菜肴质量,甚至会给安全生产带来隐患。

1.厨房的高度

厨房高度一般应在4米左右。如果厨房的高度不够,会使厨房生产人员有一种压抑感,也不利于通风透气,并容易导致厨房内温度增高;反之,厨房过高,会使建筑、装修、清扫、维修费用增大。依据人体工程学要求,根据厨房生产的经验,毛坯房的高度一般为3.8~4.3米,吊顶后厨房的净高度以3.2~3.8米为宜。这样的高度,其优点是便于清扫,能保持空气流通,对厨房安装各种管道、抽排油烟罩也较合适。

2.厨房的顶部

厨房的顶部可采用防火、防潮、防滴水的石棉纤维或轻钢龙骨板材料进行吊顶处理,最好不要使用涂料。天花板也应力求平整,不应有裂缝。暴露的管道、电线容易积污积尘,甚至滋生蚊虫,不利于清洁卫生,要尽量遮盖。吊顶时要考虑排风设备的安装,留出适当的位置,防止重复劳动和材料浪费。

3.厨房的地面

厨房的地面通常要求防滑耐磨、耐重压、耐高温和耐腐蚀。因此,厨房的地面处理有别于一般建筑地面处理。厨房的地面应选用大中小三层碎石浇制而成,且地面要夯实。

如果地面铺设地砖,水泥地必须是毛坯地。在贴地砖时,水泥浆中最好是加入适量的黏胶剂,这样地砖铺设较牢固。厨房的地面既要平整,还要有一定的坡度,以防积水,应该保持在15‰~20‰。地面和墙体的交接处应采用圆角处理。圆角处理的优点是无积水、无杂物污垢积存,用水冲洗地面时,四周角落的脏物都极易被冲出。

厨房的地面和墙体还需在原有的基础上进行防水处理,否则易造成污水渗漏。厨房的地面必须要坚固,否则将经不起重压。旧式厨房地面常用马赛克或水磨地。这两种地面有一定的优点,但由于遇油、遇水打滑,再加上质地太硬,易使人感觉疲劳。现代厨房已基本上淘汰了上述两种材料,大多改用无釉防滑地砖、硬质丙烯酸砖和环氧树脂等材料。目前,饭店厨房地面一般都选用耐磨、耐高温、耐腐蚀、不积水、不掉色、不显滑又易于清扫的防滑地砖。地面的颜色不能有强烈的对比色花纹,也不能过于鲜艳;否则,易使厨房人员感到烦躁、不稳定,易产生疲劳感。

  4.厨房的通道

  厨房的通道是保障厨房正常生产和物流畅通的重要条件。厨房内部通道不应有台阶,最小宽度可见表4-4。

表4-4　厨房通道最小宽度

通道处所	使用人数	最小宽度
工作走道	一人操作	700毫米
	二人背向操作	1500毫米
通行走道	二人平行通过	1200毫米
	一人和一辆车并行通过	600毫米加推车宽
多用走道	一人操作,背后过一人	1200毫米
	二人操作,中间过一人	1800毫米
	二人操作,中间过一辆推车	1200毫米加推车宽

  5.厨房照明

  厨房在生产时需要有充足的照明,操作人员才能顺利地进行工作,特别是炉灶烹调,若光线不足,容易使员工产生疲乏劳累感,产生安全隐患,降低生产效率和质量。要保证菜点的色泽和档次,烹调区域内用于指导调味的灯光,不仅要从烹调厨师正面射出,没有阴影,而且还要保持与餐厅照射菜点的灯光一致,使厨师调制的菜点色泽与宾客鉴赏菜点的色泽一样。一般不用荧光灯,否则,成品的色泽往往难如人意。厨房照明应达到每平方米10瓦以上,在主要操作台、烹调作业区照明更要加强。

  6.厨房噪声

  噪声一般是指超过80分贝以上的强声。厨房噪声的来源有排油烟机、电机、风扇的响声、炉灶鼓风机的响声,还有搅拌机、蒸汽箱等发出的声音,其噪声约在80分贝。特别是在开餐高峰期,除了设备的噪声,还有人员的喊叫声。强烈的噪声不仅不利于身心健康,还容易使人性情暴躁,工作不踏实。因此,对噪声的处理也是一件很重要的工作。

  解决厨房噪声的方法有:

  (1)选用先进厨房设备,减少噪声。

  (2)厨房最好是选用石棉纤维吊顶,既吸音又防火,并安装消音装置。

  (3)隔开噪声区,封闭噪声。

(4)维护保养餐车、运货车,减少运作发生的噪声。

(5)厨房人员尽量注意控制音量。

(6)留足空间来消除噪声。

7.厨房的温度和湿度

(1)温度。绝大多数饭店的厨房内温度太高。在闷热的环境中工作,不仅员工的工作情绪受到影响,而且工作效率也会降低。在厨房安装空调系统,可以有效降低厨房温度。在没有安装空调系统的厨房,也有许多方法可以适当降低厨房内温度,例如:①在加热设备的上方安装排风扇或排油烟机。②对蒸汽管道和热水管道进行隔热处理。③散热设备安放在通风较好的地方,生产中及时关闭加热设备。④尽量避免在同一时间、同一空间内集中使用加热设备。⑤通风降温(送风或排风降温)。

(2)湿度。湿度,是指空气中含水量的多少。相对湿度是指空气中的含水量和在特定温度下饱和水汽中含水量之比。湿度过高,易造成人体不适。人体较适宜的湿度为30%~40%。夏季,当温度在30℃时,湿度一般在70%左右。也就是说,温度越高,湿度也越大。

厨房中的湿度过大或过小都是不利的。湿度过大,人体易感到胸闷,有些食品原料易腐败变质,甚至半成品、成品质量也受到影响。湿度过小,厨房内的原料(特别是新鲜的绿叶蔬菜)易干瘪变色。

厨房内较适宜的温度应控制在冬天22℃~26℃,夏天24℃~28℃,相对湿度不应超过60%。

8.厨房的通风

传统的厨房大多采用自然通风,也就是通过厨房的门、窗、烟囱进行通风换气和自然抽风。过去在厨房的设计中强调窗户的作用,自然光照,自然通风,窗户与墙面的面积比例要求不少于1:6。在实际工作中,仅靠自然通风是不够的。随着科学技术的发展和厨房工作条件的改善,厨房通风应该包括两个方面,即送风和排风。

(1)送风

①全面送风。全面送风是利用饭店的中央空调送风管直接将经过处理的新风送至厨房,并在厨房的各个工作点上方设置送风口,又叫岗位送风。厨房的送风口通常有两种形式:一种是侧向送风口,就是在厨房内墙上开设送风口,或者在风道侧壁上装设矩形送风口。新鲜空气由送风口水平方向送出。为了控制气流方向和调节风量,有的送风口还有调节和开关装置。另一种是散流器形式,是由上向下送风的送风口,一般安装在顶部通风管道的末端。选用哪种送风口形式根据厨房的具体情况而定。

②局部送风。局部送风,就是利用小型空调器对较小空间的厨房进行送风。例如冷菜间利用挂壁式空调进行送风降温,也有的厨房空间较大,采用柜式空调机来达到送风、降温目的。

(2)排风

厨房的排风,是指利用排风设备将厨房内含有油脂异味的空气排出厨房,使厨房内充满新鲜的、无污染的空气。

①排风形式。

a.全面排风。全面排风是利用空调系统的装置对厨房内空气进行处理,使厨房的湿度、温度和空气的新鲜度、流速都控制在一定的指标内。

b.局部排风。局部排风是指在厨房的主要加热设备(如炒灶、蒸灶、蒸箱、炖灶、油炸炉、烤炉、焗炉等)上方安置排风设备以及在厨房的墙体上安置排风扇等,以达到局部排风的目的。局部排风适用于一些中、小型饭店的厨房,由于局部排风设备在投资费用上耗用资金较少,因此,有较多的厨房至今仍选用此种方法。局部排风常常会产生以下现象:一是排风量过大,厨房空气流速过快,厨房内的原料易干瘪脱水,厨师甚至感觉到冷,有时还会感到头晕头痛等不舒适的现象;二是排风量不够,有时蒸箱或蒸汽锅一开,蒸汽布满整个厨房,厨师工作极为不便。

②厨房排风量计算。实践证明,每小时换气 40~60 次可使厨房保持良好的通风环境。准确地计算排风量,是保证厨房达到理想换气次数的前提。计算排风量通常可采取下列方法:

例:某厨房长约 20 米,宽约 8 米,高约 3.6 米,则该厨房容积为:

  长×宽×高 = 厨房的空气体积

  20×8×3.6 = 576 米^3

若该厨房需要每小时换气 50 次,其排气量为:

  CMH = V×AC

说明:CMH 代表每小时所排出的空气体积量,V 代表空气体积,AC 代表每小时需换气次数。

  代入公式:V×AC = CMH

  即 576 米^3×50 次/小时 = 28 800 米^3/小时

这种方法可以帮助决定选用排风设备的功率。每台排油烟设备上都有排风量,通过综合计算,确定配备数量,既节省又有效果。如果不进行计算,排风量过大或过小都不利于厨房生产和出品质量管理。

③排油烟罩和排气罩。大部分烹调厨房即使装有机械通风系统也不足以排出厨房烹调时所产生的油烟、蒸汽,因而还必须为炉灶、油炸锅、汤锅、蒸箱、烤炉等设备安装排油烟罩或排气罩,将这些加热设备工作时产生的不良气体及时排出厨房。

排油烟罩的种类较多,以运水烟罩较为先进和方便,具有自动控制、安全防火、散热降温等功能,较好地解决了空气污染等问题。滤网式烟罩结构简单,比较经济,这种烟罩的缺点是油污容易吸附在过滤网及其管壁上,给清洁带来很大的麻烦,也不很安全。因此,滤网式烟罩最好是以排气为主,在炒灶上方的排烟罩最好选用运水烟罩。不同烟罩的投资和性能有较大的差别,应注意区别选配。

排烟罩应选用不锈钢材料制作,表面光滑无死角,易冲洗,罩口要比灶台宽0.25米,一般罩口风速应大于0.75米/秒,排气管上出口附有自动挡板,以免停止工作时有蚊、蝇等昆虫进入。

9.厨房排水

厨房排水系统要能满足生产中最大排水量的需要,并做到排放及时,不滞留。厨房排水,往往水中混杂油污,因此要通过厨房内的排水沟连接建筑物下水道,再通往建筑物外面的污水池来进行处理。厨房内排水沟的设计合理与否,直接关系排水效果的好坏,也关系厨房生产能否顺利进行。

应在厨房地面浇铸水泥之前,将排水沟位置留出,而不应在地面砖铺设结束后再考虑排水问题。厨房排水可采用明沟与暗沟两种方式。明沟是目前大多厨房普遍采用的一种方式,优点是便于排水、冲洗,有效防止堵塞,缺点是排水沟里可能有异味散发,有些厨房的明沟还是虫、蝇、鼠的藏身之地,明沟处理不好,还会导致厨房地面不平整,造成厨房设备摆放困难。

厨房明沟,应尽量采用不锈钢板铺设而成,明沟的底部与两侧均采用弧形处理,水沟的深度在15~20厘米,砌有斜坡,坡度应保持在20‰~40‰,宽度在30~38厘米,盖板可采用防锈铸铁板,亦可采用不锈钢,呈细格栅形。盖板要整齐平稳,同时要注意防滑,盖板与厨房地面合而为一,接缝要小。此外,排水沟出水端应安装网眼小于1厘米的金属网,防止鼠虫和小动物的侵入。

暗沟是厨房排水的另外一种方式。暗沟多以地漏将厨房污水与之相连。地漏直径不宜小于150毫米,径流面积不宜大于25平方米,径流距离不宜大于10米。采用暗沟排水,厨房显得更为平整、光洁,易于设备摆放,无须担心排水沟有异味排出,但管理不善,管道堵塞疏浚工作则相当困难。一些大型饭店在设计厨房暗沟时,在暗沟的某些部位安装热水龙头,厨房人员每天只需开启1~2次热水龙头,就能将暗沟中的污物冲洗干净,这是可取的。

值得注意的是,厨房排水,油污较重,必须经过处理,才可排入下水道。处理的主要方法,就是厨房排水经隔油池过滤。隔油池的作用是将厨房污水中的油污部分及时隔断在下水道外面,从而保证排水的畅通。目前市场上有一种小巧的油水分离器,效果颇佳。

隔油池可以由砖头砌成,或用混凝土浇制于地面之下,上面用盖板盖住。池中四分之三处有一隔板直竖于出水口前阻挡悬浮油脂。

三、厨房布局类型

厨房布局应依据厨房结构、面积、高度以及设备的具体规格进行设计。通常,厨房设备布局可参考以下几种类型。

1.直线型布局

直线型布局适用于高度分工合作、场地面积较大、相对集中的大型饭店的厨房。所有炉灶、炸锅、蒸炉、烤箱等加热设备均作直线型布局。直线型布局,通常是依墙排列,置于一个长方形的通风排气罩下,集中布局加热设备,集中吸排油烟。每位厨师按分工相对固定地负责某些菜肴的烹调熟制,所需设备、工具均分布在左右和附近,因而能减少取用工具的行走距离。与之相应,厨房的切配、打荷、出菜台也直线排放,整个厨房整洁清爽、流程合理、通畅。但这种布局相对餐厅出菜,可能走的距离较远。因此,这种厨房布局又大多服务两头餐厅区域,两边分别出菜,这样可缩短餐厅跑菜距离,保证出菜速度(见图4-4)。

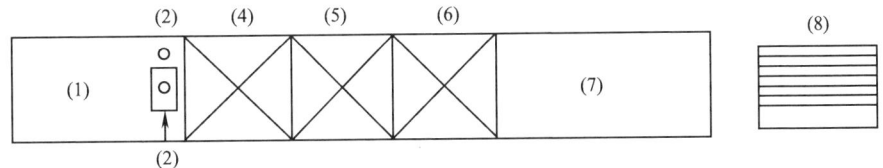

图例说明:
(1)脏厨具接收台　(2)冲洗设备　(3)垃圾处理槽　(4)洗涤槽
(5)清洗槽　　　　(6)消毒槽　　(7)清洁厨具台　(8)活动式厨具架

图4-4　(厨具清洗区)直线型布局

2.相背型布局

相背型布局是把主要烹调设备,如烹炒设备和蒸煮设备分别以两组的方式背靠背地组合在厨房内,中间以一矮墙相隔,置于同一抽排油烟罩下,厨师相对而站,进行操作。工作台安装在厨师背后,其他公用设备可分布在附近地方。相背型布局适用于方块形厨房。这种布局由于设备比较集中,只使用一个抽排烟罩比较经济。但另一方面却存在着厨师分工可能不很明确,厨师操作时必须多次转身取工具、原料,以及厨师必须多走路才能使用其他设备的缺点。

3.L形布局

L形布局通常将设备沿墙壁设置成一个直角形,通常是把煤气灶、烤炉、扒炉、烤板、炸锅、炒锅等常用设备组合在一边,把另一些较大的如蒸锅、汤锅等设备组合在另一边,两边相连成一直角,集中加热排烟。当厨房面积、形状不便于设备作相背型或直线型布局时,往往采用 L 形布局。这种布局方式在包饼房、面点生产间等厨房得到广泛应用(见图 4-5)。

图例说明:
(1)水源(洗涤槽)
(2)搅拌机
(3)面包师工作台
(4)半自动面包机切割机/造型机
(5)面包师工作台
(6)活动防水发面柜
(7)在通风系统下的烤箱及其他烹饪设备

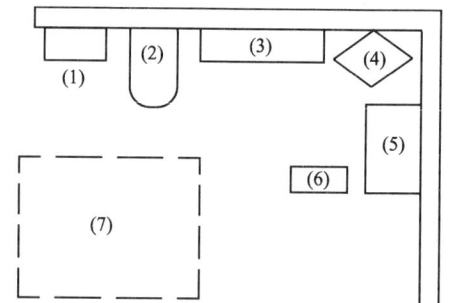

图 4-5　(包饼房)L 形布局

4.U 形布局

厨房设备较多而所需生产人员不多,出品较集中的厨房部门,可按 U 形布局,如点心间、冷菜间和火锅、涮锅操作间。将工作台、冰柜以及加热设备沿四周摆放,留一出口供人员、原料进出,甚至连出品亦可开窗从窗口接递,便是 U 形布局。这样的布局,人在中间操作,取料操作方便,节省跑路距离,设备靠墙排放,既平稳又可充分利用墙壁和空间,显得更加经济和整洁。源于台湾的一品火锅店就是这样的布局。厨师、服务人员站中间递送菜品、调节火候、提供服务,顾客围四周涮食,既节省店方用工,也不妨碍服务效率(见图 4-6)。

图例说明:
(1)废料容器
(2)带搁架的脏餐具台
(3)脏餐具台
(4)带处理器的喷淋水槽
(5)洗碗机
(6)下有储存架的清洁餐具台
(7)餐具手推车

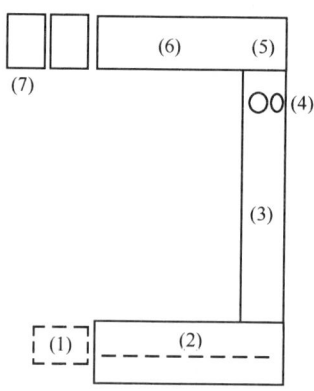

图 4-6　(厨具清洗区)U 形布局

5.设备摆放与工作空间

厨房设备摆放既要符合工作流程,还要方便清扫和维修,因此要留有30厘米的设备间隔,并尽可能做到距离地面20厘米。一般工作台高度86厘米,炉灶高度则在81厘米左右,以便架锅烹炒,放置砧板的切配工作台则需76厘米高。其他设备,如蒸箱、烤箱、货架以及抽排烟罩等高度都应充分考虑方便、安全、减轻劳动强度等因素。

厨房还应该为每一位员工提供足够的工作空间。空间过小、过矮,人会感到压抑和闷热,容易疲劳,甚至会导致疾病。因此,厨房人员在厨房内的占地面积不得小于每人1.5平方米。此外,厨房人员在工作中对设备、用具摆放的高度也有一定的要求。一般而言,厨房人员在操作时双手左右正常伸展的幅度为1.15米,最大伸展幅度在1.75米左右。工作台、炉灶的高度、宽度以及橱柜和壁柜高度都应控制在人体伸展范围之内。

第三节　厨房作业间的设计布局

厨房作业间,实际上是在大厨房即整体厨房涵盖下的小厨房,是厨房不同工种相对集中、合一的作业场所,也就是一般饭店为了生产、经营的需要,分别设立的加工厨房、烹调厨房、冷菜厨房、面点厨房等。厨房作业间的设计,就是对上述作业场所的设计。西餐厨房是较高档次的饭店需要设计、配备的,作为特有风格的作业间,本节对其设计要领也一并加以阐述。

一、加工厨房的设计布局

加工厨房,又叫主厨房或中心厨房,是相对于其他烹调厨房而言的。它将整个饭店与各餐厅相对应的烹调即出品厨房所需原料的申领、宰杀、洗涤、加工集中于此,按统一的规格进行生产,再分别供各点厨房加以烹调、装配出品。

(一)设计加工厨房的优点

传统饭店的厨房设计,多在每个餐厅的背后,设计布局一套完整的厨房,即有独立的加工间、冷库、切配及烹调间、冷菜间和面点间。这样做的好处似乎方便对各点人员的管理,方便各不同餐厅与相应厨房进行独立的用料及成本核算。其实,设备的闲置、人员的低效率配置和卫生工作量的增加及各厨房分别申购、领货带来的成本加大等负面作用更为严重。因此,饭店集中设计和布局统一的加工厨房很有必要。

1.集中领购原料,有利于集中审核控制

厨房加工集中以后,各烹调出品厨房根据客情预订或零卖的销售量,定时将次

日（或下一餐）所需要的菜点原料的加工净料，向加工厨房进行预约订料（此订料数量为已经过精加工的净料数量），再由加工厨房将各烹调厨房要订原料进行汇总，并根据各种原料的出净率和涨发率，折算成原始原料，统一向采供部门和仓储部门申购或申领原料。这样做，不仅简化了每个厨房直接向采购和仓储部门订、领货所需要的烦琐手续，节省了相应的劳动，更重要的是便于厨房管理者对原料的订、领进行集中审核，更利于对原料的补充和使用情况进行控制。

2. 有利于统一加工规格标准，保证出品质量

所有厨房的加工集中以后，首先将各出品厨房、各种原料的加工规格进行严格审定，继而对加工厨房厨师进行集中培训，让每位加工厨师都明确并掌握本饭店各种原料的加工规格。在日常生产操作中，再辅之以督导检查。这样，可以保证各餐厅出品的同类菜肴都能做到形象一致，规格标准，为稳定和提高饭店出品质量，创造了基础条件。

3. 便于原料综合利用和进行细致的成本控制

加工集中以后，将原来各点直接订货变成集中统一订货。这样，各点厨房原本难免出现的高价、高规格订货，就可能因集中订购、统一进货而使饭店减少购货成本支出。比如，A烹调厨房需订购鱼头，B烹调厨房需订购鱼划水（鱼尾），C烹调厨房需订购鱼肉加工鱼片。如果分别订购，不仅采购单价贵，而且货难买，采购工作量也大。而如果A、B、C三个厨房集中向加工厨房订货，加工厨房便可将所需原料进行归类整理，集中订购，既经济，又方便了采购，这样就切实做到了原料的综合利用。

原料集中加工，还便于厨房统一进行不同性质原料的加工测试，如对干货进行涨发率的测试，对整鸡、整鸭进行出净率测试。通过技术精湛的厨师的加工测试，找出最为方便和高效的加工方法，并规定其加工程序。在此基础上，培训并交由加工厨房其他厨师操作，则对提高加工出品质量和加工成品率都具有积极作用。将各类加工原料，按规定数量分装（有条件的配备真空包装机，对原料进行分装），注明加工时间，对各烹调厨房原料领用情况及时进行准确的计算，这将对餐饮成本控制提供准确而可靠的依据。

4. 便于提高厨房的劳动效率

将饭店所有加工统一集中以后，加工厨房的人员分别相对固定地从事某几种原料的涨发、切割或浆腌工作，技术专一，设备用具集中，熟练程度就会提高，厨房的工作效率也随之提高。

5. 有利于厨房的垃圾清运和卫生管理

目前，国内大部分食品原料市场，仍处于初级阶段，缺乏系统和规范。因此，饭店为了保证消费者利益，保全企业声誉和影响，购进的食品原料，几乎都是未经加工的、鲜活完整的原始原料。如制作狗肉菜肴，要买回活狗进行宰杀；制作生炒仔

鸡,要从市场买回活的仔鸡回店加工;制作响油鳝糊要从市场购进活的黄鳝回店烫杀等。这样,不仅给企业增加了巨大的加工工作量,而且随着原料加工的完成,各类垃圾随之大量产生。如果各厨房分别进货,各自加工,整个厨房生产区域便显得杂乱不洁,给厨房卫生管理带来巨大困难。集中加工以后,加工过程中产生的垃圾便会得到有效的控制。这样,不仅保证了厨房区域的卫生,也使卫生清洁方面的费用支出得到明显控制和降低。

(二)加工厨房的设计要求

集中设计加工厨房,对厨房生产和管理有明显的益处。而要充分发挥加工厨房的积极作用,在对加工厨房进行设计时,必须力求符合以下要求。

1. 应设计在靠近原料入口并便于垃圾清运的地方

所有进入厨房的原料,尤其是各种鲜活原料,大都需要经过加工处理。因此,供货商将原料运至饭店以后,最先是经过验货,办理收货手续,紧接着就是将原料送进或领回到加工厨房进行加工处理。加工厨房靠近原料入口处,靠近卸货平台,或将验收货物办公室综合设计在加工厨房的入口处,不仅可以节省货物的搬运劳动,还可以减少搬运原料对场地的污染,更可以有效地防止验收后的原料丢失或被调包。另外,加工厨房每天会产生若干在加工过程中被剔除的原料的边皮、鳞片等废弃垃圾,虽然这些垃圾在加工厨房被相对集中地贮放于有盖的垃圾桶内,但随着垃圾的增多和厨师班次的交接,垃圾及时清运出店或转送至密封的垃圾库是必须的。故而加工厨房应设计在便于垃圾清运而不影响、破坏饭店形象的地方。清运垃圾的通道不应与客流或净菜流通的道路交叉,以防止与客争道或交叉污染。

2. 应有加工全部生产原料所需的足够空间与设备

加工厨房集中了饭店所有原料的加工拣择、宰杀、洗涤、分档、切割、腌制以及干货涨发工作。因此,工作量和场地面积占用都是比较大的。饭店生产及经营网点越多,分布越广,加工厨房的规模就越大。为了保持加工厨房良好的工作环境,减少加工原料互相之间的污染,对不同原料的加工还应做到相对集中,适当分隔。提高各种原料加工效率和规格所必需的设备,也应如数配备。加工厨房在足够的空间和设备条件下,应承担本饭店所有加工工作,切不可因加工设备缺项或场地狭小而导致烹调厨房区域从事再加工工作。否则,不仅加工厨房的优越性发挥不出来,还将给厨房管理和卫生工作留下难以根治的后遗症。

3. 加工厨房与各出品厨房要有方便的货物运输通道

加工厨房承担各烹调出品厨房所有加工任务。这些需要加工的原料当中,有的是距离开餐前较早时间就被各烹调厨房领回使用的,如需提前煨制、炸制的排骨、扣肉等;而有些加工原料为了确保其新鲜度,是在开餐期间,甚至客人点菜后,才能进行加工的,比如,客人点的虾、蟹、甲鱼等,客人经点菜、看货确认后,再送加工宰杀。后一种情况,要求在很短的时间内高质量地完成加工工作,其后要在第一时间送至配份、刺身制作间或烹调岗位,以减少客人等菜的时间。因此,确保加工厨房与各烹调厨房有方便、顺畅的通道或相应的运输手段,是厨房设计不可忽视的。这不仅是提高工作效率、保证出品速度的需要,同时也是减轻劳动强度,方便大批量加工成品运送的需要。加工厨房与各烹调厨房在同一楼层,应设计方便、快捷的通道;如不在同一楼层,则应考虑有快捷、专用的垂直运输电梯(升降梯)或人工步行梯,确保传递效率。

4.不同性质原料的加工场所要合理分隔,以保证互不污染

虽然各种性质的原料加工都会产生垃圾,加工后的原料也都需要经过洗涤才可用于切配;但不同性质的原料,若互相混杂,不仅妨碍加工效率,而且被污染后的原料,洗除异味也相当困难。即使洗净的加工原料,不严格分类摆放,也会产生污染。因此,对不同性质原料的加工用具、作业场所必须进行固定分工,才可能保证加工原料质量。同在加工厨房加工的原料,要特别注意水产宰杀给时鲜果蔬带来的腥味污染,更要防止禽畜宰杀的羽毛给其他原料带来污染。有些干货,如牛筋、鱼皮在涨发过程中,会产生令人特别难以接受的腥臭气味,如果操作人员正在忙碌的手或涨发用水触及或污染其他原料,将会给烹调或出品留下难以收拾的隐患。

5.加工厨房要有足够的冷藏设施和相应的加热设备

加工厨房加工的原料,不仅种类多,而且数量大,各烹调厨房要货时间也不一定十分准确和固定。因此,为备用原料和加工后原料的贮存及周转,设计足够的冷藏(含一定量的冷冻)库是必要的。在一些大型餐饮活动前,大量的加工原料尤其要及时放入冷库妥善保藏,以保证质量和烹调厨房随时取用。遇上良辰吉日,或国庆、春节等节假日,饭店各烹调厨房都会比平时繁忙,因此,此前的加工厨房,原料和加工成品的保质足量备存特别重要。其实,有些原料,经适当降温冷冻,加工也变得更加方便,如批切狮子头的肉粒和刨切干丝等。

另外,加工厨房在加工工作中,有些干货原料的涨发和鲜活原料的宰杀、煺毛需要进行热处理,如大乌参发前要火烤,牛筋涨发要长时间焖焐,仔鸡杀后要水烫煺毛,甲鱼要热水处理以去除黑衣,黄鳝烫后才能划丝等。因此,在加工厨房的合适位置设计配备明火加热设备是十分必需的。当然,有加热设备就应注意加热源的安全和所产生烟气的脱排问题,以保持加工厨房安全、舒适的工作环境。加工厨房设计布局参见图4-7。

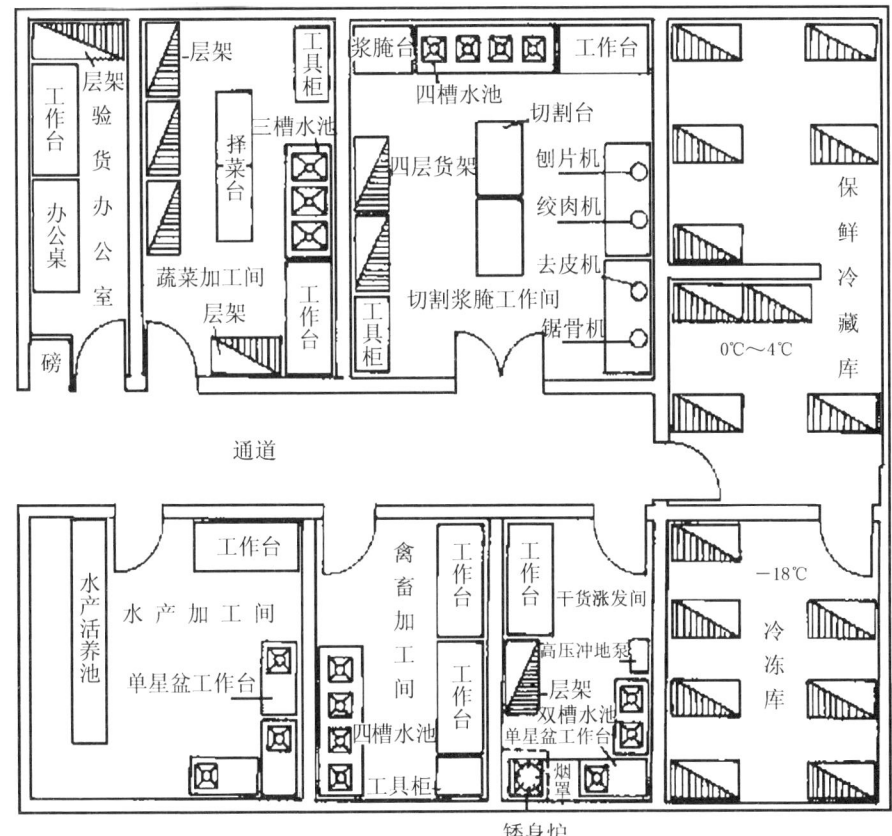

图 4-7 加工厨房的设计布局图(样)

二、中餐烹调厨房的设计布局

中餐烹调厨房,是饭店十分繁忙和对菜肴质量有着重大决定作用的厨房。中餐烹调厨房,因饭店餐饮生产经营风味和规模不同,数量也不一。大型饭店烹调厨房往往不止一处。中餐烹调厨房设计与设备配备的好坏,对菜肴的出品速度与质量有着直接影响。若设备因质量问题需要维修或更换,将可能中断厨房开餐,妨碍宾客用餐,有损饭店声誉。因此,对此设计尤需慎重(参见图 4-8)。

中餐烹调厨房,负责将已经切割、浆腌的原料,根据零点或宴会等不同出品规格要求,将主料、配料和小料进行合理配伍,并在适当的时间内烹制成符合风味要求的成品,再将成品在尽可能短的时间内递送、服务于宾客。其设计必须符合以下要求。

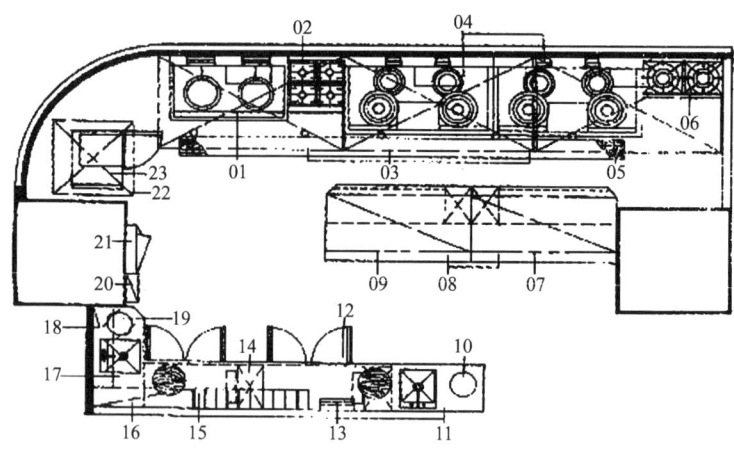

01—双头蒸炉　　　　02—煲仔炉连烤箱　　03—运水烟罩　　　04—双头双尾炒炉
05—明沟垫板　　　　06—双头矮身炉　　　07—移门工作台　　08—保温出菜台
09—移门工作台　　　10—活动垃圾桶　　　11—工作台　　　　12—冷柜工作台
13—灭蝇灯　　　　　14—冷柜工作台　　　15—低温配料槽　　16—双层吊架
17—单星盘工作台　　18—双层吊架　　　　19—活动垃圾桶　　20—消防系统
21—运水烟罩控制箱　22—烟罩　　　　　　23—蒸柜

图 4-8　中餐烹调厨房的设计布局图(样)

1.中餐烹调厨房与相应餐厅要在同一楼层

为了保证中餐烹调厨房出品及时,并符合应有的色、香、味等质量要求,中餐烹调厨房应紧靠与其风味相对应的餐厅。尽管有些饭店受到场地或建筑结构、格局的限制,厨房的加工或点心,甚至冷菜或烧烤等的制作间,可以不与餐厅在同一楼层,而烹调间必须与餐厅在同一楼层。考虑到传菜的效率和安全,尤其是会议、团队等大批量出品,可能需用推车服务,因此,烹调厨房与餐厅应在同一平面,不可有落差,更不能有台阶。

2.中餐烹调厨房必须有足够的冷藏和加热设备

中餐烹调厨房的整个室温(在没有安装空调或送风设备的情况下)一般 28℃~32℃,这个温度对原料的保质储存带来很多困难。因此,烹调厨房内用于配份的原料需随时在冷藏设备中存放,这样才能保证原料的质量和出品的安全。开餐间隙、期间和晚餐结束,调料、汤汁、原料、半成品和成品均需就近低温保藏。所以,设计、配备足够的冷藏设备是必需的。

同样,烹调厨房承担着对应餐厅各类菜肴的烹调制作,因此,除了配备与餐饮规模、餐厅经营风味相适应的炒炉外(炒炉若配备不够,将直接影响出菜速度),还应配备一定数量的蒸、炸、煎、烤、炖等设备,以满足出品需要。通常一头炒炉,可以炒出 50 个零点餐位的菜肴;若零点和宴会同用一个烹调厨房,一个炉头所服务的餐位数应适当放大。若是宴会烹调厨房,一个炉头则可以烹制 80 个左右餐位的菜肴。

3.抽排烟气效果要好

中餐烹调厨房工作时间会产生大量的油烟、浊气和散发的蒸汽,如不及时排出,则在厨房内弥漫,甚至倒流进入餐厅,污染就餐环境。因此在炉灶、蒸箱、蒸锅、烤箱等产生油烟和蒸汽设备的上方,必须配备一定功率的抽排烟设施,力求做到烹调厨房每小时换气 50 次左右,使厨房真正形成负压区,创造清新的环境,方便烹调人员判别菜肴的口味。

4.配份与烹调原料传递要便捷

配份与烹调应在同一开阔的工作间内,配份与烹调之间距离不可太远,以减少传递的劳累。客人提前预订的菜肴在配置后,应有一定的工作台面或台架,以暂放待炒。不可将已配份的所有菜肴均转搁在烹调出菜台(打荷台)上,以免出菜秩序混乱。

5.要设置急杀活鲜、刺身制作的场地及专门设备

随着消费者对原料鲜活程度和出菜速度、节奏的更加重视,大部分客人在对所订、点的海鲜、河鲜等鲜活原料鉴认后,希望在很短的时间内烹饪上桌。因此,对鲜活原料的宰杀需要设计、配置方便操作的专用水池及工作台,以保证开餐繁忙期间操作仍十分便利。

刺身菜肴的制作,要求有严格的卫生和低温环境,除了在管理上对生产制作人员及其操作有严格的规范外,在设计及设备配备上也应充分考虑上述因素。设置相对独立的作业间,创造低温、卫生和方便原料贮藏的小环境是十分必需的。

三、冷菜、烧烤厨房的设计布局

冷菜、烧烤厨房,一般由两部分组成:一部分是冷菜及烧烤、卤水的加工制作场所,另一部分是冷菜及烧烤、卤水成品的装盘、出品场所。通常情况下,泛指的冷菜厨房(俗称冷菜间)多为后者。由于进入冷菜间的成品都是用于直接销售的熟食或虽为生料但已经过泡洗腌渍等烹饪处理,已符合食用要求的成品,所以,冷菜间的工作性质及其设计与其他厨房有明显不同的特点(参见图 4-9,图 4-10)。

冷菜、烧烤厨房设计布局,除了方便操作,便利出品之外,还应注意执行《食品安全法》和国家相关行业管理规范。创造安全可靠的环境,切实维护消费者利益。

1.应具备两次更衣条件

根据行业规范,为确保冷菜出品厨房内食品及操作卫生,要求冷菜出品厨房员工进入生产操作区内必须两次更衣。因此,在对冷菜出品厨房设计时,应采取两道

门(并随时保持关闭)防护措施。员工在进入第一道门后,经过洗手、消毒、穿着洁净的工作服,方可进入第二道门,从事冷菜的切配、装盘等工作。

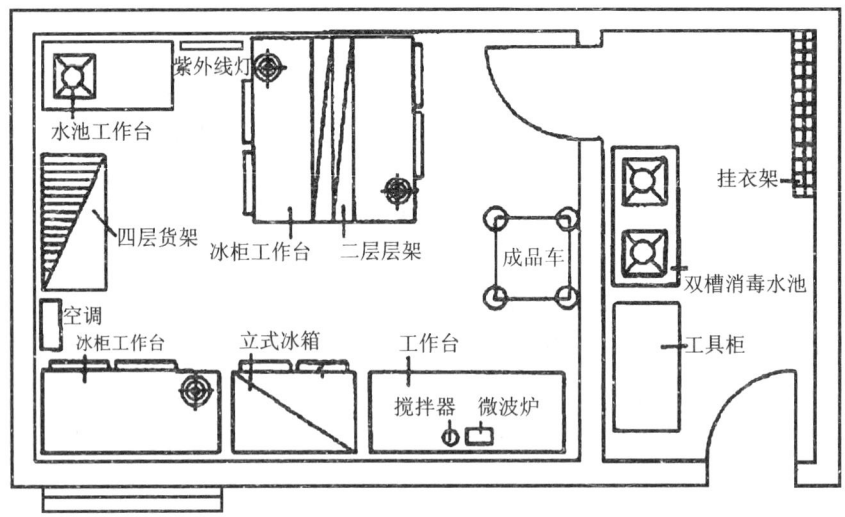

图 4-9　冷菜出品厨房的设计布局图(样)

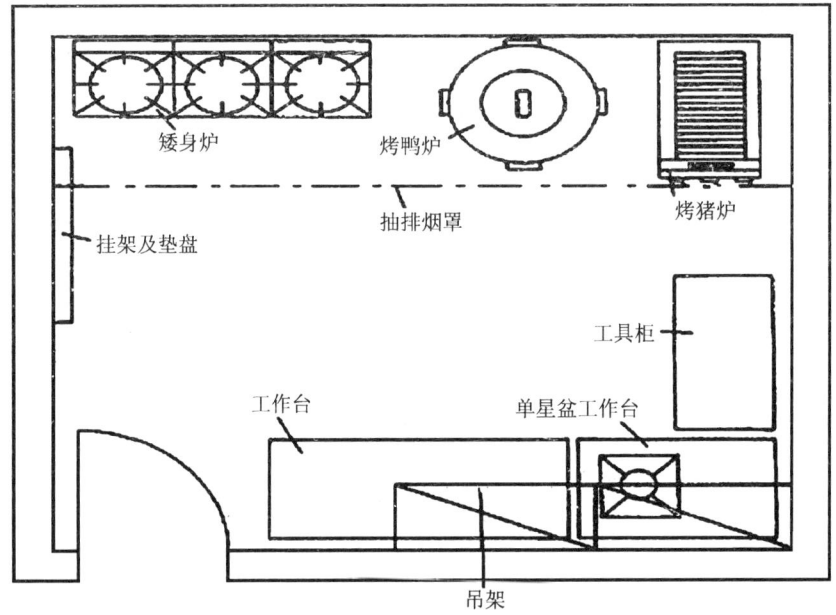

图 4-10　烧烤、卤水厨房的设计布局图(样)

2. 设计低温、消毒、可防鼠虫的环境

进入冷菜出品厨房的成品都是可直接食用销售的食品,常温下存放极易腐败变质。因此,冷菜出品厨房应设计有可单独控制的制冷设备,切实创造冷菜出品厨房总体温度不超过15℃的工作环境。同时,为了防止冷菜出品厨房可能出现的细菌滋生和繁殖,设计装置紫外线消毒灯等设备也是十分必要的(用消毒灯不可有人在场)。各类冷菜食品的味、香除了刺激人的食欲外,同时还对鼠虫产生极大诱惑,因此,冷菜出品厨房的门窗、工作台柜等,均应紧凑紧密,不可松动和留有太大缝隙,以防鼠虫等侵袭。

3. 设计、配备足够的冷藏设备

尽管冷菜出品厨房室温比较低,但将冷菜食品长时间直接放在这样的环境里也是不安全的。用于待装盘的成品冷菜,或消过毒的净生原料,在装盘前均应在冷藏冰箱或冷藏工作柜内存放,有些成品类(水晶)冻汁菜肴更应如此。因此,冷菜间应设计、配备足够的冷藏设备,以使各类冷菜分别存放,随时取用。烧烤、卤水成品,在出品厨房的存放也应有特定条件和要求,因有些地方客人的饮食习惯还需配备出品加热、烫制设备。

4. 紧靠备餐间,并提供出菜便捷的条件

冷菜、烧烤、卤水成品无论在零点,还是宴会的销售当中,总是首先出场登台的。管理严格的饭店,零点的冷菜、烧烤、卤水成品必须在客人点菜后5分钟内(甚至更短的时间内)确保上桌。缩短冷菜出品厨房与餐厅的距离是提高上菜速度的有效措施。因此,冷菜出品厨房应尽量设计在靠近餐厅、紧邻备餐间的地方。为了保证冷菜出品厨房的卫生,应减少非冷菜间工作人员进入,同时,也为了方便冷菜的出品,减少碰撞,冷菜出品应设计有专门的窗口和平台。

四、面食、点心厨房的设计布局

面食、点心厨房(规模小一点儿的面食、点心厨房,又叫面点间或点心间),由于其生产用料、生产设备以及成品特点、出品时间和次序与菜肴有明显不同,故设计要求和具体设计布局方式、设备选配等与菜肴烹调厨房也有很大区别。

面食、点心厨房设计,既要考虑与烹调厨房相对合并,集中加热,以节省投资,便于安全管理,又要考虑点心用料的特殊性和制作的精致性,同时还应考虑本地、本店面食、点心销售占餐饮销售的比例及面食、点心生产工作量的大小。综合考虑各方面因素,才可以对面食、点心厨房的大小,设备配备的规格、数量等进行具体设计安排(参见图4-11)。

1. 面食、点心厨房要求单独分隔或相对独立

有条件的饭店(厨房面积允许、设备投资可能),或者面食、点心生产、需求量

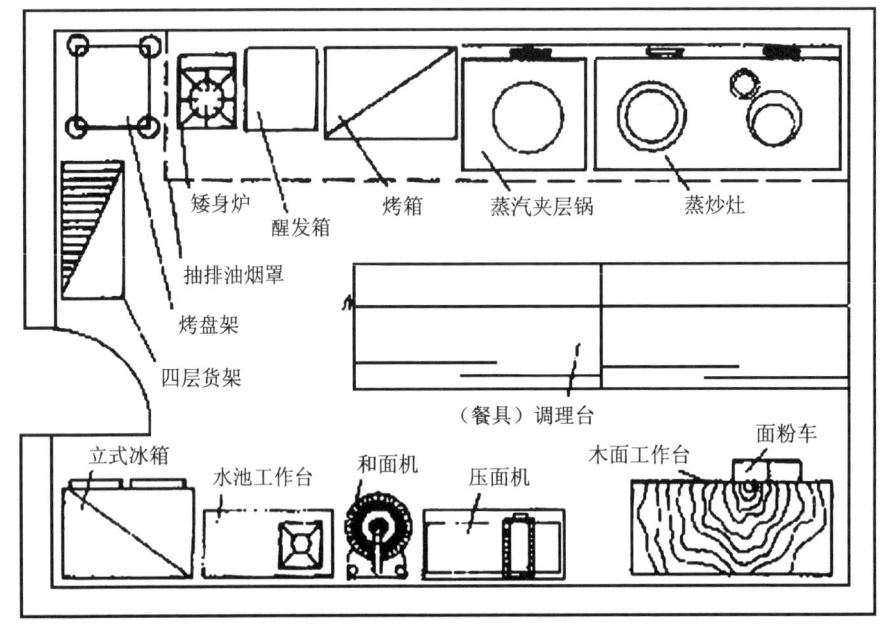

图 4-11　面食、点心厨房的设计布局图(样)

很大的饭店,面食、点心厨房就应尽量单独分隔设立。这样,既解决了红案的水、油及其他用具对面点原料、场地的干扰、污染问题,又便于点心生产人员集中思想进行生产制作。此外,独立的面食、点心厨房对红、白案的设备专门维护、保养,明确、细化卫生责任,也有一定便利。在北方,尤其是山西及华北地区,面食在餐饮销售和宾客就餐食品中均占有很大比例,其花色品种繁多,制作程序复杂,动作幅度大,蒸煮锅灶大,因此,点心厨房(或叫面点间)设计不仅要求有较大空间,还要求单独成室,独立作业。即使在餐饮生产及服务销售规模不是很大的饭店,点心生产任务相对较轻,在考虑点心加热设备与菜肴加热设备集中布局、部分设备综合使用的前提下,也应将面点制作的器具、设备相对集中,以缩短点心厨师走动距离,方便控制、把握质量,提高效率。

2. 要配有足够的蒸、煮、烤、炸等设备

点心多为客人菜余酒后的小食品,因此成品大多制作精巧,更耐品赏,故而点心成品多由蒸、烤、炸等烹调方法熟制而成,因为这些烹调方法最能保持成品的造型和花纹,最能创造精细、精美的效果。而在进行烹调之前,点心的成型工艺,必须有对水、揉面、下剂、捏作等工序处理。所以,配备相应的木面或大理石、云石面工作台,和面、搅拌、压面等机械是必需的。面食、点心厨房大多还承担饭店米饭、粥类食品的蒸煮,所以配备蒸、煮饭、粥用的蒸箱、蒸饭车或蒸汽锅也是不可或缺的。

如将这些蒸煮饭、粥设备与面点蒸煮设备合用、套用,或集中布局,统一供应能源,也是比较节省的。除此之外,有些饭店还供应或奉送就餐客人糖水或甜品,以帮助客人果腹解酒。因此,点心间配备一两台矮身炉,用以熬煲甜品或用于平底锅煎、烙春卷皮、饺子等产品也是很有必要的。

3.抽排油烟、蒸汽效果要好

面食、点心厨房由于烤、炸、煎类品种占有很大比例,产生的油气较多。而蒸制的面食品种也多,因此需要排除的蒸汽量相当大。所以,必须配备足够功率的抽排油烟、蒸汽设备,以保持室内空气清新。

4.便于与出菜沟通,便于监控、督察

无论是零点,还是宴会,餐厅往往给予点心专门的通知或订单,独立生产制作。而对于具体何时熟制,何时出品常常不是很清楚。若是开餐繁忙时节,传菜员忘记通知,难免出现菜、点出品断档的现象。因此,在设计时应考虑相对独立或单独分隔的面食、点心厨房如何与备餐间、与红案有机联系。比如,面点间门开在红案打荷的对面或紧挨着备餐间开门,以方便言语沟通等。另外,为方便管理,防止面食、点心厨房出现安全隐患或其他违纪现象,独立分隔的面点间还应安装大型玻璃门窗,以便于在室外进行监控和督察。这种面点间不仅在正常工作期间,而且在员工下班、仅是值班人员在岗期间,除了规定必须开门生产外,透明的隔断也减少了管理的死角和盲区。

五、西餐厨房、餐厅烹饪操作台的设计布局

西餐厨房,是生产制作西餐菜肴、西式点心的场所。由于西餐的烹饪方法与成品特点等与中餐有着明显的区别,因此西餐厨房的设计布局也与中餐厨房不尽相同。餐厅烹饪操作台,是厨房工作在餐厅的延伸或者可以说是厨房工作部分地被转移到餐厅进行,其具体表现形式通常有餐厅煲汤、餐厅汆灼时蔬,餐厅(包括自助餐厅)布置操作台,现场表演、制作食品等。此类热食明档、餐厅操作台的设计,显著的特点是在餐厅操作。此类餐厅烹调设备比厨房用烹调设备更精致、美观和卫生。

(一)西餐烹调厨房设计

西餐烹调多以烤、扒、焖、炸、炒为主,多将各类原料单独烹制,配汁调味,分别装盘,尤为注重菜肴的成熟度,因此,西餐厨房的设计与设备配备与中餐烹调厨房有较大差异。目前,大部分宾馆、饭店西餐厨房承担咖啡厅产品的生产任务,有些宾馆、饭店西餐烹调厨房还兼客房内用餐产品的制作与出品。实践证明,在西餐烹调厨房内布置适当的中式烹调设备,对节省企业投资、节约用工人数、满足不同功能的生产需要,是经济和有效的(参见图4-12)。

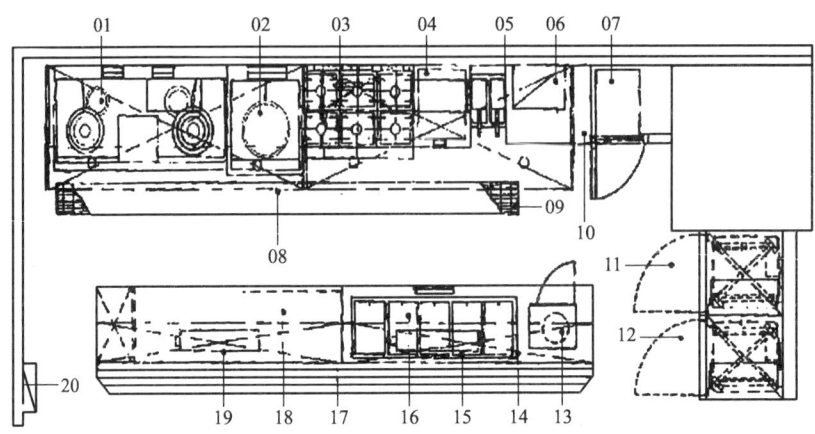

01—中式双头炒炉	02—蒸汽万能锅	03—六头平炉	04—扒炉
05—双缸电炸炉	06—上焗炉	07—焗炉	08—排烟罩
09—明沟隔板	10—伸展台座	11—转动冷冻格	12—转动冷冻格
13—微波炉	14—低温保鲜柜	15—热菜器	16—工作台
17—托盘架	18—工作台	19—热菜器	20—消防系统

图 4-12　西餐烹调厨房的设计布局图(样)

西餐制作热菜有一类很有影响的厨房,叫西餐扒房。所谓扒房,主要因为该厨房设计在餐厅,厨师在用餐客人面前现场制作,其菜品无论鱼类,还是牛排、羊排等,多采用扒类烹调方法制作,故得扒房之名。扒房是西餐颇有情调、用餐环境十分高雅的餐厅(实则为厨房、餐厅合一)。扒房设计,重在扒炉位置,要既便于客人观赏,又不破坏餐厅整体格局,构成餐厅生产、服务、销售为一体,集制作表演与欣赏品尝于一身的特有氛围。扒炉上方多装有脱排油烟装置,以免煎扒菜肴时产生大量油烟浊气污染、破坏餐厅环境。

(二)西餐冻房、包饼房设计

1.西餐冻房设计

西餐冻房,即制作西餐冷、凉(未经烹调,可直接食用)、生食品的场所,与中餐冷菜厨房功能大致相同,完成冷头盘、色拉、凉菜、果盘的制作与出品(参见图 4-13 西餐冻房一角)。因此,其室内温度、消毒环境以及其他设计要求都与中餐冷菜厨房相仿,设备的选配及布局方式大体与中餐冷菜厨房相似,但也有特殊的方面。

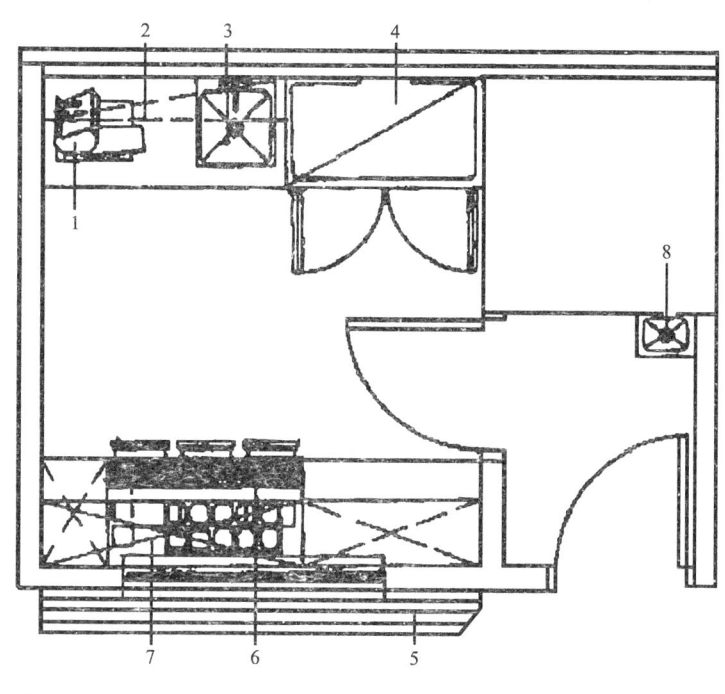

| 1—刨片机 | 2—双层吊架 | 3—单星盆工作台 | 4—四门冰箱 |
| 5—托盘架 | 6—三明治操作台 | 7—低温保鲜工作台 | 8—洗手池 |

图 4-13　西餐冻房的设计布局图(样)

2.包饼房的生产功能

西餐包饼有与中餐点心相近的功能,在餐食中的地位、客人对成品的挑剔程度都比较高。包饼的营业创收比例通常也比较大,食用场所要求较高。因此,西餐包饼房的设计不仅要留有足够空间,设备选配也要精致优良。

(1)包房的生产功能

包房,即面包房,负责生产各种面包。面包品种一般有甜面包、咸面包、软质面包和法式丹麦面包等。面包既是西餐客人的主食,又是西餐制作其他菜式的原料,如吐司面包用于早餐,也用于冻房制作各式三明治、热菜厨房做面包粉等。包房还制作一些供自助餐或餐饮企业宣传用的装饰面包——象形面包,如辫子包、鳄鱼包等。

(2)饼房的生产功能

饼房,即制作西式小点心的厨房,其生产功能是制作零点、套餐、团队用餐、鸡尾酒会、自助餐、宴会所需的各式糕点,同时也供应饭店外卖的各种糕点,如生日蛋糕、各式曲奇饼等。西饼的种类很多,大致可归纳为:蛋糕类(清蛋糕和油蛋糕)、清酥类、混酥类、攀类、沙勿来、饼干类、冷冻甜食类、冰激凌、巧克力制品等。

3. 包饼房的生产流程及设计

（1）包房的生产流程

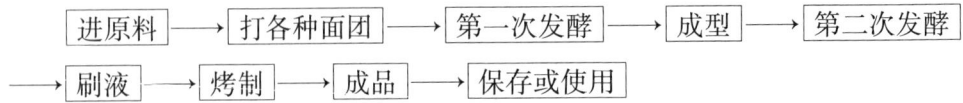

（2）饼房的生产流程

饼房的品种较多。品种不同，生产流程也不尽相同。

①蛋糕的生产流程

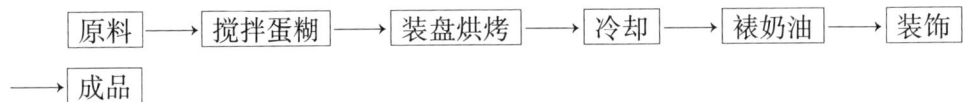

②冷冻甜食的生产流程

原料 → 混合加温搅拌 → 装模 → 出模装盘 → 装饰出品

包房、饼房既功能各异，又同为一个工种，技艺相似甚多。一般餐饮企业为便于操作、节省设备投资和人手，多联合设计，综合布局。（见图4-14）

（三）餐厅烹饪操作台设计

1. 餐厅烹饪操作台的作用

在餐厅设计现场制作食品的烹饪操作台，对宣传餐饮产品，扩大产品销售，具有多方面的作用。

（1）渲染、活跃餐厅气氛

客人来到餐厅用餐，除了满足果腹充饥的生理需要之外，更多、更高层次的需求是沟通、交际。因此，沉闷的就餐环境，很难满足客人的需求，而轻松、活跃的餐厅气氛，却受客人的普遍欢迎。餐厅的装修档次、色调、风格多已固定，对经常光顾的客人已无新鲜感可言。因此，在餐厅陈列现场制作食品的烹饪操作台，给客人提供风味美食的同时，也使客人更加形象、直观、艺术地观赏到自己所需风味食品的制作过程，能增添客人用餐的情趣，用餐的综合效果自然更好。

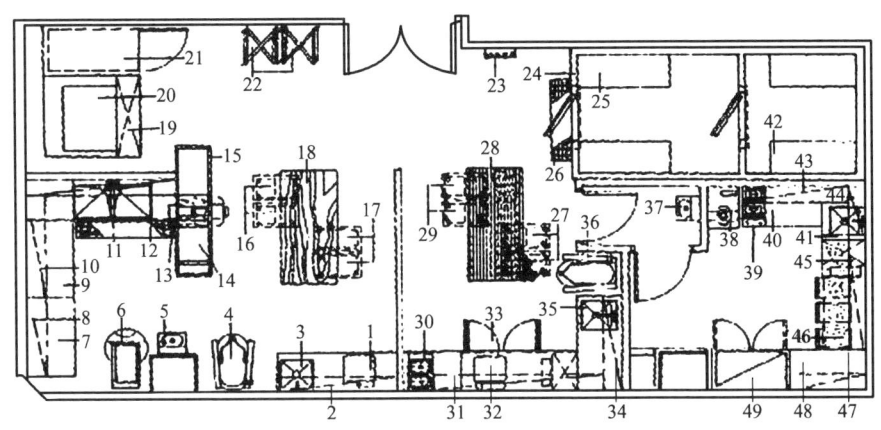

图 4-14　西餐包饼房的平面布局图(样)

1—台秤	2—双层吊架	3—单星盆工作台	4—搅拌机
5—洗手池	6—搓面包机	7—工作台	8—双层吊架
9—工作台	10—双层吊架	11—双星盆工作台	12—双层吊架
13—明沟隔板	14—压面机	15—压面机台	16—糖粉车
17—糖粉车	18—木面工作台	19—抽油烟罩	20—烘烤炉
21—醒发箱	22—烤盘车	23—灭蝇器	24—冷库板
25—冷库货架	26—明沟垫板	27—糖粉车	28—耐纶工作台
29—糖粉车	30—双头单炉	31—双层吊架	32—台秤
33—冷柜工作台	34—双层吊架	35—单星盆工作台	36—搅拌机
37—洗手池	38—成型机	39—热巧克力器	40—工作台
41—单星盆台	42—冷库货架	43—双层吊架	44—双层吊架
45—双层吊架	46—抽屉式冷柜	47—双层吊架	48—工作台
49—四门冰箱			

(2)方便宾客选用食品

客人的生活习惯不同、用餐经历不同,对食品的成品质量要求也不尽相同。零点菜点客人可以通过向点菜服务员交代,得到其想要的出品。宴会菜点客人在订餐时可以说明要求,以保证在用餐时各取所需。这两类经营,都必须通过服务员转达客人的需求。若中间环节沟通不畅,或出现偏差,客人很难如愿。餐厅设档,现场制作,客人既可通过服务员即刻转达对食品的要求,又可以在观赏现场制作的同时,直接向现场制作的厨师提出具体要求,如早餐餐厅煎蛋,煎蛋的数量是一个还是两个;煎蛋的规格是单面煎,还是双面煎;煎蛋的成熟度是要求嫩一点儿,还是老一点儿;煎蛋的配、调料,是放黄瓜还是配火腿,是加盐还是放糖,还是原味煎蛋等,都可以通过及时沟通,使客人得到满足。

(3)宣传饮食文化

饮食文化是众多消费者感兴趣的精神享受。中国饮食文化更是博大精深，奥妙无穷。餐厅设计烹饪操作台，现场制作，将传统习惯上只在厨房区域制作的工艺，尤其是后期熟制成品阶段的工艺，移至餐厅，不仅让消费者直观地了解自己所需产品的制作工艺，增添其用餐情趣，增加其消费感受，而且使烹饪技艺在尽可能广的范围内得以发扬光大，使客人更加全面细致地了解、认识产品，更加形象、立体地记忆，乃至宣传产品。这对消费者来说，可以将用餐当作一次趣味投资，对感兴趣的菜点可以回去仿制；对饭店来说，不仅对社会做了应有的贡献，更对社会的潜在市场作了广泛的宣传动员。

(4)扩大产品销售

餐厅设档、现场制作，在渲染气氛的同时，能吸引了就餐宾客的注意力，一些玲珑精美、色形诱人、香气四溢的菜点能很快激起客人的购买欲望，产生尝试消费（带着试试看的心理购买）和效仿消费（随他人购买而继起的消费），为产品打开销路。产品自身的优势和魅力，更在后续消费（客人购买后认为值得，继续有目的地购买）中发挥更大的作用。

(5)便于控制出品数量

通常情况下，厨房出品越多，意味着销售越旺，饭店受益越多。而在标准既定的自助餐销售中，此情况并不尽然。标准确定了的自助餐，菜点品种安排和数量的准备是有一定比例的。这里既要有足够的、不同类别品种的食品供客人各取所需，又要有一定数量、比例、消费者公认的高档食品以吸引客人，这就要考虑饭店应得的经济效益和客人对高档食品取食之间的平衡性。因此，在自助餐开餐服务期间，对计划内出品的、可能引起客人普遍需求的食品，要进行有技巧的服务，以起到尽可能满足客人需要而不使成本突破的效果。在餐厅设档采取现场制作、现场分派的方式，让需要同类菜点的客人自觉排队，依次限量（应需供应）服务，是达到上述目的有效而不失体面的做法。比如，某些地区对自助餐供应白灼基围虾、生蚝等采取现场生灼、现场加工等，秩序、效果都很好。对一些不一定限量，而制作成本较高，可能因客人一次取量较多而食用不尽、导致浪费的菜肴，采取现场制作、切割，或现场服务，也可以起到控制生产出品数量、控制食品成本的效果。

2.餐厅烹饪操作台设计要求

餐厅烹饪操作台（尤以自助餐设现场操作台为多），由于其位置和作用的特殊性，因此设计要求与普通厨房明显不同（见图4-15）。

(1)设计要整齐美观，进行无后台化处理

烹饪操作台设计在餐厅，整个设计包括现场操作人员就成了餐饮产品的一部分。除了生产制作人员要卫生整洁、着装规范、操作利索外，还需要整齐别致，起到

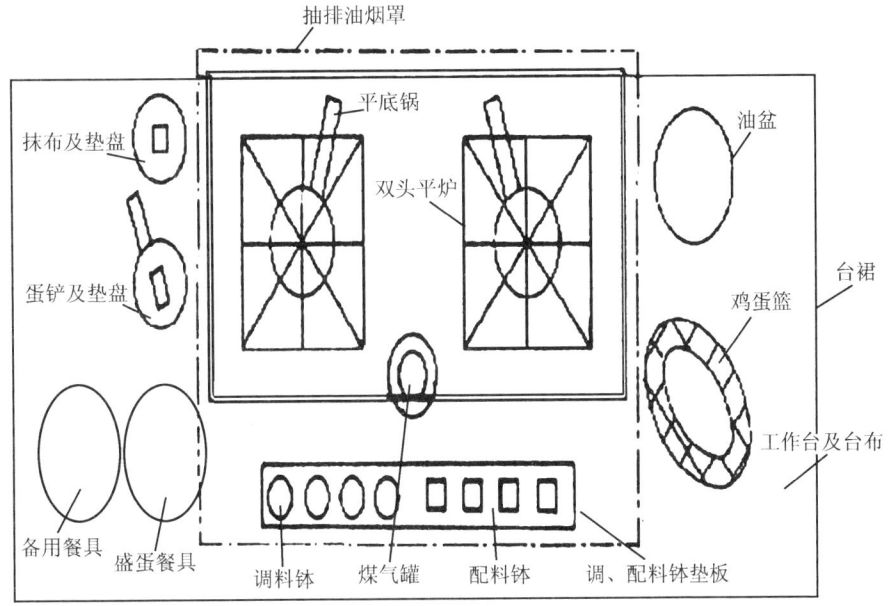

图 4-15　餐厅烹饪操作台的设计示例

美化餐厅的作用。餐厅操作台,虽然与厨房烹制、切割一样,需要一系列刀具、用具,会出现些凌乱现象,会有垃圾产生,但在设计时应力求完美,将不太雅观的操作及器皿进行适当遮挡,使操作台既便利操作,功能齐全,流程顺畅,又不破坏餐厅格调气氛,不碍观瞻。

(2) 简便安全,易于观赏

在餐厅设计、布置烹饪操作台,有时是为了一段时间的需要,有时是为了一种活动的需要,总之,大多不是长久之计。因此,制作操作台,无论用材还是制作工艺,应相对简便,便于调整和重复使用。在设计制作简便的同时,不可忽视安全因素。在餐厅生产、在宾客面前操作,不仅要注意生产人员的安全,更要注意操作台附近观赏客人的安全。对可能出现的溅烫、油烟雾等污染、伤害宾客的现象,都要进行妥善处理,防止发生。如在餐厅进行刀削面、煮面,烙饼、煎饺,现场批片烤鸭、斩剁盐水鸭等时,需在煮面锅、烙饼炉前加防护板,在批片、斩剁盐水鸭的砧板、烤鸭的台板前加玻璃罩等。

餐厅的烹饪操作台要设计得便于客人观赏,对关键、精彩的操作场面要尽量充分展示在客人视线范围以内。将操作演示的正面设计成面向大多数宾客的角度,尽可能使用餐的客人想观赏时,都有所见。

(3) 油烟、噪声不扰客

无论是在餐厅的操作台上煎蛋、煎饺,还是烙饼、煮面条、灼时蔬,都需要在设计时充分考虑油、蒸汽和噪声的处理。创造和保持良好的就餐环境是前提。因此在餐厅烹饪操作台的上方应设有抽排油烟设备。临时陈设餐厅操作台也应选择在餐厅回风口或餐厅空气流动中不易朝客人多的区域吹风的下风区域。同时,餐厅现场操作,尤其是加热设备,要避免选用振动大、噪声高的器具,防止产生不悦耳的杂声,破坏就餐环境。

(4) 与菜品相对集中,便于宾客取食

餐厅,尤其是自助餐现场操作台,在选择设备位置时,除了应考虑醒、便于宾客观赏、方便脱排油烟外,还要尽可能安排在靠近厨房、便于客人取用的地方。即使由服务人员根据客人需要代为取食,也要顺道递送,节省劳动。同时,这也方便了与厨房的联系。在自助餐厅设置现场操作台,应考虑尽量靠近食品餐台,使宾客在取自助菜点的同时,兼顾点用或顺便选取明档食品,缩短客人的取菜距离,减少餐厅的人流。

本章小结

厨房设计布局是从事厨房生产的前提,也是保证厨房产品质量的基础。设计布局还是构成厨房建设投资的重要因素。因此,厨房管理必须对这部分内容加以研究和重视。本章内容,首先分析了厨房设计布局的意义及原则,接着讨论了厨房面积、环境等设计的要领,系统阐述了厨房各主要作业间及相关部门设计布局的要求,并提供了各类设计布局的实例。

 思考与练习

(一) 理解思考

1. 厨房设计布局的定义是什么?
2. 影响厨房设计布局的因素有哪些?
3. 厨房设计布局原则有哪些?
4. 厨房环境设计应从哪几方面入手?
5. 解决厨房噪声的方法有哪些?
6. 厨房设备布局类型有哪些?
7. 设计加工厨房的优点有哪些?
8. 加工厨房的设计有哪些要求?
9. 中餐烹调厨房设计布局有哪些要求?

10.冷菜出品厨房设计布局有哪些要求？

11.餐厅烹饪操作台的作用及其设计有哪些要求？

(二)实训练习

1.在当地找一家饭店，根据保证厨房工作流程连续顺畅原则的要求对其厨房设计布局流程状况进行分析，并提出相应完善的建议。

2.在当地找一家饭店，根据中餐烹调厨房设计布局要求对其中餐烹调厨房设计布局状况进行分析。

3.自行拟订场景、结构，设计一餐厅内烹饪操作台。

第 5 章

厨房设备与设备管理

学习目标

➢ 把握厨房设备选择原则
➢ 学会使用厨房加工、冷冻、冷藏设备
➢ 学会使用厨房加热设备
➢ 掌握设备管理要求
➢ 掌握设备管理原则

厨房设备,即厨房加工、配份、烹调以及与之相关、保证烹饪生产得以顺利运作的各类器械。厨房设备是厨房生产运作必不可少的物质前提条件。本章将针对各类厨房设备的主要使用部门及岗位进行划分,系统地讨论厨房加工、冷藏、冷冻、加热等主要设备及其特点,并对厨房设备管理进行阐述。

案例导入

人性化装置保安全

在南京某试营业的包饼屋里,包饼师赵师傅正教授实习生小王做戚风蛋糕。小王按照配方将原材料一一称量完备,在赵师傅的指导,开始分步搅拌蛋糕面糊。这时,赵师傅接到老板电话,走出了厨房。

蛋清很快在搅拌机内打发起泡,小王想起赵师傅传授的用手指鉴定蛋清打发程度的方法,于是,将右手伸入搅拌缸,准备用手指挑取少许打发蛋清。只听得一声惨叫,高速旋转的搅拌帚将小王的手卷入。赵师傅冲入厨房,迅速切断搅拌机电源。但为时已晚,小王右手手指多处骨折,手掌软组织受伤。

是什么原因造成这样的事故?如何在实际操作中避免类似事故发生呢?

案例分析

首先,老板为节省设备投资,采购了一台价格便宜的普通型搅拌机,不带安全网罩,运转过程中,手可以随便伸入,因此缺乏操作安全保障;其次,小王作为新到店的实习生,初来乍到,对设备操作不熟悉,不具备独立操作能力;再次,赵师傅不应离开现场,留下小王独立操作。

避免措施:

(1)本着设备选择的首要原则——"安全性原则",采购设备时不应首先考虑省钱,而应先考虑安全。所以,搅拌机应该选择带安全网罩的款型,网罩兼有开关的功能,网罩合上,搅拌机才能工作,手或工具伸不进去;网罩打开,搅拌机即停,这时才能将手伸入。因此,非常安全,即使新入店的生手也不会失误。

(2)加强对新员工的培训,强化规范操作意识。

(3)操作过程,管理人员或师傅应全程监控。

第一节 厨房设备选择原则

"工欲善其事,必先利其器"。厨房是制作食物的场所,因此,所有加工、切割、烹调、储藏所需的设备都应配备齐全,才能方便使用。厨房的设备先进、齐全是厨师们的理想,也是生产高品质菜肴所必需的。因此,掌握厨房设备选择原则,了解各类设备性能,便成了现代厨房管理的必备内容。

厨房设备选择应掌握以下原则。

一、安全性原则

安全是厨房生产的前提。厨房设备安全主要有三方面的含义。

(1)厨房环境,即设备布局的环境决定了选择厨房设备必须充分考虑安全因素。厨房环境相对较差,大多厨房还免不了水、蒸汽、煤气以及空气湿度等对设备的不利影响。因此,厨房设备要选择防水、防火、耐高温,甚至防湿气干扰、防侵蚀、性能先进的设备。

(2)厨房设备的安全性,要在设备牢靠、质量稳定的前提下,充分考虑厨师操作的安全。厨房设备,不比客房、餐厅设备,使用人员多为厨房员工。厨房员工大多是体力劳动者,劳动强度大,干活动作猛,力气大,因此,厨房设备要功能先进,操作简便,自身安全系数高,一般操作不易损坏才行。

（3）厨房设备要符合卫生安全的要求。厨房设备大多直接接触食品,其卫生安全对消费者的健康直接构成影响。因此,设备的用材、设备的操作及运用,都要考虑是否对食品构成直接或间接的污染。具体讲,选择厨房设备在卫生安全方面要考虑以下要点：

①食品接触的设备表面应平滑,不能有破损与裂痕。

②设备与食品接触表面的接缝处与角落应易于清洁。

③设备与食品接触应采用无吸附性、无毒、无臭材料制造,不应影响食品安全和清洁剂的使用。

④设备所有与食品接触面都应易于清洁和保养。

⑤含有毒金属如镉、铅或此类材料的合金均会影响食品的安全和质量,厨房设备要绝对禁用,非食品用塑料材料同样不可采用。

⑥厨房设备与食品接触的表面和易染上污迹或需经常清洗的设备表面,应该平滑、无突出、无裂痕、易洗和易维护。

二、实用、便利性原则

实用、便利性是指选配厨房设备不应只注重外表新颖,或功能特别全面,而要考虑饭店厨房的实际需要。设备应简单并有效发挥其功能。设备的功能以实用、适用为原则,同时兼顾设备使用和维修保养的便利性。如烹调厨房使用频率极高的炉灶,厨师在炒菜时往锅里添加投放调料的同时还要兼管（调节）火候,一定方位、相对固定、卡把伸出的炉火调节阀就很方便厨师的协调生产。先进的可倾式蒸汽锅为锅内物品的倒出和清洗带来了便利。

厨房所购设备首先应满足厨房生产的需要,然后要考虑是否适应本饭店的各种条件,例如：

（1）设备的体积,包括打开设备门后所占的净空间,厨房是否有这样的位置。

（2）设备的重量,现有的地板、楼板是否能承受。

（3）能否保证该设备需要的热能,包括煤气、蒸汽、电力及冷热水的供应。

厨房设备并不一定都固定不动,有些设备要选择能分解、拆卸的规格型号,易于清洗与维护。

现代厨房设备有些虽然性能优良,但结构复杂、技术要求高,因此要考虑设备的维护、保养和修理的方便性。设备的维修一方面与设备的设计有关,另一方面要看出售该设备的公司售后服务是否周到、及时、可靠,易损件能否保证供应,还要考虑本地区、本饭店的维护技术力量。如果现有的工程技术人员缺乏保养维修该设备的技术,那么即使设备本身价格不高,一旦买下也可能要付出较高的保养维修费。这点应该有所考虑。

三、经济、可靠性原则

购置厨房设备必须考虑经济适用,特别要对同类型厨房设备进行收益性分析和设备费用效率分析,力求以适当的投入,购置到效用最好、最适合本饭店生产使用的设备。

厨房的工作环境湿度大、温度高,搞卫生还可能要求经常移动设备或使用清洁剂,造成设备的磨损或腐蚀,因此要考虑设备的耐用性和牢固程度,应选择持久耐用、抗磨损、抗压力、抗腐蚀的设备。现代厨房设备大多采用不锈钢材料。不锈钢耐冲撞、耐腐蚀,不会被细菌、水分、气味、色素等渗透,符合食品卫生条件,购置时要善于识别。

厨房设备的机械部分也应考虑其耐用可靠性,否则将会增加维护费用。

四、发展、革新原则

进入 21 世纪,选择厨房设备应该有时代概念。选择功能适当超前的设备,切不可配备已经落伍、即将淘汰的设备。在环保和可持续发展方面更要多加关注。厨房选择设备还要考虑随着科学技术的不断进步、发展,是否能对其进行功能改造,升级换代。如厨房的排油烟设备应尽量选用集清洗、过滤、抽排油烟于一体的烟罩;厨房餐具保存柜尽量配备贮存、干燥(防菌、杀菌)功能合而为一的橱柜等。

第二节　厨房加工、冷冻、冷藏设备

厨房加工是原料进入厨房的第一个环节,也是厨房生产的最基础的操作。加工原料除了即时购进的鲜活品外,大多来自冷冻库或冷藏库,加工好的原料同样也多暂时存放在冷藏或冷冻库,这三类设备的使用和布局大多是联动的。

一、厨房加工设备

厨房加工设备,主要是指对原料进行去皮、分割、切削、打碎等处理,以及用于面点制作的和面、包馅、成型等设备。

1.蔬菜加工机

蔬菜加工机通常配有各种不同的切割用具,可以将蔬菜、瓜果等烹饪原料切成块、片、条、丝等各种形状,且切出的原料厚薄均匀,整齐一致。

2.蔬菜削皮机

蔬菜削皮机用于除去土豆、胡萝卜、芋头、生姜等脆质根、茎类蔬菜的外皮,运用离心运动与物质之间相互摩擦来达到除皮效果。

3.切片机

图 5-1　切片机

切片机(图 5-1)采用齿轮传动方式,外壳为一体式不锈钢结构,维修、清洁极为方便,所使用的刀片为一次铸造成型,刀片锐利耐用。切片机是切、刨肉片以及切脆性蔬菜片的专用工具。该机虽然只有一把刀具,但可根据需要,调节切刨厚度。切片机在厨房常用来切割各式冷肉、肠子、土豆、萝卜、藕片,尤其是刨切涮羊肉片,所切之片大小、厚薄一致,省工省力,使用频率很高。

4.食品切碎机

食品切碎机能快速进行色拉、馅料、肉类等切碎、搅拌处理。不锈钢刀在高速旋转的同时,食物盆也在旋转,加工效率极高。食物及盆盖均可拆卸,便于设备清洗。该机在灌肠馅料、汉堡包料、各式点心馅料的加工搅拌方面十分便利。

5.锯骨机

图 5-2　锯骨机

锯骨机(图 5-2)是由不锈钢架、电动机装置、环形钢锯条、工作平钢板、厚宽度调节装置及外部不锈钢面组成,主要用于切割大块带骨肉类,例如火腿、猪大排、肋排、带骨牛排、西冷牛排、牛仔肋排、牛膝骨、牛猪脚及冷冻的大块牛肉、猪肉等食品原料。锯骨机是通过电动机带动环形钢锯条转动来切割食品的,是大型宾馆切配中心、加工厨房不可缺少的设备,尤其是在西餐厨房加工带骨牛排、西冷牛排、牛膝骨等物时,发挥作用极大。

6.绞肉机

绞肉机(图 5-3)由机架、传动部件、绞轴、绞刀、孔格栅组成。机架为一箱体,传动也很简单,电动机输出皮带轮经一级减速,把动力传递给绞轴旋转。绞轴是一根螺旋推进轴,用以输送肉块。绞刀连同绞轴一起旋转,在绞刀与轴之间有剪切栅板。绞刀另一侧是输出肉馅的孔格栅。使用时要把肉分割成小块并去皮去骨,再由入口投进绞肉机中,启动机器后在孔格栅挤出肉馅。肉馅的粗细可由绞肉的次数来决定,反复绞几次,肉馅会更加细碎。该机还可用于绞切各类蔬菜、水果、干面包碎等,使用方便,用途很广。

图 5-3　绞肉机

图 5-4　和面机

图 5-5　多功能搅拌机

7.和面机

和面机(图 5-4)主要有两种类型:立式和面机和卧式和面机。和面机一般由机架、减速器、搅拌器、料缸等部件组成。使用时应先清洗料缸,再把所需搅和的面粉倒入缸内,然后启动电机,在机器运转中把足量的水徐徐加入缸内,合上盖开始拌和面团。出料时,必须在机器停止运转后方可取出面团。立式和面机的优点是,面团在搅拌时,作用力平稳,和面均匀,料缸易清洗并且更换搅拌器方便。卧式和面机的优点是结构简单,一般大容量的和面机均采用卧式。

8.多功能搅拌机

多功能搅拌机(图 5-5)结构与普通搅拌机相似,多功能搅拌机可以更换多种搅拌头,适用搅拌原料范围更广,如搅打蛋液、和面、拌馅等,也可用于搅拌西点奶油,具有多种用途。

9.擀面机

擀面机(图 5-6),又叫压面机。擀面机是用于水面团、油酥面团等双向反复擀制达到一定薄度要求的专用机械设备,具有擀制面皮厚薄均匀、成型标准、操作简便、省工省力、工效明显等特点。

图 5-6　擀面机

10.面包分块搓圆机

面包分块搓圆机(图 5-7)将已经发酵成功的面团进行分块与搓圆,具有分块均匀、搓成的面包圆而光滑、操作简便、工效高、劳动强度小等特点。

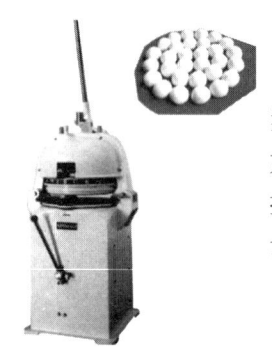

图 5-7　面包分块搓圆机

11.馒头机

馒头机由机架、减速箱、螺旋送料器、切刀机构、成型辊等部件组成。使用时,首先启动机器,然后将拌和好的面团均匀地投入送料器中,同时注意面团要靠近拨面叶,以保证连续供料以及馒头坯重量的均匀,使用调节手柄可适当地控制馒头坯的重量。

12.饺子机

饺子机的主要性能指标有:饺子机生产出的饺子规格为每 16 个重量不得少于 280 克(以每千克标准粉加水 400 克,充馅 1400 克计算);饺子的面皮温度不得超过 40℃;包合的饺子外形应美观、表面光滑、煮熟冷却后不得有裂缝;饺子内部不得有双层皮或面结块等缺陷;包合饺子的破损率不得大于 4%;饺子机应能包合全肉馅和菜肉混合的饺子;面皮的厚度可以在 0.9~1.5 毫米范围内调整,并保证面皮厚度均匀;饺子重量的相对误差不大于 8%。

饺子机主要由机架、减速箱、输馅机构、输面机构和成型机构五部分组成。使用饺子机前,应对面团质量进行检查,面团中不得混有线头、小的颗粒等杂质,否则会破坏面管的成型。馅料应搅拌均匀且不得有连接成串的肉筋,以防影响饺子的压合质量。饺子机工作时,先投入馅料,投入后按饺子的规格调整控制供馅量的手柄,调整合适时再断开离合器手柄,使输馅螺杆暂停工作。接着投入面团,试包几个空馅饺子,以查看饺子的压合效果并调整螺杆送面量的大小,调整合适,合上输馅螺杆的离合器,即可开始正常工作。

二、厨房冷冻、冷藏设备

厨房冷冻设备,主要有冷冻冰箱和冷冻保藏库等,温度大多设定在-23℃~-18℃,主要用于较长时间保存低温冻结原料或成品。

厨房冷藏设备,主要有冷藏冰箱和冷藏保鲜库等,温度大多设定在 0℃~10℃,主要用于短时间保鲜,保藏一些蔬菜、瓜果、豆、奶制品等原料、半成品及成品。

1.小型冷库

小型冷库(图 5-8)是根据设定,用来冷却、结冻或冷藏各类食品,并保持食品原有的营养成分、味道及色泽,防止腐败变质的专用制冷设备。按其冷藏或冷冻温度的高低可将冷库分为高温冷库和低温冷库。

(1)高温冷库实际上就是冷藏间,一般采用冷风机或冷却排管等形式制冷。高温库的库温一般为 0℃~10℃,主要贮藏水果蔬菜、蛋类、牛奶、熟食品和啤酒等。

(2)低温冷库也就是结冻冷藏间,制冷形式与高温库相同,低温库的库温一般为-23℃~-18℃,主要贮藏肉类、鱼虾、家禽、冰蛋等。

例如,五星级涉外旅游饭店南京金陵饭店,拥有800多间(套)客房,中西风味餐厅6个,特大型及中、小型多功能厅16个,共2500多餐位。饭店设计配备冷藏库如下:

食品冷冻库4座,共108立方米;酒水冷藏库2座,共46立方米;鲜花冷库1座,16立方米;鲜奶库1座,12立方米;鲜蛋冷库1座,16立方米;鲜果冷库1座,24立方米;鲜蔬保鲜库1座,80立方米;饭店各烹调厨房另均设1座小冷藏库,约18立方米。

图5-8 小型冷库

2.冷藏柜

厨房用的冷藏柜(图5-9)容量要比冷库小得多,但比电冰箱容积要大。冷藏柜占地不多,使用方便,是厨房冷藏少量食品的主要设备。冷藏柜多为对开门或多门型,日常用的冷藏柜按容积分,有0.5立方米、1立方米、1.5立方米、2立方米和3立方米等。

冷藏柜按冷藏温度的不同分为高温柜(-5℃~5℃)、低温柜(-18℃~-10℃)和结冻柜(-18℃以下)。因冷藏柜箱体负载较大,因此,一般都用角钢和钢板焊接成箱架,箱体外壳用不锈钢板制作。

图5-9 冷藏柜

3.电冰箱

(1)冷藏电冰箱仅用于冷藏食品,它的冷藏室温度在0℃~10℃之间,有的带有冷冻室,冷冻室温度一般为-12℃~-6℃,可短期冷冻少量食品,并可制作少量冰块。

(2)冷冻电冰箱只有一个冷冻室,冰箱内的温度可以保持在-18℃以下,可用于较长时间冷冻食品。

(3)冷藏冷冻电冰箱(图5-10)是用途最广的电冰箱,它由一个结冻室和一个(或几个)冷藏室组成,既可冷藏食品又可对食品进行冷冻,有的还有速冻功能。

4.冷藏食品陈列柜

冷藏食品陈列柜(图5-11)实际上是冷藏电冰箱的一种,其特点是用特制玻璃作门,可看见内部的陈列食品。有的陈列柜四周都用玻璃,并且内有可旋转的货架。冷藏食品陈列柜一般放在酒吧、快餐厅等公共区域。

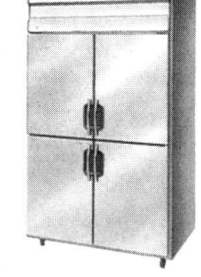

图5-10 电冰箱

5.全自动制冰机

全自动制冰机（图5-12）安装完成后，自动操作，当净水流入冰冻的倾斜冰板时，会逐渐冷却成为冰膜；当冰膜凝结到一定厚度后，恒温器会将冰层滑到低压电线的纵横网络上，此网络将融解冰块，将冰层切成冰粒，这个步骤会不断重复，直至载冰盒装满冰粒为止，这时恒温器会自动停止制冰。当冰盒内的冰粒减少（融化或被取用）恒温器又会重新启动，恢复制冰。

图5-11　冷藏食品陈列柜

图5-12　全自动制冰机

第三节　厨房加热设备

厨房加热设备，主要指以各种热能使中、西餐菜肴由生到熟、由原料到成品及对面点进行烹调、蒸煮、烘烤等的制作设备。

一、中餐菜肴、面点加热设备

1.煤气炉具

煤气炉具是一种以煤气或液化石油气为燃烧对象的灶具，具有操作方便、安全、卫生的特点。煤气炉具形式多样，一般来说，凡是电热炉具所具有的各种加热功能，煤气炉具也都具备，可以进行烧、煮、煎、炸、烤等各种烹调。

（1）煤气炒炉

煤气炒炉（图5-13）是中餐厨师最常用的炉具，煤气炉火焰大，温度高，特别适合煎、炒、熘、爆、炸等烹制中餐菜肴，故炒炉又称中式煤气炉。具有二组煤气喷头的称为双头炒炉，具有三组煤气喷头的称为三头炒炉，还有四头炒炉等。

图5-13　煤气炒炉

(2)汤炉

汤炉(图5-14)是专门炖煮汤料的炉具,分双头汤炉、四头汤炉。汤炉的隔板是平的而且是方(长方)形的,故又称平头炉。由于汤锅(桶)较高,为便于操作,汤炉比较矮,火力不大。

 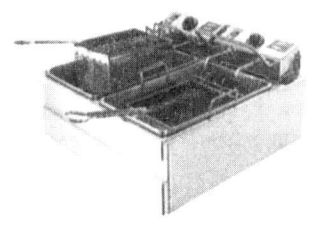 

图 5-14　汤　炉　　　图 5-15　煤气油炸炉　　　图 5-16　蒸汽夹层锅

(3)煤气油炸炉

煤气油炸炉(图5-15)是专门制作油炸食品的炉具,需使用配套的油炸锅。油炸锅有两种:一种是普通油炸锅,也就是敞开式油炸锅;另一种是压力油炸锅,可以将食品在一定压力下油炸。油炸炉也有用电加热的,不论哪一种油炸炉,使用时都要特别注意控制油温,检查温控器工作是否正常。在炸制食品时,操作人员不得离开现场,操作结束后,必须确认已熄火或关闭电源后才能离开。

2.蒸汽炉具

蒸汽炉具是利用锅炉房送出的蒸汽,或炉灶自身产生的蒸汽来加热食品的装置。蒸汽炉具构造简单,使用方便,但因蒸汽的温度高,故用蒸汽加热烹调有一定的局限性。蒸汽炉具主要用于蒸煮食物和食品保温,例如蒸菜、蒸饭、蒸馒头、包子、煮汤、烧开水,还可用于餐具消毒等。

(1)蒸汽夹层锅

蒸汽夹层锅(图5-16)包括两只锅,其中一只小锅装食品并套在另一只大锅中,蒸汽由管道送入大锅中,对小锅中的食品进行加热,这种锅的体积较大。

(2)蒸柜

蒸柜(图5-17)是一个密闭的柜子,内有蒸架,可一层一层放置蒸盘,蒸柜多数用于蒸饭(也可以蒸菜等),故又称蒸饭柜。蒸汽来自锅炉房,由蒸汽管送入蒸柜,也可采用燃料加热,蒸柜自身产生蒸汽,由蒸柜阀门控制蒸汽量。

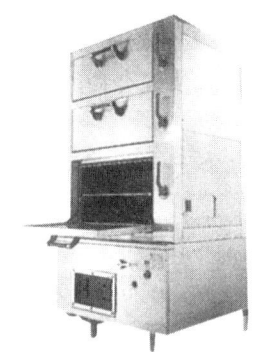

图 5-17　蒸　柜

3.电热开水器

电热开水器(图5-18)多为不锈钢制造,产品定型,结构紧凑,质量可靠,使用方便。大多电热开水器具有自动测温、控温、控水等功能,有些还具有缺水保护(发热管)装置。

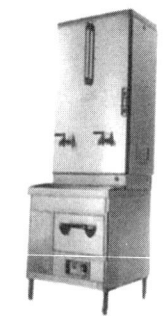

图5-18 电热开水器

二、西餐菜肴、包饼加热设备

西餐由于其特殊的成品风味及特点要求,其菜肴的烹制加热设备也与中餐有所不同。

1.扒炉

西餐厨房用的扒炉(图5-19)有煤气扒炉和电扒炉两种。电扒炉是食品直接受热煎扒的加热设备。电扒炉的电阻丝以线圈状置于不锈钢管中,不锈钢管发热器一般装在平面铁板的下面,通电发热后传导给铁板,食品直接平放在平面铁板上加热烹制。电扒炉的正面装有温度调节器,可以根据需要调节温度,主要用于煎扒肉类、海鲜类、煎蛋等,也可用于制作铁板炒饭、炒面等食品,具有使用简便、省时省工、清洁卫生等特点,普遍用于西式厨房、日本铁扒烧等。煤气扒炉与电扒炉性能相似,只是安装和火力略有差别。

图5-19 扒 炉

2.电烤箱

电烤箱(图5-20)是使食品直接受热烘烤的加热设备。电烤箱的电阻丝以线圈状置于不锈钢管中,不锈钢发热器一般装在箱形容器内的上、下方,中间放置被烘烤的食物。烤箱的外壳正面有耐热玻璃制作的门,还设有温度控制按钮,切换上、下发热器的开关以及通电指示灯。电烤箱主要制作烤牛排、烤火鸡、烤小牛仔排等大块肉类食品和烤山芋、烤土豆、烤面包、西饼、点心等。

电烤箱有以下几种类型:①对流烤箱,该烤箱与其他烤箱的区别在于风机将热风快速送进烘烤箱内,食物放置在架子上,既有效地利用烤箱的容积,又可加快烤制速度。②多层烤箱,该烤箱由两层以上的烤箱叠置在一起,这种烤箱占地面积小,容量大。③多士炉,这是专门烘烤即将食用的面包的小烤箱。

3.电面火烤炉

电面火烤炉(图5-21)又称为电焗炉,是使食品表面直接受热烘烤的加热设备。电面火烤炉的电阻丝直接以

图5-20 电烤箱

线圈状置于炉架的上半管上,通电后,电阻丝加热至火红,受烘烤食物放入炉腔内,由上下转动板来调节食物与电阻丝之间的距离从而达到控制烤制温度的目的。其特点是上下可同时受热,便于表面上色,控制便利。该炉广泛用于西餐焗制菜肴、烘烤蒜蓉面包等,是制作西餐独特风味的炉具之一。

图 5-21　电面火烤炉

图 5-22　西式煤气平头炉连焗炉

4. 西式煤气平头炉连焗炉

西式煤气平头炉连焗炉(图 5-22),主要由钢结构架、平头明火炉、暗火烤箱装置和煤气控制开关等构成。该炉有的还设有自动点火和温度控制等功能,具有热源强弱便于控制、使用方便、适用西餐多种烹调方法、易于清洁卫生等特点,是西餐烹饪中必不可少的基本加热设备。

5. 电温藏箱

电温藏箱既可给菜肴食品保温,又可短期防止食品变质,因为 63℃ 可防止细菌活动。温藏箱的原理很简单,依靠箱内安装的电热丝发热,由恒温器保持一定的温度,以热辐射的形式对食品保温,这种发热器称为石英管电热器。

6. 微波炉

微波炉的构造分为内、外两部分。外部包括微波炉的外箱及炉门,外箱用不锈钢铝金制成,炉门是用双层透明玻璃中间加一层金属网构成,这样既能防止微波外泄,也可以从外部观察到食物烹调情况。内部由电源变压器、整流器、磁控管、波导管、风扇叶、定时器、转盘及控制器等部分组成。微波炉使用时,将需烹调的食物盛放在微波炉内专用的盆或架子上。若微波炉内没有设置专放食物的盆或架子,可用塑料、玻璃和陶瓷等非金属材料制作的容器盛放,但不可用金属容器。然后,关闭炉门,接通电源。食物若是冷冻的,要先解冻后才能烹调。微波炉一般设有自动解冻装置,解冻时只要按下控制板上的解冻按钮即可。烹调食物根据种类的不同,调节控制板上的定时器。到达预定时间后,微波炉会自动终止烹调。

7.电磁感应灶(电磁炉)

电磁感应灶就是利用电磁感应涡流发热的电炉,与其他的烹调灶具相比,具有热效率高、安全性能好(无明火)、控温准确、清洁卫生等优点。电磁感应灶的输入功率可连续调节,使用方便,可用作煮、炒、蒸、炸等多种烹饪操作。

三、抽排油烟设备

抽排油烟设备主要指将厨房烹调时产生的烟气及时抽排出厨房的各类烟罩等,这些设备及其正常运行是保证厨房良好空气的基础。最简单的抽排油烟设备有排风扇,其特点是设备简单、投资少、排风效果较好,但容易污染环境。另外,有滤网式烟罩,投资不很高,排气效果好,排油烟亦可,但清洗工作量大。比较先进的抽排油烟设备是运水烟罩。

运水烟罩(图5-23)是将厨房烹调时产生的油烟经加有清洁剂的水过滤后排放出去,以保持厨房空气清新,而不构成对环境的破坏,是新型环保型抽排油烟设备。运水烟罩具有如下特点及优点:

图5-23 运水烟罩

(1)具有较高的隔油烟效果,隔油效果可达93%,隔烟除味效果可达55%。

(2)具有防火功能,由于有洒水系统将烟罩与排气道分离,避免火热蔓延,因此防火功能增强。

(3)运水烟罩初期投资较大,设备配套性好,不锈钢制造,美观耐用,油污不易积聚,方便清洗,并能长期保持清洁卫生。

(4)由于有水循环,能有效降低炉灶及烟罩周围温度,改善厨房生产工作环境。

第四节 厨房设备管理

厨房设备的配备是从事厨房生产的前提条件,厨房设备的良好运行是饭店实现可持续发展、理想的经营效益的保证。厨房设备管理,就是调动各方面积极因素,采取相应措施,主动实施对厨房使用各类设备的维护、保养,以保持和提高设备完好率,方便厨房生产运作。

一、设备管理意义

厨房设备的有效管理不仅是饭店从事正常生产的需要,同时还是保障员工生产安全、创造经济效益的需要。加强厨房设备管理的意义主要有以下几点。

1. 良好的设备,是员工与企业安全生产的前提

厨房设备运行良好,员工按操作规程使用各类设备,事故隐患就会减少,员工的安全利益便有了保障。同样,良好的设备状况,也减少了饭店因设备陈旧、损坏,或带病操作、超负荷运作等带来的生产事故及产生的各类灾害。

2. 设备的正常运行,是有序从事厨房生产的基础

厨房生产在饭店中是循环往复、周而复始的不间断的过程。有计划的原料加工、适当备料、一定量半成品的贮存,为饭店顺利开餐、及时满足客人用餐需要提供了保证。所有这些,都是建立在厨房良好的设备运行基础之上的。因此,厨房设备的正常运行,是厨房有计划安排加工、生产,减少原料浪费,确保饭店生产经营秩序的先决条件。

3. 加强设备管理,是节省企业维修费用的关键措施

厨房设备维修费用,实际是饭店净利润的流失。厨房设备维修的频率、维修的程度是可以通过有效的厨房管理加以控制的。设备损坏、维修,不仅增加直接的维修费用、材料费用,而且组织、购买材料的各项相关费用也同样昂贵。因此,加强厨房设备管理,维持、提高设备完好率,对饭店切实进行成本、费用控制是十分必要的,也是相当有效的。

二、设备管理要求

厨房设备管理是一项日常性、长期性、具体性的管理工作内容,要使厨房设备管理起到应有效果,必须综合做好以下几方面工作。

1. 制定设备管理制度

针对厨房生产及各岗位工作特点,制定切实、具体的设备管理制度,健全主要设备资料档案及操作规程,是厨房管理要做的基础工作。厨房设备种类不同、功能各异、使用频率也不一致,有的设备使用者也不好固定,所以更需要有严格而明确的规章制度,使设备的使用、保养、维护都有章可循。厨房设备管理制度表明饭店对厨房设备的重视程度,同时也规定了厨房员工有责任和义务正确操作、精心爱护各类设备。就各类厨房设备管理制度对员工进行直观、形象、具体的系统培训,对厨房员工规范、高效地使用厨房设备至关重要。

2. 制定设备操作、保养规程

每一台设备都有一定的操作规程,正确地使用设备,就必须按规定的先后次序进行操作,严禁违章操作。因此对每一台设备都应根据产品说明书制定出操作使用规程。设备的操作使用规程一般包含以下几方面的内容:①使用前的检查工作;②操作使用程序;③停机操作及检查;④安全操作注意事项。

设备运行得正常与否,设备使用寿命的长短,不但与设备的正确使用与否有

关,还与设备平时的维护保养好坏有密切的关系。只使用却不注意保养是厨房设备常出故障、容易损坏的主要原因。因此必须对每台设备制定详细的维护保养规程,并按设备的维护保养规程认真操作。厨房维护保养规程的主要内容有:①设备的日常保养;②设备的周期保养;③设备的定期维修保养。

3.明确设备管理责任

将厨房设备根据其布局位置和使用部门、岗位及人员情况,进行合理、详细的分工,变设备质量大家都负责实际无人关心,为特定部门专人专岗负责某类或某件设备质量,这才是行之有效的。

4.健全设备维修体系

尽管设备保养分工明确,随时有人清洁维护,但也难避免设备的损坏,因为厨房设备有些零部件由于自身老化或磨损等缘故是必须更换或维修的。因此,理顺厨房设备报修渠道,及时对有问题的设备进行科学修理,不仅是维持正常厨房生产的需要,也可以减少因维修不及时而导致设备损坏程度的加重、维修时间的延长和维修费用的增加。

5.适时更新添置设备

积极、适时为厨房更新或添置功能先进、操作便利的生产设备,不仅可以减轻厨师的劳动强度,提高厨师劳动积极性,而且可以防止因原有设备的老化或超年限使用而妨碍厨房生产、出品质量,同时还能节省对老化设备频繁维修的高额费用。

三、设备管理原则

厨房设备管理应以方便生产、减少损坏、保持设备完好率为原则,具体包括以下几个方面。

1.预防为主

厨房设备不要养成用者不管、管者不查、坏了报修、用坏再买的恶性循环习惯,应贯彻预防为主的原则,平时多检查,定期做保养,用时多留心,切实做到维护、使用相结合,并强化例行检查、专业保养的职能,维持设备完好率,尽可能减少设备损坏现象。

2.属地定岗

厨房设备责任管理,应以设备所在地为基础,尽量明确附近岗位、人员看护、检查、督促相关设备的使用、清洁和维护工作。员工下班应对责任区内设备进行检查和设备完好情况确认,并主动接受厨房管理人员的督导。

3.追究责任

对损坏设备及时进行维修的同时,应对设备的损坏原因进行调查、分析,对人为损坏设备的当事人应进行严格教育、重点培训,甚至要求直接责任人承担赔偿责任。不计成本、不断重复的维修对饭店、对员工、对厨房风气的培养都是不利的。

四、设备管理方法

在遵循设备管理原则的基础上,区别不同类型的厨房设备,应采取相应的管理方法。

(一)冷藏设备的使用管理要点

(1)电源电压不能过低。若电源电压过低,则会使电动机的转矩减小而造成电动机难以启动。电源的允许电压一般在5%上下波动。

(2)严禁冰箱内久不除霜。冰箱工作一段时间后,冷冻室内外会结上一层凝霜,它像一层棉被,覆盖了冷冻室壁的吸热管,影响了管道对周围热量的吸收。

(3)不得将热食品放入冰箱内。直接将热食品或其他高温物品放入冰箱,会使箱内温度骤然升高,造成压缩机长时间运转,不仅费电,而且热蒸汽还会使冷冻室结霜速度加快。

(4)严禁碰损管道系统。冰箱制冷管道系统长达数十米,其中有些细管外径只有1.2毫米。拆装或搬运时不慎碰撞,都可能造成管道破损、开裂,使制冷剂泄漏或使电气系统出现故障。

(5)冷藏设备在运行中不得频繁切断电源。

(6)严禁硬捣冰箱内的冻结物品。易冻结物品,应用铁架放置。发生冻结现象时,如不急用可通过除霜将物品取出,如急用则可用温水毛巾局部加热,将冻结部位化开。

(7)运行中的冰箱应尽量减少开门次数。无计划地频繁开箱门或开箱门的时间过长,箱门关闭不严,都会使箱内冷空气大量逸出,造成压缩机运转时间过长或不易制冷。

(8)存放物品的限制。冷藏冰箱内不宜存放酸、碱和腐蚀性化学物质。不得存放挥发性大、有怪味的物品。

(二)蒸汽炉具的使用管理要点

使用蒸汽炉具要注意下列事项:

(1)使用前要检查蒸汽阀门是否完好,出气孔是否畅通,压力表是否正常。

(2)严格按照操作规程使用蒸汽炉具。

(3)加热结束,关闭蒸汽阀,如炉具内还有压力,一定要等压力降到零后才能开锅(箱)取物。

(4)每班结束前搞好清洁工作。

蒸汽炉具的维护与保养要做到:

(1) 要定期检查蒸汽管道的保温层情况。

(2) 每周检查阀门填料是否松动,阀门是否漏气,如发现漏气,及时调整检修。

(3) 每周检查减压阀,清除减压阀上的污垢,保持正常工作。

(三) 电烤箱的使用管理要点

(1) 电烤箱在使用时要依据食物的种类选择烹调温度。

(2) 在铁丝架上烧烤食物时,恐有碎屑及油汁滴下,故下面须以烤盘收集。

(3) 电烤箱内部及下面透视镜的污秽须以湿布蘸中性洗涤剂轻擦,不可用硬物或酸碱等擦拭。需要注意的是,电烤箱的内表面兼作热量反射板用,若不干净或损坏将影响反射效率,不但使烘烤时间增长,而且影响烘烤效果。

(4) 烘烤食物时应等烤箱达到一定温度后,再将食物放入烤箱内,然后检查箱门是否关严。正在烘烤食物时,不要时常打开箱门观看。

(5) 电烤箱要避免受潮,应远离水池。

(6) 电烤箱每天都应清洗。外壳污渍可用软布蘸肥皂水擦拭,再用干布擦拭;烧盘、烤架可用肥皂水清洗后,再用干布擦拭。不可用金属器具刮除烤盘、烤架上的残留污物。

(7) 应每半年检查一次电器线路绝缘状况,接地是否良好,烤箱门关闭是否严密。有风机的电烤箱,每季要给传动部分加油润滑。

(四) 电温藏箱的使用管理要点

(1) 电温藏箱温度要适宜,一般设定为65℃。如果低于65℃,有些食品会比放在箱外腐败更快,而温度太高也不好,食品容易脱水干燥,所以建议在电温藏箱里放一些开水碟子,增加湿度。

(2) 为防止互相串味,有异味的食品应该用食品保鲜纸包好。箱内要经常擦拭,防止细菌污染。

(3) 不可用水冲洗电温藏箱,除电气部分不应有水外,箱的四周如同电冰箱一样,充填的保温材料也是怕水的。

(五) 微波炉的使用管理要点

(1) 微波炉在没有加热食物时,不能通电空烧,否则,会由于微波无处吸收而损坏磁控管。

(2) 放入炉膛内盛放食物的器皿必须是非金属的材料。

(3) 磁性材料会干扰微波磁场的均匀性,使磁控管的工作效率下降,因此凡是有磁性的东西都不要靠近微波炉。

(4) 冷冻食物应先解冻后方可烹调,以避免烹调后食物内外成熟程度不同。食物放入炉里,还应注意大小、厚薄不要过分悬殊,以免影响烹调效果。

(5)开启和关闭炉门时要轻合,避免用力过度使密封装置受损,造成微波泄漏或缩短炉门使用寿命,若有尘埃和油污等沾上炉门,应及时清除。

(6)微波炉要安放在干燥平坦处,与墙壁保持15~30厘米的距离,并要远离火炉及水源,以免热气和水导电漏电,产生故障。

(7)加热密封的罐头食品时,需先将瓶口或盖子打开,否则会引起罐头在炉内炸裂。

(六)电磁感应灶的使用管理要点

(1)使用前应先检查电源的电压是否一致,若线路的供电压和电磁灶要求的使用电压不同时,要用变压器调节一致后方可使用。

(2)电磁灶的加热板虽然是由硬质耐热塑料和高强度陶瓷板制成,但也有发生裂纹的可能。在使用过程中,要防止尖硬物体碰撞受损,万一加热板受损,应立即断电修复,防止汁从裂缝中渗入灶内,引起短路和触电事故。

(3)电磁灶在使用过程中不要靠近其他热源体,更不得在潮湿环境中使用,以免影响绝缘性能和正常工作。

(4)电磁灶与墙壁之间的距离要大于10厘米以上,以免影响排气和散热。

(5)电磁灶使用完毕后进行清洁卫生工作时应使用中性洗涤剂擦拭,以免灶具外观色质改变,影响产品的美观和内部电路装置。

(6)电磁灶在使用时,因发射出电磁波而向周围扩散,所以在使用电磁灶具的直径3米以内最好不要开收音机和电视机,灶具使用完毕应及时切断电源。

(七)绞肉机的使用管理要点

绞肉机使用后务必清洗干净,刷洗后要放在通风处吹干。绞轴、剪切栅、绞刀、孔格栅应拆下清洗,干燥后再安装好。

(八)制冰机的使用管理要点

(1)使用前检查设备是否完好。

(2)制冰前,先做好卫生消毒工作,然后再打开电源制冰。

(3)停止使用时,应先切断电源,再做清理工作。

(4)定期请专业人员对设备进行保养。

本章小结

厨房设备不断推陈出新,设备的造价及饭店用于设备方面的投资也越来越大,因此,增强设备知识、强化设备管理对提高餐饮经营效益、保证厨房正常工作秩序是相当重要的。本章系统介绍了厨房各类设备名称、性能及特点,特别讨论了厨房设备选择的基本原则;在明确厨房设备管理重要意义的同时,指出了厨房设备管理的原则和厨房设备管理的具体方法。

 思考与练习

(一)理解思考

1.厨房设备的定义是什么?

2.厨房设备选择原则有哪些?

3.厨房设备管理意义与要求有哪些?

4.厨房设备管理原则有哪些?

(二)实训练习

1.应用厨房各类设备种类及特点,深入酒店设备市场与饭店厨房,增加感性认知,交流心得。

2.应用厨房设备管理原则与要求制定简要的厨房设备管理制度。

3.根据属地定岗原则,结合现代饭店厨房流行的设备管理做法分析得失,提出建议。

第 6 章

厨房菜单管理

学习目标

➢ 知晓菜单的作用
➢ 了解菜单设计的原则
➢ 了解菜品选择的内容
➢ 掌握完整菜单的构成内容
➢ 掌握制定不同类型菜单程序与方法
➢ 熟悉菜单的不同定价方法

菜肴点心列入菜单经营、与消费者见面则成了饭店、餐饮企业的化身和特使。因此,菜点是餐饮企业销售的实物产品,菜单是餐饮企业向消费者展示、介绍产品的载体。而不论顾客以零点、宴会、自助餐等何种方式消费,其产品都是以组合形式出现的。尽管有些组合是根据顾客即时用餐目的和标准现场进行(如宴会、套餐),有些则是根据企业市场定位预先选择产品进行较大范围组合,供顾客用餐时再做挑选搭配(如零点、自助餐),而这一切组合的基础、前提无疑都是厨房管理者将可能和有必要提供给顾客的菜点设计、安排在各种菜单之内。所以,厨房产品组合不仅贯穿菜单的设计、管理始终,而且还交织在整个餐饮经营管理活动的每个环节之内。

菜单是餐饮生产、服务、原料组织等相关业务运转工作的指挥棒,菜单的设计制定是厨房计划管理主要的和基础性的工作。

☞ **案例导入**

金马大酒店举办"德国美食节"活动计划

一、主题:德国美食节
二、日期:2017.5.8—5.28

三、活动形式：自助餐

四、地点：酒店咖啡厅

五、基本消费定位：188元/每位

六、举办目的：借酒店店庆之际，创新氛围，推出西式风味美食节，增添酒店异国风味，给常住酒店的德国专家及其他外宾以亲切口感，扩大酒店知名度，创造良好经营业绩；同时借此机会培训本店厨师，进一步丰富西餐菜点知识，为以后制作中西合璧的产品创造条件。

七、活动内容与安排：

1. 制定美食节自助餐菜单

A. 冷肉盘类：烟熏鱼盆、青椒粒银鱼鹅肝酱、黑菌鸭加伦天、火腿蜜瓜卷、什香肠盆、红鱼籽酿鸡蛋

B. 色拉类：牛肉色拉、鸡色拉、什肉色拉、肠仔色拉、土豆色拉、圆白菜色拉、扁豆色拉、白芸豆色拉、红菜头色拉、黄瓜色拉、橙味胡萝卜色拉、番茄色拉、生菜色拉、醋油焖青椒

C. 汤类：茄味牛尾清汤、鸡粒薏米汤、土豆泥汤

D. 主菜类：鞑靼牛扒、啤酒烩牛肉、烤猪腿、煮咸猪蹄、香焖肋排、香煎里脊肉、煎牛仔肠、椰菜酸鱼卷、鲜菇烩鸡丝、烤羊肉青椒串、咸肉土豆饼、面包糖百灵、燕麦玉米饼、鲜蘑菇鸡汁饭、咸肉炒土豆、忌斯焗三文鱼面、面包肉馅饼、绿叶时素；现场烧烤

E. 甜品：黑森林蛋糕、鲜果啫喱、绕式芋果攀、南瓜攀、酸乳酪布丁、鲜果塔、曲奇饼、什饼盘、巧克力莫斯、草莓莫斯、炖蛋

F. 鲜果篮：鲜果色拉、时令鲜果篮

G. 面包篮：德式农夫包、麦包、硬餐包、小圆包、脆饼

H. 现场特制奶昔等饮品

2. 制定原料采购清单

3. 添置美食节自助餐餐具

冷肉盘（金属制、长方形）

装色拉玻璃碗

自助餐保温锅

自助餐取菜用菜夹、长勺

自助餐餐台装饰物

其他

4. 菜肴制作与培训于5月5日店外聘请3名厨师到酒店，指导、参与自助餐菜点制作。

5.餐厅环境与自助餐餐台布置

A.餐厅环境围绕德国风土人情进行布置,营造食品节热烈喜庆的氛围(装饰品有:旗帜、布草、水彩画、装饰物、啤酒桶等)

B.服务员服饰:男性与女性不同风格打扮

C.自助餐餐台:

冷菜台、主菜台、甜品台、现场烹饪操作台分别设计

餐台装饰品(如食品展示台、新鲜瓜蔬、德国肠、黄油雕或自制面食展品等)、餐台的桌裙、台布、特别装饰小件另行设计

6.营销宣传

八、费用预算

九、活动评估

案例分析

美食节是餐饮企业、餐饮部门开展灵活多变的餐饮促销活动的主要方式,其积极意义在于既可扩大企业对外经营、巩固市场份额,还可以活跃厨房团队氛围、增强班组活力和向心力。而成功举办美食节的关键是选择菜品,组合菜点品种,要使美食节菜品既与平日经营菜品风格迥异,又要做到菜肴与点心、辅菜与主菜、传统与时新结构均衡,类别完整,还要具有某种风味的典型风貌,具有足够的代表性。因此,上述案例用大量计划选择、组合、明确菜品,应该说抓住了主要矛盾。当然,美食节的成功举办,还必须有广告宣传和就餐环境氛围的营造,否则,时间有限的美食节很可能匆匆结束,给顾客的印象和市场反响都难以达到预期效果。

第一节　菜单的作用与种类

全面了解菜单的作用,系统把握菜单的种类,对顺利设计和制定菜单具有先导效果。

一、菜单的作用

菜单对餐饮企业经营销售和企业内部运作管理具有多方面的作用。

(一)菜单反映餐饮企业的经营方针

菜单是餐饮经营和厨房管理人员通过对客源市场需求的分析、对竞争对手产

品的研究,结合本餐饮企业具体资源状况制定的,是本企业经营方针和思想的具体体现。一个餐饮企业、一家餐厅是优质高价还是薄利多销,其经营策略和方针通过菜单所列经营品种、销售单位及售价便基本可以把握。

(二)菜单昭示餐厅菜肴特色和水准

每一个餐厅都力求推出自己的特色,体现自己期望的产品水准。餐厅经营的风味特色和产品水准是通过列入菜单的品种及其制作工艺难易程度等体现的。菜单所展示的品种、规格以及这些产品背后的制作工艺,无疑是餐厅经营特色和水准方面的信息在菜单上的客观真实反映。顾客通过阅读菜单,不但对餐厅的产品有所了解,而且对餐厅的特色和水准也有了认识。

(三)菜单是企业与顾客沟通、促进产品销售的工具

餐饮企业通过菜单向顾客介绍厨房产品与服务,顾客凭借菜单选择自己所需要的产品。菜单不仅仅是一张餐饮产品目录单,它在向顾客展示餐饮全部销售内容的同时,无声而能动地影响着顾客的购买决定。通过菜单,企业可以获得顾客口味的信息。餐饮经营者、厨房管理者根据客人点菜的种类、数量,可以了解客人的口味、爱好,以及客人对本餐厅菜点的欢迎程度,从而完善菜品结构,努力扩大经营。

(四)菜单是餐饮企业形象宣传的载体

一份精美、雅致的菜单,点菜顺心,阅读舒心,客人大多乐于欣赏和玩味。不仅如此,客人还愿意将别有情趣的菜单带出餐厅、带回故里,与亲朋好友共同赏析。这个过程实际上就是一个广告、宣传的过程。当然,精美菜单的背后,肯定要有餐饮企业良好管理和高品位企业文化的支撑。

(五)菜单是餐饮组织管理工作的指南

菜单在很多方面,以不同形式影响和支配着餐饮的组织、经营管理活动。

1.菜单决定了餐厅和厨房工作人员的选择

根据菜单,即餐饮企业生产、经营的风味品种,选择、组合与之相适应的生产、服务人员,做到软、硬件配套对接,这是餐饮良性运作的基础。

2.菜单经营风味影响厨房设备的选配和布局

生产制作不同风味的菜点,需要有不同功能、类型的厨房设备。设备配备不同,布局方式固然也不一样。

3.菜单支配着厨房原料的采购

菜单在很大程度上决定着采购活动的规模、方法和要求。例如,使用广泛的零点菜单,菜式品种在一定时期内保持不变,厨房生产所需原料的品种、规格等也相对固定不变。这就要求在原料采购规格标准、采购渠道路径、结账方式与周期等方

面建立长效管理机制,保持相对稳定。

(六)菜单影响食品成本控制

菜单所列菜点,原料选择广泛,如果每种原料只用作单一菜肴的制作,这就为原料的采购、保管和充分使用增加困难,浪费、成本增大在所难免。宴会菜单核算不准,菜点组合不当,更直接影响到餐饮成本控制。

二、菜单的种类

菜单可谓多姿多彩、举不胜举。菜单的分类方法不同,其种类、叫法也各不一样。

按照用餐时间分类,菜单可分为早餐菜单、午餐菜单、晚餐菜单、宵夜菜单等。早餐菜单,菜点品种一般比较少,制作和装帧也不复杂。不少饭店咖啡厅的早餐菜单,多以垫纸的形式出现,它既是菜单,又是摆台时的装饰品。午、晚餐菜单,是餐厅的主要经营菜单,该菜单菜品品种繁多,类别清晰,规格齐全。

按照经营产品风味分类,菜单可分为中餐菜单、西餐菜单和其他风味菜单等。

按照餐厅售卖产品类别分类,(广义)菜单可分为菜单(菜肴、点心单)、饮料单、酒单、甜品单等。

按照顾客消费地点分类,菜单可分为餐厅菜单、酒廊茶座菜单、客房送餐菜单等。

按消费对象及群体分类,有针对某一类特殊消费群体而设计的专一菜单,如儿童菜单、家庭菜单等,要求内容和形式针对性强,使用范围窄。

一家餐饮企业应使用多少种菜单,主要取决于企业有多少数量及种类的餐饮服务设施和服务项目,以及各餐厅每天开餐次数与时间。

(一)点菜菜单

点菜菜单是餐饮企业最常用的菜单。点菜菜单的特点是菜肴种类全,品种多,按约定顺序排列,选点菜肴方便。如大部分中餐点菜菜单的排列顺序依次为:冷菜类、海河鲜类(海鲜产品、河鲜产品)、家禽类(鸡、鸭、鹅、鸽)、畜肉类(牛、羊、猪肉)、蔬菜类、羹汤类、主食点心类等,并分别按大、中、例份进行定价。点菜菜单上通常有足够的选择类别和品种,既使客人一次选择余地较大,又可促使客人再次光顾还有喜欢的品种可供挑选。不管是中餐还是西餐,点菜菜单品种都应该比较丰盛。

一般点菜菜单又分为早、午、晚餐点菜菜单。早餐点菜菜单最简单,因为早晨时间比较紧张,客人要求点菜快、出品快。因此,早餐供应的饭菜种类比较少,菜点制作也相对简单,出品快捷,规格不大,价格便宜。午、晚餐通常合用一份菜单。由于午、晚餐,特别晚餐是一天中相对重要的餐食,顾客不仅对用餐环境十分重视,而且也希望吃到营养、吃得舒服、吃出感觉。因此,午、晚餐菜单菜肴品种繁多,种类齐全,除固定经营的菜肴外,还常常备有时新菜品作为特别推荐供客人选用,以增加新鲜感。

客房送餐菜单是专门为一些因为种种原因不能或不愿到餐厅就餐,而希望在客房内用餐的客人准备的。客房送餐菜单同属于点菜菜单。菜单的供应品种都是经过精心选择的,虽然数量不多,但各种菜肴都是选料讲究、精工细作之佳品,因为此类出品可能要供客人长时间的审视。客房送餐菜单又分为早餐菜单和午晚餐菜单两种。早餐菜单又多为"门把菜单",一般挂在房间门把上,客人根据菜单内容选择菜肴品种和服务时间,然后挂在房间门外的把手上,由专职客房送餐服务员收取后再在规定时间内为客人提供送餐服务。客房送餐午晚餐菜单一般放在服务夹内,客人通过电话进行预约订餐。有些饭店、餐饮企业还提供夜宵送餐服务,专门设计有夜宵经营菜单,以便客人选用。

(二)套餐菜单

套餐菜单又称为公司菜菜单,它所列的是整套菜品,其特点是具有固定顺序的菜肴组合搭配,菜点种类较少,整套菜的价格相对固定。

套餐菜单主要适用于快餐、团队餐、会议餐等用餐形式,很多餐饮企业将一些普通宴会也采用套餐菜单形式对外进行销售。团体菜单,适用于旅游团队、会议等大型活动用餐,菜品经济实惠、搭配有致。套餐菜单的制定比较复杂,既要考虑团队或特定团体用餐的特点,又要兼顾客人的具体情况;既要注意花色品种的合理搭配,又要考虑到菜单的变化和翻新。

西餐套餐菜单与中餐套餐菜单在价格形式上存在一些差别。西餐套餐菜单中每组菜肴的价格由其中的主菜决定,即主菜的价格就是该套餐的价格,标价也是标在主菜的后边。一旦客人选择了主菜,只要按主菜的价格付费即可。中餐套餐价格一般按餐饮规格和就餐人数而定,也有一些餐饮企业先根据顾客需要确定用餐标准,然后依照标准,让客人选择既定的套餐。

(三)宴会菜单

宴会菜单是按照宴会主办者的要求,根据宴请客人的特点、宴请规格标准、宴请宾主单位等诸多因素设计制定的专用菜单。

宴会菜单既要讲究规格顺序,又必须考虑菜点的组合及品质、身价结构,同时还需要按照季节的变化来安排时令菜点。大多宴会消费档次较高,都有特定目的或主题,并且用餐进程较慢,欣赏、评价菜肴的机会较多,所以宴会菜单多需精心设计制作,力求菜单艺术与生产、服务技术有机完美结合。

第二节 菜单设计的原则与内容

菜单设计应该在全面把握菜单设计原则的前提下,精心选择、系统组合菜品,再经平衡调整,以期完善。

一、菜单设计的原则

菜单设计原则是进入菜单设计的钥匙。要使菜单科学合理,方便适用,在进行菜单设计时,必须认真细致,通盘考虑。

(一)确立餐饮形象,体现餐饮特色

为了适应日趋激烈的餐饮竞争,必须使本企业的菜肴有别于其他餐饮企业,设法在顾客心目中树立起鲜明独特的形象。所谓"形象",就是公众对本企业餐饮的看法。在确立餐饮形象时,要清楚把握目标市场,分析企业的位置、装修效果、技术力量、服务和价格的特点,充分认识自身的长处和弱点,扬长避短,确定并彰显自身形象。

菜单设计要尽量选择反映本餐饮企业特色和本厨房擅长制作的菜式品种,以增强竞争力。专心研制,推出人无我有、人有我精的"看家菜"。菜单还要富有灵活性,在注意各类菜点品种搭配的同时,方便菜肴适时更换,推陈出新,保持给顾客应有的新鲜感受。

(二)把握市场需求,研究顾客喜忌

餐饮市场既有变化,又显现相对稳定。在设计菜单时,必须审时度势,把握顾客的真正喜好、需求,组合菜品,安排品种。在进行特定客人菜单设计时不仅要顾及顾客群的年龄结构因素,而且还要尊重来自不同国家、不同地区顾客有关餐饮的各种宗教禁忌和地方习俗,切实满足客人的追求和需要。

(三)了解原料市场,核算成本赢利

凡列入菜单的菜式品种,厨房应无条件地保证供应,这是一条相当重要但极易被忽视的餐饮管理原则。在设计菜单时必须充分掌握各种原料的供应情况。食品原料供应往往受到市场供求关系、采购和运输条件、季节、企业地理位置等因素的影响。菜单设计者在选定菜品时必须充分估计到各种可能出现的制约因素,尽量使用当地出产或供应有保障的特色食品原料。

设计制定菜单在考虑菜式品种的同时应该核算该菜式的原料成本、售价和毛利,检查其成本率是否符合预期目标,即该菜式的赢利能力如何;其次要测算该菜

式的畅销程度,即可能的销量;再次,还要分析该菜式的销售和其他菜式的销售所产生的影响,即有利或是不利于其他菜式的销售。

(四)分析营养搭配,满足特殊需求

菜单设计不仅要知道各种食物所含的营养成分,了解各类顾客每天的营养和热量摄入需求,还应当懂得如何选料、怎样搭配才能烹制出强身健体的营养菜点。分析、区别客人,设计具有针对性的菜单,以满足不同客人的营养需求,是烹饪发展的大势所趋。设计零点菜单,标明菜品的主要营养成分及含量,以方便客人选择适合自己的品种。

(五)考虑设备条件,兼顾技术力量

菜单设计不可忽视厨房设备和技术力量的局限性。厨房设备条件和员工技术水平在很大程度上影响和制约了菜单菜式的种类和规格。菜单上各类菜式之间的数量比例必须合理,以免造成厨房中某些设备使用过度,而某些设备得不到充分利用甚至闲置的现象。即使厨房拥有生产量较大的设备,在菜单设计时仍应留有适当余地,否则在营业高峰时,难免因应接不暇而延误出菜。与此同时,各类菜式数量的分配还应避免造成某些厨师负担过重,而另一些厨师空闲无事的情况。

上述菜单设计原则是餐饮管理人员、厨师长在进行菜单设计、菜品选定时必须要系统考虑的。对于高消费标准、高制作和服务规格的宴会,其菜单设计还要注意以下问题:

1.宴会菜单是根据客人预定的消费标准设计的一组菜点,不管售卖标准高低,宴会都应该让客人吃饱。因此,宴会菜单设计更需要艺术和技巧。

2.以客人的需求为依据。了解设宴主人及宴请对象的意图,尽量满足客人的需要。

3.定价合理。宴会菜单在设计时要仔细考虑成本与利润,定出合理的价格。

4.菜式搭配要符合用餐惯例。宴会菜单中冷菜、热菜的比例、出菜顺序等要符合就餐习惯,同时应考虑季节性变化,进行合理组合。

5.菜肴品种多样化,避免重复。制定宴会菜单时,应根据不同的就餐标准配备菜肴品种,要讲究品种的多样化,尽量避免品种及原料雷同。菜肴的雷同常表现为用料、营养成分、味型、色彩等几个方面重复、相似。例如在一份宴会菜单上先后出现东坡方肉、江米扣肉、米粉蒸肉这三道菜,用料基本相同,口感油腻,脂肪超标。另外,菜单里虽然主菜味美可口,但配菜千篇一律,也会增加客人单调乏味的感受。

6.菜肴分量充足,切忌华而不实,不敷分配。

7.加强对生产和服务人员的培训。宴会菜单制定以后,应将菜肴的命名、菜点的营养、简要制作工艺等内容对厨房生产和餐厅服务人员进行培训,以利于生产和服务顺利进行。对一些由艺术包装菜名组合而成的菜单更需要安排详细的培训。

二、菜品组合选择

菜品的选择既要反映餐厅的经营特色和风格，又要能满足目标消费群体的就餐需求。菜品组合选择合理可以促使顾客购买，并吸引顾客再次光顾，因此，在进行菜单设计、选择组合菜品时必须全面考虑、谨慎从事。

（一）迎合目标消费群体的口味需求

口味是餐饮消费者对实物餐饮产品的主要需求指针。不同消费群体对菜肴风味、口味的需求是不尽相同的。例如，餐厅的目标顾客是收入水平中等、喜欢吃广东菜肴的群体，则该餐厅菜单菜肴的选择就应该以中档粤菜为主。

（二）菜肴应与就餐氛围、环境相协调

菜肴并非在任何情况下都是越精细越显身价，而应与就餐氛围、就餐环境相协调，产销双方才感觉舒适，购买和消费才共享和谐。一家设计精美、装修豪华的高档餐厅，人们自然会期望那里提供精细雅致、富有品位的菜肴，如果菜单里仅能找到一些简单省事、粗俗低价的菜肴，顾客自然会大失所望，产生不好的印象。

（三）菜品数量与生产和服务条件相适应

餐厅菜单上列出的品种应该保证供应，不应缺售。菜品的总数过多，势必增加保障供应的难度；菜品过少又不便客人选择，妨碍餐厅销售。因此，要在厨房生产硬件条件具备、生产人员及技术许可、餐厅服务力所能及的前提下综合平衡，确定生产经营品种，列入菜单，常规经营。

（四）在经营风味一贯前提下，兼容变化和创新品种

一个餐厅，经营的风味是相对固定的。在大的风味菜系里面，除了有传统的、经典的反映、代表该风味的菜式品种，还应该包容、穿插一些时尚的、新创的、与该风味并不相左的菜肴，以增加就餐者对菜单的兴趣。这对长住顾客、回头顾客较多的餐厅尤为重要。

从菜单设计和制作的技术层面考虑，可将菜单分为两大部分，第一部分菜单通常列有本地、本餐厅的特色菜、看家菜或招牌菜，这部分菜肴数量较多，在内容结构上基本自成体系，并且相对稳定不变；第二部分菜单通常将季节性较强的时令菜、厨师的创新推荐菜归入其中，这部分菜肴属于适时变动、更新之列。变动、更新的方法通常有：在零点菜单中放置插页；将新的菜肴以特别推荐的形式印在硬质纸卡上，置于餐台；或用广告牌的形式，直接置于餐厅门口，以招徕、提示顾客，促进点选。

（五）菜品组合结构平衡

菜单，不管是零点，还是宴会、套餐、自助餐菜单，都应在以下几方面进行综合平衡：

1.每类菜肴的价格平衡

同一目标市场的顾客,因为需求不同,其消费水平也有高低之分。所以每类菜肴的价格应尽量在一定范围内有高、中、低的搭配,以满足不同消费能力顾客的消费需求。

2.原料的搭配平衡

每种菜肴都有各自的主料、配料,菜肴与菜肴之间主料和配料尽量区别选用,以方便顾客对不同原料制作菜肴的需要。例如同样是汤类菜,其主料应分别安排有肉、鱼、蛋、家禽、蔬菜等,这样给予就餐者选择的余地就比较多。

3.烹调方法、技术难度平衡

在每类原料的菜肴中,应有不同烹调方法制作的菜肴,无论是中餐还是西餐,炒、烧、炸、焗、煮、蒸、炖等各类烹调方法制作的菜肴均应有一定的比例。一份菜单,所生产供应的品种其制作难易程度也应搭配均衡,既体现餐饮企业实力,又不致束缚自己。

4.菜品口味、口感平衡

不同口味、不同质地的菜肴应尽可能都有安排,这样可以方便不同年龄、不同地区消费者的需求。

5.菜品营养结构平衡

选择、搭配菜肴时,要注意各种营养成分的菜肴都有出现,方便客人自行选择、调剂、搭配菜品;为客人推荐或组合产品,也要考虑菜点营养成分搭配合理。

三、菜单内容

一份完整的菜单不但告知消费者本餐厅经营的风味品种,而且还应向消费者提供与之相关的诸多方面的信息,具体来说,菜单应包括下列内容:

(一)餐厅名称

餐厅的名称是菜单必备的首要内容,一般印制在菜单的封面上。餐厅名称不但可以清楚地表明菜单的使用地点,而且可以起到一定的促销作用。

(二)菜品类别及相关资料

菜品类别及相关资料是菜单的核心内容,也是客人选择菜品必看的内容。

1.菜品类别

菜品类别,即将所有销售的品种按一定标准、规律分类陈列,以方便客人选择点菜。

中餐菜单菜品类别一般按冷菜、海鲜、河鲜、肉类、禽类、锅仔煲仔、羹汤、饭面点心等编排。每个餐饮企业销售导向、营销侧重点不一,菜单菜品分类与编排次序也不尽相同。

西餐菜单菜品分类通常按主菜、开胃品、汤、淀粉食品及蔬菜、色拉、甜点等分类编排。

2. 菜肴名称和价格

菜肴的名称和价格是菜单的要件,是顾客选择菜肴的主要决定因素。绝大多数消费者来到餐厅,首先接触的是菜单,通过菜单,他们了解到餐厅的经营品种和价格水平,通过菜肴名称挑选自己喜欢的菜肴。消费者对餐厅是否满意,在很大程度上取决于阅读菜单后对菜肴产生的兴趣和期望值。因此,菜肴的名称和价格必须与消费者的阅读习惯和消费能力相适应,必须具有真实性。

3. 菜肴特点和风格说明

由于历史原因和区域性因素,菜肴分成了大大小小很多派系,而餐厅的名称有时并不足以体现餐厅所经营的菜肴的特色。因此,必须在菜单上明确标明菜肴的特点和风格,如某某菜肴特别辣、某某点心特别甜,等等。

4. 菜品制作描述

菜品制作描述是为了让顾客充分了解餐厅所提供的菜肴而作的一些具体描述。特别是中餐厅,由于菜单设计者在确定菜名时融入了较多民俗习惯或诗情画意。因此,一份好的菜单除了菜名通俗易懂外,还应该增加一些菜肴说明,菜肴说明包括以下内容:

(1)主辅料及其分量。即构成菜肴的主要用料、配料的名称和使用量。这些信息可以使顾客清楚地知道每道菜所使用的烹制材料及用料量,从而对菜肴的品质和价格可以做出一个基本评价。

(2)菜肴的烹制方法。无论是中餐还是西餐,其烹制方法都复杂多变,如果在菜肴说明中加以交代,可以使顾客对菜肴的制作有一些基本的了解。而有些菜肴在不同菜系中的制作方法也不完全相同,在菜单中加以标注,可以减少顾客的误解和不应有的投诉。

(3)菜肴的规格。中餐菜肴一般以大、中、例份来表示菜肴的销售规格,而在西餐中则直接标明主料的用量,如牛排的克重或盎司等。

有些餐饮企业对于需要重点推销或特别推荐的菜肴,会在菜单的显著位置上附加一些详细说明,包括菜肴的服务方法、烹制时间、调味汁等。

(三)地址等告知性说明

一份完整的菜单除了主要内容外,一些告知性信息的提供对企业和消费者也很有益处。这些告知性信息包括餐厅的营业时间、订餐电话、餐厅地址、加收费用等。

(四)荣誉性说明

荣誉性说明有助于树立餐厅甚至企业的形象。如将餐厅的历史背景、特色、知名人士对本餐厅光顾的记载及其赞语、权威性宣传媒体对本餐厅报道等简明精美地陈列在菜单的首页。

此外,酒水、甜品经营品种在一些规模不大的餐厅里也作为菜单的一部分列其后。

第三节　菜单制定程序

菜单的种类很多,不同菜单针对不同的消费对象、适合不同的消费方式,其制定程序及难易程度也不完全相同。(图6-1)。

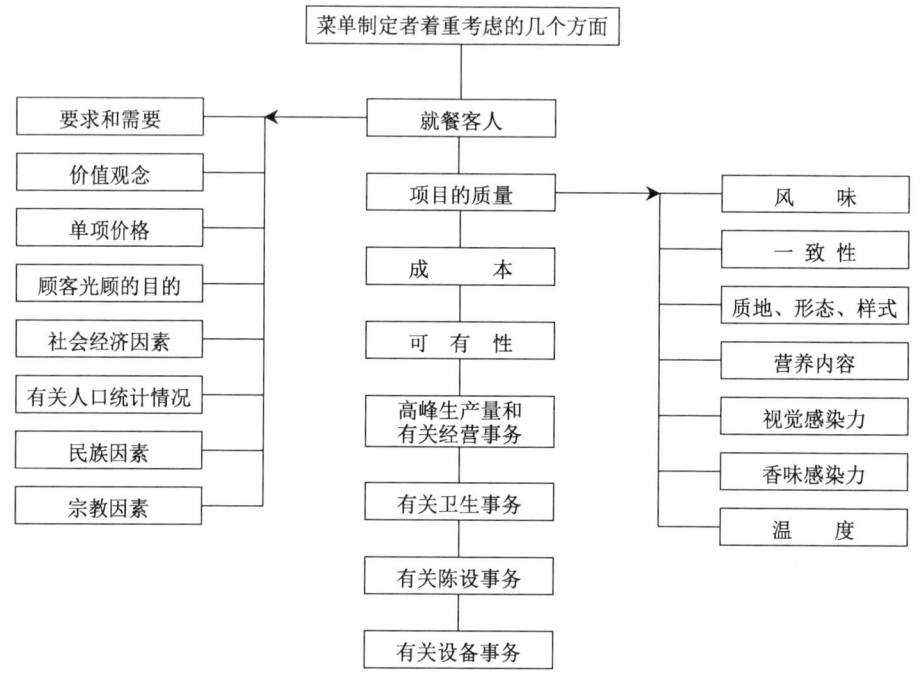

图6-1　菜单制定者着重考虑的几个方面

一、零点菜单制定程序

(一) 标准

1.零点品种不少于120种(具体数量视餐饮企业规模和经营需要而定)。
2.产品类型多样,冷菜、热菜、汤类、面点齐全。

3.各类产品结构比例合理。

4.各类产品高中低档搭配适当。

(二)步骤

1.根据经营风味特色,拟订菜单结构(西餐零点菜单结构见表6-1)

表6-1 西餐零点菜单结构

早　餐	午　餐	晚　餐
1.水果或果汁 2.谷类(煮的或配制的) 3.正菜 4.面包和黄油等 5.饮料	1.开胃品 2.高淀粉食品 3.正菜 4.蔬菜 5.色拉 6.餐后甜点 7.面包和黄油等 8.饮料	1.开胃品 2.高淀粉食品 3.蔬菜 4.正菜 5.餐后甜点 6.色拉 7.面包和黄油等 8.饮料

注:一般不需改变的项目,如面包、黄油、饮料等通常列在菜单样本的最后

2.根据餐饮规模和生产能力,确定菜品总数量。

3.针对客源市场和消费层次,确定由具体口味和原料组成的菜肴品种。

4.确定具体菜肴的主、配料用量,落实盛器,规定例、中、大等不同规格。一般例份可供1~3人食用,中份可供4~6人食用,大份可供7~9人食用。

5.核算成本,确定具体菜点的成本及售价,保证综合成本和目标利润的实现。

6.分类平衡,调整完善菜单结构。

7.规定菜点质量标准,筹措原料,交厨房、餐厅培训、生产,准备推出。

8.编排菜单格式版面,选用合适字体、纸质,交予排印。

二、宴会标准菜单制定程序

宴会标准菜单,即根据客源市场及消费能力,预先制定的不同销售规格标准的若干套菜单。

(一)根据市场消费水平,确定不同宴会标准。

(二)落实菜单结构,确定菜单菜点数量。宴会菜单一般由冷菜、热菜(包括汤菜、炒、烩、炸类菜)、点心、甜品及水果等组成。菜点数量亦根据情况而定,盛器小,道数应多一些;盛器大道数则可少点儿;面向家庭市场的婚宴、寿宴等,习惯上道数仍需多一些。

(三)根据原料,结合技术力量和设备用具,确定菜点品种。

(四)结合菜肴特点,落实菜单盛器,确定装盘规格。

（五）规定每道菜点用料，开出标准食谱；核算整桌成本，进行相应调整。

（六）印交宴会预订（或订餐台）、厨房、餐厅培训，准备使用。

制定宴会菜单，在选定具体品种时，首先要考虑大菜，然后再安排其他辅助菜及汤、点等。西餐在首选主菜之后，一般程序是先安排开胃品和汤，接下来是高淀粉项目和蔬菜（如果不是属于主菜部分的话）；然后是色拉，最后是餐后甜品、面包和饮料等菜单上的其他食品。

三、自助餐菜单制定程序

宴会是以每位顾客或是以每桌（席）为计价单位的，总是提供成套系列的菜品，以一定的价格销售给客人。自助餐则不同，不管客人选用的品种数量多少，大多按每位客人规定的价格收取费用（有时也有以客人取用食品数量计价收费的）。在计划自助餐菜单时，要预计目标顾客所喜欢的菜品类别，预计客人的数量，提供相当数量、多种类的菜品，供客人自由选择，一般制定自助餐菜单的程序如下：

（一）根据自助餐的主题和客人组成，拟订自助餐食品结构及比例。通常自助餐包括冷菜及开胃菜、热菜、点心及甜品、水果、饮料等几大类食品。

（二）根据自助餐消费标准，结合原料库存情况，分别开列各类菜点食品名称。一般每类食品选用原料有：

1.冷菜：冷火腿、肉类、鸡、蔬菜、调味小菜等；

2.色拉与水果：各式蔬菜、水果及色拉等；

3.热菜：热汤及各种炖、炸、炒的鱼、肉、禽蛋、蔬菜等；

4.甜品：各式蛋糕、面点、饼类及其他甜品。

（三）开列每道菜点所用原料，核算成本，进行调整平衡。

（四）确定菜点盛器，规定装盘及盘饰要求。

（五）菜单印发至有关厨房，并通知餐务部门准备相应餐具、盛器。

（六）组织原料，按菜单进行加工生产。

自助餐一般均为大批量集中加工生产，而且开餐时间相对较长，因此，制定自助餐菜单时应注意：

（一）选用能大批量生产且质量随时间下降幅度较小的菜式品种。热菜尽量选用能加热保温的品种。

（二）自助餐菜单要创造出特色，具有一定的主题风味。例如：海鲜自助餐、野味自助餐、水产风味自助餐、中西合璧自助餐等。

（三）选用较大众化、大多顾客喜欢的食品，避免使用口味过分辛辣刺激或原料特别怪异的菜式。

（四）尽量选用能重复使用的食品。

第四节　菜单定价

菜单定价既需要技术，又是一门艺术。正确把握菜品价格构成，科学、艺术制定菜肴售价，将对菜品销售起到积极促进作用。

一、菜品的价格构成

任何产品的价格都是以价值为基础的，菜肴的价格也不例外。菜肴的价值一般由三部分构成：一是生产资料转移的价值，它以食品原料价值、设备设施、家具用具、餐具布件和水电油气消耗价值为主；二是劳动力价值，即劳动报酬，包括劳动者的工资和工资附加费、劳保福利和奖金等；三是积累，即以税金和利润为主要形式的公共积累和企业再生产资金积累。

菜品其价格构成与价值是相适应的，在价值向价格的转化过程中，食品原材料价值转化为产品成本，生产加工和销售服务过程中的设备设施、家具用具、餐具布件、水电油气消耗、工资及其附加值等转化为流通费用。产品成本和流通费用构成餐饮的经营成本。积累以税金的形式上交国家，剩余部分为利润。由此可见，菜肴的价格是由产品成本、流通费用、税金和利润四个部分构成的，其公式为：

$$价格 = 产品成本 + 流通费用 + 税金 + 利润$$

在餐饮经营过程中，人们习惯将价格中的费用、税金、利润三者之和称为毛利，这样，菜肴的价格又可简化为：

$$菜肴价格 = 原料成本 + 毛利$$

二、菜单定价原则与程序

（一）菜单定价原则

菜单定价是餐饮经营重要工作内容，是一项严肃认真的事情，在进行具体菜肴定价时应遵循以下五项原则：

1. 按质论价，优劣分档

厨房产品有的选料精良、做工精细、出品华贵，质优自然应该价贵；而有一些厨房产品选料普通、制作快捷、出品简洁，其售价就应该相对低廉一些。

2. 适应市场，反映供求关系

菜单的定价既要反映产品的价值，还要反映市场供求关系。由于当地原料采购困难，或生产技术垄断（仅此一家生产，别无他店供应），或消费者强烈追捧导致需求旺盛，该菜点的定价应适当偏高，以平抑市场，使供需趋于平衡。反之，原料供给充裕,加工生产容易,同类产品市场接近饱和,此类菜点则应偏低确定销售价格,以期产销平衡。

3.既要相对稳定,又要灵活可变

菜单定价要有相对的稳定性,菜肴价格变动过于频繁,会给消费者带来心理上的压力和不可信感,甚至会挫伤消费者的购买热情。因此,菜单的定价在一定时间内必须相对稳定,不能随意调价;即使有价格变动也不宜幅度太大,一般一次变价不宜超过10%。

当然,菜单价格的稳定性并不是说菜肴价格一定长期固定不变,而是需要根据市场行情、根据供求关系的变化而作相应的调整,需要具有一定的灵活性。如对一些季节特征明显、原料进价起伏变化较大的产品制定出季节价,对特别推销的产品制定出特别优惠价等,使菜单价格适当灵活,这既对企业负责,消费者也不难理解接受。

4.自我调节,利于竞争

菜肴价格是调节市场供求关系的经济杠杆,也是参与市场竞争的有力武器。随着餐饮市场的发展变化,市场竞争越来越激烈。餐厅为了广泛招揽顾客,扩大产品销售,要善于进行自我调节,利用价格手段主动参与市场竞争。在竞争中既要考虑同档次企业、同类型产品的毛利和价格水平,又要突出企业自身竞争的策略和技巧,发挥自我调节功能,确实掌握竞争的主动权。

5.执行国家政策,接受物价部门督导

菜单定价必须自觉执行国家的价格政策,贯彻按质论价、分级定价的原则,以合理的成本、费用和税金加上适当的利润定出合理的售价。同时,在制定菜单价格时,餐饮企业要主动接受当地物价部门的督查和指导,维护好消费者和企业双重利益。

(二)菜单定价程序

1.确定市场需求

菜单定价必须以市场需求为前提。只有在做好市场调查,判定某种风味、某类产品的市场需求量及需求程度、预测消费者对产品价格的反应之后,才能合理地制定出餐饮产品的价格。不同的餐饮企业由于其规模和档次不同,所能适应的市场类型也不完全一样,因此,菜单定价要理性把握市场对本企业及产品的认可和需求程度。

2.确定定价目标

菜单定价目标必须与餐饮企业经营的总体目标相协调,菜单价格的制定必须以定价目标为指导思想,使产品价格与市场需求相适应,既满足顾客的要求,又能保证企业的自身利益。

菜单的定价目标是根据餐厅的等级、风味以及销售方式来确定的,主要定价目标有：

（1）市场导向目标，即以增加市场份额为中心，采用市场渗透策略定价，逐步扩大市场占有率，吸引回头客，以形成稳定的客源市场。

（2）利润导向目标，即以经营利润作为定价目标，一般采用声望定价策略进行定价。经营者根据利润目标，预测经营期内将涉及的经营成本和费用，计算出完成利润目标必须完成的收入指标。计算方法为：

营业收入指标＝目标利润＋原料成本＋经营费用＋营业税

根据目标利润计算出的客人平均消费额指标应与客源市场的需求和客人愿意支付的价格水平相协调。在确定目标客人平均消费额指标后，就可以根据各类菜肴所占营业收入的比例来确定其大概的价格范围。

（3）成本导向目标，是以降低、准确控制成本为核心，采用薄利多销的策略进行定价。

（4）竞争导向目标，即以积极态势参与市场竞争，增强企业产品竞争力为中心制定菜肴价格。一般确定以竞争导向目标定价有两种情况：一是新开张或地理位置较偏僻，餐饮企业知名度不高，为了吸引客人或为了扩大知名度，菜肴价格制定得相对较低；一是在激烈的竞争中为了保持或扩大市场占有率，通过较低的价格来争取客源。以竞争导向目标定价可能会造成餐饮经营的表面繁荣，而实际获利较少，甚至不能产生利润。

（5）享受导向目标，即以满足客人物质和精神享受为重点，采用高价促销策略定价。采用这种策略定价的餐饮企业一般档次较高，并且有固定的消费水平较高的客源，餐厅装潢、菜肴出品以及服务等都追求尽善尽美，给人以豪华典雅、舒适愉悦之感，甚至一些餐厅还增加一些娱乐节目为就餐的客人助兴，使客人得到物质和精神等多方面的享受。

（三）计算菜肴成本

菜肴的价格受其成本的影响很大，成本是影响菜肴价格的重要因素。菜肴的价格是以单位产品成本为基础来制定的。因此，在确定菜肴价格之前必须先进行菜肴成本的核算，分析菜肴成本、费用水平，掌握餐饮经营盈利点的高低，以便为制定价格提供客观依据。

菜肴成本的构成通常是以生产菜肴的净主料的价格为基础，加上辅料和调料共同构成，定价时综合考虑餐饮企业总体利润水平要求和各项费用指标进行核算，再确定菜肴的销售价格。

（四）比较分析竞争对手的价格

在餐饮经营过程中，比较分析同行竞争对手的同类产品的价格对提高本企业产品的竞争力有十分重要的作用。分析过程中一般以选择规模、档次与本餐饮企业相仿的竞争对手为主,分析和比较其产品的规格、同类产品的质量水平和价格尺度,然后根据分析比较的结果选择相应的定价策略。

根据竞争对手价格分析的结果,可采用几种不同的定价策略:一是随行就市,即不考虑与对手竞争的因素,而是根据市场行情进行定价,这样既可以保证企业应有的经济效益,也不会因为价格的过高或过低影响了本企业的客源。二是按高于竞争对手的价格定价,即在确保产品质量和服务质量等优于竞争对手的前提下,采用高于竞争对手的销售价格进行定价,一方面表明自己的经营信心,另一方面亦可以向客人传递一个优质优价的信息,吸引一批有消费能力、追求高档次享受的顾客;但采用这种定价策略也可能会丧失一部分消费能力不高的客源。三是采用低价竞争策略,即按低于同档餐饮企业的价格定价,通过低廉的价格与竞争对手争夺客源市场,迅速占领市场;但采用这种定价策略时可能会损失一部分企业利益。这种策略要注意,虽然低价,但不能低质,否则也会很快失去应有的市场份额。具体采用哪种定价策略,还需要根据餐饮企业自身的经营思想和实际情况来确定。

(五) 制定合理的毛利率标准

菜肴产品的价格是根据菜肴的成本和毛利率来制定的。毛利率的高低直接影响到菜肴的价格水平。因此,菜肴正式定价前还必须制定合理的毛利率标准,菜肴的毛利率标准有分类毛利率和综合毛利率两种。

1.分类毛利率

分类毛利率其表现形式有销售毛利率(又称内扣毛利率)和成本毛利率(又称外加毛利率)两种。销售毛利率是以销售额为基础制定的毛利率,成本毛利率是以原材料成本为基础制定的毛利率。它们是制定菜肴价格的主要依据,其计算公式为:

销售毛利率=(销售额-原材料成本)÷销售额×100%(调成分数形式)

成本毛利率=(销售额-原材料成本)÷原材料成本×100%(调成分数形式)

2.综合毛利率

综合毛利率是餐饮企业其产品的平均毛利率,它的作用是控制餐饮企业产品的总体价格水平。其表现形式也有两种,计算公式与分类毛利率相同,但其数值是以餐饮企业全部餐饮产品销售额和成本额为基础的。

分类毛利率和综合毛利率的关系是相辅相成的。分类毛利率是形成综合毛利率的基础,综合毛利率则对分类毛利率起总体监控作用。综合毛利率是在各种分类毛利率和各类餐饮产品经营比重的基础上确定的。

(六) 确定定价方法

确定定价方法是菜肴定价工作的最终环节。由于定价目标不同,市场竞争形势不同,餐饮企业的定价方法也不完全一样。

在综合考虑了上述因素之后,定价方法可以有以下三种选择:一是以成本为中心,二是以利润为中心,三是以竞争为中心。任何一家餐饮企业都应该结合企业的实际情况和定价目标选择最佳的定价方法。

三、菜单定价方法

根据餐饮企业自身的特色和经营思路选择适当的定价方法,也可以将几种方法相结合,灵活运用。常见菜单的定价方法有:

(一)随行就市定价法

"随行就市"定价法是一种比较简单、容易操作的定价方法。定价时一般以同类同档次餐饮企业的价格作为依据。这种定价策略,在实际经营中经常被一些企业采用,但使用该方法定价时必须注意以成功的菜单为依据,避免将不成功的范例用作本企业的餐饮经营参照。

"随行就市"定价法还适用于季节性产品定价。餐饮企业一般会根据食品原料的自然生长规律,在不同的季节使用不同的原料,制定不同的产品价格,如清明前长江中下游的刀鱼、金秋十月江南的大闸蟹等,由于原料稀少,质量上乘,价格自然就会比其他时段高出很多。此外,餐饮企业为了刺激消费、吸引客人,还会在不同的经营时间推出不同的销售价格,如周末特价、节假日酬宾价等。

(二)毛利率定价法

由于毛利率有内扣毛利率(销售毛利率)和外加毛利率(成本毛利率)之分,因此,采用毛利率定价法定价也就有两种不同的方法。

1. 内扣毛利率法

又称销售毛利率法,它是在核定单位产品成本的基础上,参照分类毛利率标准来确定菜肴的价格。该方法主要适用于零点菜肴的定价。计算方法是:

菜肴价格=原料成本÷(1-内扣毛利率)(调成分数形式)

例如:一份清蒸鲈鱼,用新鲜鲈鱼净料500克,购买价20元,各种配料成本为2元,调料2.5元,内扣毛利率为50%,计算其售价。

解:清蒸鲈鱼的价格 P =(20+2+2.5)÷(1-50%)= 49(元)

答:清蒸鲈鱼的价格为49元。

2. 外加毛利率法

外加毛利率法,又称为成本毛利法,它是以产品的成本为基数,按规定的外加毛利率计算菜肴价格的方法。其计算方法是:

菜肴价格=原料成本×(1+外加毛利率)

例:仍以上述清蒸鲈鱼为例,原料成本不变,外加毛利率为100%,计算其价格。

解:清蒸鲈鱼价格 P =(20+2+2.5)×(1+100%)= 49(元)

答:该份清蒸鲈鱼的价格为49元。

由于两种毛利率参照和比较的基础不同,因此如果某菜肴的销售价格和成本相同,那么外加毛利率则大于内扣毛利率。

两种毛利率的定价方法各有利弊,目前国内大多数餐饮企业基本上采用内扣毛利率给菜肴定价,因为财务核算中许多计算内容都是以销售价格为基础,如费用率、利润率等,与内扣毛利率的计算方法相一致,这有利于财务核算和分析。

(三)系数定价法

菜肴的成本除食品原料成本外,还包括菜肴生产所需的人工成本。不同的菜肴由于其制作方法和生产时间不同,其人工成本也不相同,一般的定价方法在定价时往往对这一类成本考虑较少,而系数定价法却有这方面的优势。采用系数定价法定价时,不但考虑菜肴原材料成本,而且还兼顾到人工成本、费用等诸多因素。

采用系数定价法,首先必须将所有菜肴按照加工制作的难易程度进行分类,因为不同加工难度的菜肴所耗费的人工成本不同。一般来说,根据制作的难易程度,菜肴可分为三大类:

第一类为深度制作类菜肴,即生产过程时间长、环节多、制作工艺比较复杂的菜肴,如叫化鸡、生炒甲鱼、烤鸭等。菜单中大部分菜肴都属于这一类。

第二类为中度制作类菜肴,即生产工艺相对比较简单、容易加工烹制的菜肴,如凉拌菜肴、清炒、白灼类菜肴,这类菜肴所占比例较小。

第三类为轻度制作类菜肴,是指那些极少需要再加工制作的菜肴,如水果盘、蘸酱黄瓜等。这类菜肴在菜单上所占比例极小,但酒水饮料、水果、干果都属此类。

系数定价法的具体运用方法见表6-2。

表6-2 系数定价法示例

单位:元

项 目	第一类	第二类	第三类	合计	占营业收入比例
食品成本	168 000	48 000	24 000	240 000	40%
烹调制作人工成本	34 560	8640		43 200	7.2%
加工、服务人工成本	45 360	12 960	6480	648 00	10.8%
其他营业费用	126 000	36 000	18 000	180 000	30%
经营利润	50 400	14 400	7200	72 000	12%
营业收入	424 320	120 000	55 680	600 000	100%
定价系数	2.53	2.50	2.32		

如表 6-2 所示,该餐厅预算食品成本总额为 240 000 元,占营业收入的 40%,其中第一类菜肴占 70%,合计 168 000 元;第二类菜肴占 20%,合计 48 000 元;第三类菜肴占 10%,为 24 000 元。

餐饮人工成本,总额为 108 000 元,占营业收入的 18%,同样可以按照一定比例分摊到三类菜肴中。根据经营实际,一般人工成本中的 40% 属于厨房烹制生产劳动力成本,包括炉灶厨师、冷菜、面点师等劳动力成本,合计为 43 200 元,其中第一类菜肴占 80%,为 34 560 元;第二类菜肴占 20%,为 8640 元;第三类菜肴一般不分摊此类成本。人工成本的 60% 为原料加工成本(包括初加工、精加工、宰杀、洗涤等)和服务人员的劳动力成本,合计为 64 800 元。这类人工成本,因为三类菜肴的食品原料都需要进行洗涤加工,故应根据各类原料成本的多少按比例分配,即:第一类 20%,计 45 360 元;第二类 20%,计 12 960 元;第三类 10%,计 6480 元。其他营业费用率和利润率分别为 30% 和 12%,因此,其他营业费用和利润分别为 180 000 元和 72 000 元,同样按照食品原料成本的比例进行分摊。

从上述数字分析可以看出,尽管三类菜肴在食品原料成本、其他营业费用和利润等三方面是按照 70%、20% 和 10% 的相同比例进行分摊核算,但由于三类菜肴所占用的人工成本不同,因此,其销售收入的比例就无法与前者相同,第一类菜肴在生产制作时由于占用的人工成本最多,故销售收入的比例最高,第二类次之,第三类则最小。

计算各类菜肴的定价系数时只需将各类菜肴的营业收入除以该类原料成本即可,用公式表示:

$$定价系数 = 营业收入 \div 原料成本(调成分数形式)$$

由此可以计算出表 6-2 中各类菜肴的定价系数:

第一类 = 424 320 ÷ 168 000 = 2.53

第二类 = 120 000 ÷ 48 000 = 2.50

第三类 = 55 680 ÷ 24 000 = 2.32

利用系数定价法给各类菜肴定价时,只需将其标准食品成本乘以该类菜肴的定价系数便可计算出菜肴的价格。

例:某餐厅一份芹菜料烧鸭的成本为 16.50 元,蒜泥黄瓜的成本为 2.20 元,水果盘的成本为 5.50 元,按上述系数分别计算出三道菜肴的销售价格。

芹菜料烧鸭的售价 = 16.50×2.53 = 41.75(元)

蒜泥黄瓜的售价 = 2.20×2.50 = 5.50(元)

水果盘的售价 = 5.50×2.32 = 12.76(元)

采用系数定价法虽然会导致部分菜肴的成本率高于标准成本率,但一份菜单的总成本却仍可以达到预算目标。同时由于采用了不同的定价系数,使得菜肴价格之间会出现明显的差异,这样既可以满足不同层次客人的需求,又有利于参与市场竞争,占领更大的市场份额。

(四)主要成本率法

主要成本率定价法是一种以成本为中心的定价方法,定价时把食品原材料成本和直接人工成本作为依据,结合利润率等其他因素,综合进行计算。

计算方法为:

销售价格=(食品原材料成本+直接人工成本)÷(1-非原材料和直接人工成本率-利润率)(调成分数形式)

例:一份杭椒炒牛柳原材料成本为18.85元,直接人工成本3.60元,从财务损溢表中查得非原材料和直接人工成本率与利润率之和为45%,按主要成本率法计算其售价。

杭椒炒牛柳售价=(18.85+3.60)÷(1-45%)=41.00(元)

采用主要成本率定价法定价时,与系数定价法一样,充分考虑了餐厅较高的人工成本率这一因素,将人工成本直接列入定价范畴进行全面核算。因此,这又从另一个侧面反映了降低劳动力成本的重要性。人工成本越低,顾客得到的实惠越多,餐饮经营的竞争力也就越强。

(五)本、量、利综合分析加价定价法

本、量、利综合分析加价定价法是根据菜肴的成本、销售量和盈利能力等因素综合分析后采用的一种分类加价的定价方法。其基本出发点是:各类菜肴的盈利能力不仅应根据其成本高低,而且还必须根据其销售量的大小来确定。其方法是首先根据成本和销售量将菜单上的菜肴进行分类,然后确定每类菜肴的加价率,再计算出各式菜肴的销售价格。

菜肴的分类方法多种多样,但若根据销售和成本进行分类,不管是采用何种菜单形式,都不会超出以下四种类型。即:

第一类:高销售量、高成本

第二类:高销售量、低成本

第三类:低销售量、高成本

第四类:低销售量、低成本

根据大量的经营分析,上述四类菜肴中,最能使餐厅得益的是第二类菜肴,即高销售量、低成本的菜肴。当然,在实际经营中,这四类菜肴都有,因此,在考虑加价率时,就必须根据市场需求情况和经营经验来决定。一般高成本的菜肴加价率较低,销售量大的菜肴也要适当降低其加价率,而成本较低的菜肴可以适当提高其加价率。各类菜肴的加价率水平如表6-3所示。

表 6-3　各类菜肴加价率水平

菜肴类别	加价水平	假设加价率范围
高销售量、高成本	适中	25%~35%
高销售量、低成本	较低	15%~25%
低销售量、高成本	较高	35%~45%
低销售量、低成本	适中	25%~35%

加价率的作用相当于计划利润率,在计划利润率法中,计划利润率适用于所有菜肴的食品成本率和销售价格的计算,但是本、量、利综合分析加价定价法中,由于不同类型的菜肴使用不同的加价率,因而各类菜肴的利润率高低会有所不同。

采用本、量、利综合分析加价定价法是综合考虑了客人的需求(即销售量)和餐厅成本、利润之间的关系,并根据成本越大、毛利量应该越大,销售量越大、毛利量可能越小这一原理进行定价的。菜肴价格一旦确定后,还必须与市场供应情况进行比较,价格过高或过低都不利于经营。因此,采用该法定价时必须进行充分的市场调查分析,综合各方面的因素,确定切实可行的加价率,使菜肴定价相对趋于合理。当然,这种加价率并不是一成不变的,在经营过程中可以根据市场情况随机进行适当调整。

在进行具体的菜肴定价时,应先确定适当的加价率,然后确定用于计算其销售价格的食品成本率,计算公式为:

菜肴食品成本率=1-(营业费用率+菜肴加价率)

菜肴销售价格=食品成本÷食品成本率

其中营业费用率是指预算期内营业费用总额占营业收入总额的比率。这里的营业费用为其他营业费用和人工成本的总和,包括能源、设备、餐具用品、洗涤、维修、税金、保险费和员工工资、福利、奖金等。

例:某餐厅在预算期内的营业费用率为50%,餐厅所销售的过桥鱼片的标准成本为6.48元,加价率为20%,计算其售价。

(1)过桥鱼片的食品成本率为:

1-(50%+20%)=30%

(2)销售价格为:

P=6.48÷30%=21.60(元)

采用本、量、利综合分析加价定价法进行定价看似复杂,有一定难度,但其定价结果是建立在充分市场调查的基础上的,定价更为合理。此外,采用此法定价,每道菜的盈利能力可以一目了然;又因为各类菜肴的加价率考虑了不同菜肴的销售量,因而其销售价格基本适应了市场的需求。

本章小结

菜单制定是厨房生产成本控制的依据和指南。它不仅规定了厨房生产的品种范围,还确定菜点销售的价格,因此对菜单的合理设计与定价,不仅关系到厨房的生产与成本的控制,关系到消费者的切身利益,而且也决定着企业盈利水平的高低,在餐饮运作与管理中,菜单的筹划与制定,是餐饮经营中一项至关重要的核心环节。

 思考与练习

(一)理解思考

1.菜点选择组合要素有哪些?

2.菜肴定价是一门艺术,如何运用定价技巧争取餐饮市场竞争的主动地位?

3.思考、探讨中餐宴会菜肴结构改革的发展方向。

(二)实训练习

1.搜集当地餐饮企业婚宴标准菜单,分析其制作工艺、口感、营养、成本等特点与得失。

2.对当地一家线上线下都有经营的餐饮店其不同平台、不同场景经营品种及规格、价格进行比较分析,探讨其经营诀窍。

第 7 章

厨房生产管理

学习目标

➢ 了解原料加工管理的内容
➢ 了解配份数量与成本控制的关系
➢ 掌握配份质量管理的方法
➢ 掌握烹调质量管理的方法
➢ 熟悉厨房开餐管理的内容
➢ 学会如何进行冷菜、点心出品质量管理
➢ 熟悉标准食谱的作用与内容
➢ 熟悉标准食谱制定程序与要求

厨房产品大多要经过多道工序才能生产出来。菜肴的生产工序为：原材料→初加工→切割→配菜→烹调→成菜装盘；面点的生产工序为：和面→下碱→揉面→搓条下剂→制皮→上馅→成形→熟制（上笼或入烤箱）→成品出笼（或出烤箱）。各个工序、工种、工艺的密切配合，按序操作，按规格出品，构成了厨房生产的主要流程。概括地讲，厨房生产流程主要包括加工、配份、烹调三大阶段，加上点心、冷菜相对独立的两大生产环节，便构成了生产流程管理的主要对象（见图7-1）。针对厨房生产流程不同阶段的特点，明确制定操作标准，规定操作程序，健全相应制度，及时灵活地对生产中出现的各类问题加以协调督导，是厨房生产进行有效控制管理的主要工作。

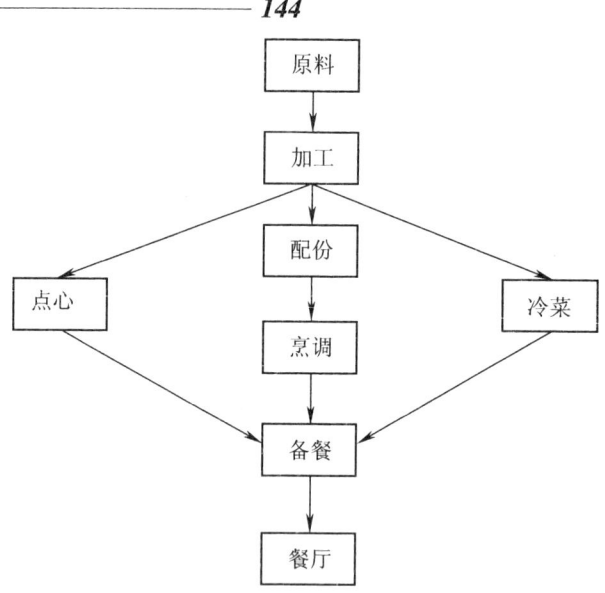

图7-1 厨房生产运作过程

 **案例导入**

尴尬:"全鸡"上宴引发官司

市民小张与心上人终结连理,将婚宴设于当地某大酒店。婚宴进行之中,一桌客人发现上桌的一只整鸡竟未开膛,是真正的"全鸡"。经核实,25桌酒席中共有6桌出现了这样的"全鸡"。虽然酒店当即更换了"全鸡",但这件怪事的发生一下子冲淡了婚宴的喜庆气氛,新郎新娘尴尬不已。婚宴结束后,新婚夫妇就此事要求店方赔偿,协议未果后,便一纸诉状将店方诉至当地法院。

案例分析

原料加工,不仅影响到烹饪菜肴的成型和口味,而且对菜肴的卫生状况起着决定性的作用。类似海蜇、菜心、辽参等牙碜的质量问题几乎都是加工阶段卫生处理不得法、不彻底留下的隐患。本案例更是加工匆忙、工作粗心惹的祸。当然,加工之后的工序也未尽到质量逐节检查、控制的责任,终于酿成重大过失。如此低级的错误出现,实属不该!

加工阶段包括原料的初加工和深加工。初加工是指对冰冻原料进行解冻,对鲜活原料进行宰杀、洗涤和初步整理。深加工则是指对已经初加工的原料进行切割成型和浆腌工作。这一阶段的工作是整个厨房生产制作的基础,其加工品的规格、质量和出品时效对后面的厨房生产产生直接影响。除此以外,加工质量还决定原料出净率的高低,对厨房的成本控制有较大关系。

第一节　原料加工管理

加工阶段包括原料的初加工和深加工。初加工是指对冰冻原料进行解冻,对鲜活原料进行宰杀、洗涤和初步整理,而深加工则是指对已经过初加工的原料进行切割成形和浆腌工作。这一阶段的工作是整个厨房生产制作的基础,其加工品的规格、质量和出品时效对后面的厨房生产产生直接影响。除此以外,加工质量还决定原料出净率的高低,与厨房的成本控制也有较大关系。

一、加工质量管理

加工质量主要包括冰冻原料的解冻质量、原料的加工出净率和加工的规格标准等几个方面。

冰冻原料解冻,即对冰冻状态的原料通过采取适当的方法,使其恢复新鲜、软嫩的状态,以便于烹饪。冰冻原料解冻,要使解冻后的原料尽量减少汁液流失,保持其风味和营养,解冻时必须注意以下要点:

(1)解冻媒质温度要尽量低。用于解冻的空气、水等,温度要尽量接近冰冻物的温度,使其缓慢解冻。解冻时可将原料适时提前从深冻库领至冷藏库进行部分解冻。解冻时将原料置于空气或水中,要力求将空气、水的温度降低到10℃以下(如用碎冰和冰水等解冻)。切不可操之过急,将冰冻原料直接放在热水中化冻,造成原料外部未经烧煮已经半熟,使原料内外的营养、质地、感官质量都受到破坏。

(2)被解冻原料不要直接接触解冻媒质。冰冻保存原料,主要是抑制其内部微生物活动,以保证其质量。解冻时,微生物随着原料温度的回升而渐渐开始活动,加之解冻需要一定的时间,解冻原料无论是暴露在空气中,还是在水中浸泡,都易造成原料氧化、被微生物侵袭和营养流失等后果。因此,若用水解冻时,最好用聚乙烯薄膜包裹解冻原料,然后再进行水泡或水冲解冻。

(3)外部和内部解冻所需时间差距要小。解冻时间越长,受污染的机会、原料汁液流失的数量就越多。因此,在解冻时,可采用勤换解冻媒质的方法(如经常更换用于解冻的碎冰和凉水等),以缩短解冻物内外时间差。

(4)尽量在半解冻状态下进行烹饪。有些需用切片机进行切割的原料,如切涮羊肉片、切炖狮子头的肉粒,原料略作化解,即可用以切割。

原料的加工出净,是指有些完整的、没有经过分档取料的毛料,需要在加工阶段进行选取净料(剔除废料、下脚料)处理。加工出净率是指加工后可用作做菜的净料和未经加工的原始原料重量之百分比。出净率越高,原料的利用率越高;出净率越低,菜肴单位成本就越大。因此,把握和控制加工的出净率是十分重要的。具体做法可以采用对比考核法,即对每批新使用的原料进行加工测试,测定出净率后,再交由加工厨师或助手操作。在加工厨师操作过程中,对领用原料和加工成品分别进行称量计重,随时检查,看是否达标。未达标准则要查明原因。如果因技术问题造成,要及时采取有效的培训、指导等措施;若是态度问题,则更需强化检查和督导。同时可以经常检查下脚料和垃圾桶,检查是否还有可用原料而未被利用,使员工对出净率引起高度重视。

原料加工质量,直接关系到菜肴成品的色、香、味、形及营养和卫生状况。因此,除了控制加工原料的出净率,还需要严格把握加工品的卫生指标和规格标准,凡不符合要求的加工品,禁止进入下道工序。加工原料的洗涤,是厨房产品卫生的基础。原料洗涤不净,不仅有损菜肴味道,甚至引起客人不满和投诉。比如,杀鱼时,鱼内脏未洗净;该去鳞的鱼,鱼鳞未去净;甲鱼的油脂未完全除净等,既影响成菜的色泽,又造成了菜肴的恶腥。有些蔬菜,尤其是整棵或菜心,洗涤不充分、不彻底,中间可能夹有泥沙甚至蝇虫,而后期的配份、烹调很难发现菜中有异物,这就为出品质量留下了隐患。原料加工的所有任务,分工要明确,一方面是为了分清责任,另一方面可以提高厨师专项技术的熟练程度,有效地保证加工质量。尽量使用机械切割,以保证加工成品规格标准一致。原料加工规格明确、精细,加工成品整齐一致,为厨房菜肴口感和品相的一致提供了前提。加工规格标准的一致,不仅仅指原料的刀工成形,即片、丝、块、条、段等均匀整齐,而且,原料上浆腌制的规格也应一致。

二、加工数量管理

原料的加工数量,主要取决于厨房配份等岗位销售菜肴、使用原料的多少。加工数量应以销售预测为依据,以满足生产为前提,留有适当的贮存周转量,避免加工过多而造成质量降低。

厨房原料加工数量的控制,是厨房管理的重要基础工作。加工多了,使用不足,大量过剩,加工成品原料质量急剧下降,甚至成为垃圾被废弃;加工少了,经营使用断档,开餐期间免不了混乱、狼狈。加工原料数量的确定和控制,其运作过程如下:

(1)各配份、烹调厨房根据下餐或次日预订和客情预测提出加工成品数量要求。在全饭店所有厨房约定时间(如中午开餐后、下班前)提交加工厨房(见表7-1)。

表 7-1 加工原料订单

订料时间：　　　　　　　　　　　　交料时间：

品　名	单　位	数　量	实 发 数	备　注
猪 肉 片	千克			
猪 肉 丝	千克			
猪 肉 丁	千克			
鸡　片	千克			
鸡　丁	千克			
鱼　片	千克			
鱼　丝	千克			
开 片 虾	千克			
……				
土 豆 条	千克			
土 豆 丝	千克			
(豆腐)干丝	千克			
笋　丝	千克			
菜　心	千克			
银　芽	千克			

订料部门：　　　　　　　订料人：　　　　　　　发料人：

注：表内品种为举例品种，使用时根据经营菜单调整。

(2) 加工厨房收集、分类汇总各配份厨房加工原料。按各类原料出净率、涨发率，推算出原始原料(市场可购买状况原料)的数量，作为向仓库申领或向采购部申购的依据。此申购总表(见表7-2)必须经总厨审核，以免过量进货或进货不足。待原料进入本饭店之后，再经加工厨房分类加工，继而根据各配份、烹调厨房预订，进行加工成品原料的分发。这样可较好地控制各类原料的加工数量，并能及时周转发货，保证厨房生产的正常进行。

表 7-2 食品原料订货单

订料时间：　　　　　　　　　　　　　　交料时间：

序号	品名	规格	库存	已订货	订货	供应商	价格	序号	品名	规格	库存	已订货	订货	供应商	价格
	牛羊肉类								水产海鲜类						
1	牛脯							32	鲈鱼						
2	牛柳							33	墨鱼						
3	牛腿肉							34	青鱼						
4	牛尾							35	鲫鱼						
5	紫盖肉							36	蚧肉						
6	米龙							37	基围虾						
7	羊扒							38	河鳗						
8	羊腿							39	……						
9	……														
10	……								鲜果类						
11	……							40	杧果						
	猪肉类							41	荔枝						
12	猪爪							42	西瓜						
13	猪腰							43	苹果						
14	乳猪							44	香蕉						
15	猪肥膘							45	……						
16	猪肠							46	……						
17	里脊肉								蔬菜类						
18	肋排							47	鲜芦笋						
19	大排							48	冬瓜						
20	……							49	生菜						
21	……							50	西蓝花						
	家禽类							51	荷兰豆						
22	光鸡							52	豆腐						
23	乳鸽							53	豆腐干						
24	鹌鹑							54	土豆						
25	火鸡							55	胡萝卜						
26	鸡腿							56	粉丝						
27	鸡脯							57	葱						
28	鸡翅							58	生姜						
29	……							59	……						
30	……							60	……						
31	……							61	……						

白色联:采购部　　　蓝色联:食品成本控制　　　黄色联:收货部　　　红色联:厨师长

注:表内品种为举例品种,使用时根据经营菜单调整。

三、加工工作程序与标准

加工阶段的工作,除了对原料进行初加工和深加工之外,大部分饭店厨房水产品的活养亦归此管理。

1. 禽类原料加工程序

标准与要求:

(1)杀口适当,血液放尽。

(2)羽毛去净,洗涤干净。

(3)内脏、杂物去尽,物尽其用。

步骤:

(1)备齐加工禽类原料,准备用具、盛器。

(2)将禽类原料按烹调需要宰杀煺毛。

(3)根据不同做菜要求,进行分割,洗净沥干。

(4)将加工后的禽类原料交切割岗位切割。

(5)将切割后的禽类原料交浆腌岗位浆腌或根据需要用保鲜膜封好,放置冷藏库中的固定位置,留待取用。

2. 肉类原料加工程序

标准与要求:

(1)用肉部位准确,物尽其用。

(2)污秽、杂毛、筋膜剔尽。

(3)分类整齐,成型一致。

步骤:

(1)备齐待加工肉类原料,准备用具和盛器。

(2)根据菜肴烹调规格要求,将所用的猪、牛、羊等肉类原料进行不同的洗涤和切割。

(3)将加工后的肉类原料交上浆岗位浆制,剩余部分用保鲜膜封好,分别放置冷藏库规定位置,留待取用。

3. 水产类原料加工程序

标准与要求:

(1)鱼:除尽污秽杂物,去鳞则去尽,留鳞则完整;血放尽,鳃除尽,内脏杂物去尽。

(2)虾:须壳、泥肠、脑中污沙等去尽。

(3)河蟹:整只用蟹刷洗干净,捆扎整齐;剔取蟹粉,肉、壳分清,壳中不带肉,肉中无碎壳,蟹肉与蟹黄分别放置。

(4)海蟹:去尽腹脐等不能食用部分。

步骤:

(1)备齐加工的水产品,准备用具及盛器。

(2)对虾、蟹、鱼等原料进行不同的宰杀加工,洗净沥干,交切割岗位切件。

(3)剔蟹粉蟹蒸熟,分别剔取蟹肉、蟹黄,用保鲜膜封好,放入冷藏库待领。

(4)清洁场地,清运垃圾,整理、保管用具。

4.蔬菜类原料加工程序

标准与要求:

(1)无老叶、老根、老皮及筋络等不能食用部分。

(2)修削整齐,符合规格要求。

(3)无泥沙、虫卵,洗涤干净,沥干水分。

(4)合理放置,不受污染。

步骤:

(1)备齐、备足需加工蔬菜,准备用具及盛器。

(2)按烹制菜肴要求对蔬菜进行拣择或去皮,或择取嫩叶、菜心。

(3)分类洗涤蔬菜,保持其完好;沥干水分,置筐内。

(4)交烹调厨房领用或送冷藏库暂存待用。

(5)清洁场地,清运垃圾,整理、保管用具。

5.原料切割工作程序

标准与要求:

(1)大小一致,长短相等,厚薄均匀,放置整齐。

(2)用料合理,物尽其用。

步骤:

(1)备齐需切割的原料,化冻至可切割状态;准备用具及盛器。

(2)对切割原料进行初步整理,铲除筋、膜、皮,斩尽脚、须等。

(3)根据不同烹调要求,分别对畜、禽、水产品、蔬菜类原料进行切割。

(4)区别不同用途和领用时间,将已切割原料分别包装冷藏或交上浆岗位浆制。

(5)清洁工作区域及用具,妥善收藏剩余原料,清运垃圾。

6.加工原料上浆工作程序

标准与要求:

(1)调味品用料合理,用量准确。

(2)浓度适当,色泽符合菜肴要求。

步骤:

(1)将需上浆原料进行解冻,化至自然状态。

(2)领取、备齐上浆用调味品,清洁整理上浆用具。

(3)对白色菜肴的上浆原料进行漂洗。

(4)将原料沥干或吸干水分。

(5)根据烹调菜肴要求,对不同原料按浆腌用料规格分别进行浆制。

(6)已浆制好的原料,放入相应盛器,用保鲜膜封好后,入冷库暂存留待领用。

(7)整理上浆用调味品及其用料、清洁上浆用具并归位;清洁工作区域,清除垃圾。

7.水产原料活养程序

标准与要求:

(1)原料鲜活无死货。特别是鳝鱼、河蟹等水产品绝对不可进死货。

(2)水质清澈无杂质。

(3)温度适宜,供氧充足,通风光线适当。

步骤:

(1)打开水箱网罩,检查在养水产原料的成活情况,拣出已死水产品。

(2)为水箱、水池换水,检查增氧泵工作情况。

(3)检查水温,采取相应措施,保证水温达到活养要求。

(4)购进的鲜活水产品去除杂物,及时放进相应的活养水箱及容器。

(5)捞取或销售活养水产品时,随用随取,多取的水产品及时放回,保持水箱及容器的整洁。

(6)定期检查水产原料成活情况,捞出将死的水产品,作相应处理。

(7)视情况给水箱换水,加盖网罩,上锁。

第二节　菜肴配份、烹调与开餐管理

菜肴配份与烹调同在一间厨房,是热菜成熟、成型阶段。配份与烹调虽属两个岗位,可联系相当密切,沟通特别频繁,开餐期间,也常常是厨师长最为关注的地方。

菜肴配份,是指根据标准食谱即菜肴的成品质量特点,将菜肴的主要原料、配料及料头(又称小料)进行有机配伍、组合,以提供炉灶岗位进行烹调。配份阶段是决定每份菜肴的用料及成本的关键,甚至生产的无用功(即产品出去了,可利润没收回)也会在这里出现。因此,配份阶段的控制既是保证出品质量的需要,也是经营赢利所必需。

烹调阶段则是将已经配份好的主料、配料、料头,按照烹调程序进行烹制,使菜肴由原料变成成品。烹调阶段是确定菜肴色泽、口味、形态、质地的关键。烹调阶段控制得好,就可以保证出品质量和出菜节奏,控制不力,会造成出菜秩序混乱,菜肴回炉返工率增加,客人投诉增多。因此,切不可掉以轻心。

一、配份数量与成本控制

配份数量控制具有两方面的意义:一方面它可以保证配出的每份菜肴数量合乎规格,成品饱满而不超标,使每份菜产生应有的效益;另一方面,它又是成本控制的核心。因为原料通过加工、切割、上浆,到配份岗位其单位成本已经很高。配份时如疏忽大意,或者大手大脚,使饭店原料大量流失,菜肴成本居高不下,就为成本控制平添诸多麻烦,因此,配份的数量控制至关重要。其主要手段是充分依靠、利用标准食谱规定的配份规格,养成用秤称量、论个计数的习惯,这样,就可以切实保证就餐宾客的利益,也有利于塑造好的产品形象和餐饮声誉。

二、配份质量管理

菜肴配份,首先要保证同样的菜名其原料配伍必须相同。经常见饭店发生这样的事:前后两客"三鲜汤",一厨为之配了鸡片、火腿、冬笋片,价格昂贵,口味鲜美;另一厨为之配了青菜、豆腐、鸡蛋皮,色彩悦目,成本低廉。厨师用心皆良,操作不错,可食客为之纳闷,颇感不悦。厨房管理者更是不快——质量难保,成本难控。可见,配份不一,不仅影响着菜肴的质量,而且还影响饭店的社会效益和经济效益。按标准食谱进行培训,统一配菜用料,并加强岗位间监督、检查,就可有效地防止随意配份现象的发生。

配份岗位操作,同时还应考虑烹调操作的方便性。因此,每份菜肴的主料、配料、料头(小料)配放要规范,即分别取用各自的器皿,三料三盘,这样,烹调岗位操作就十分便利,也为提高出品速度和质量提供了保证。配菜时还要严格防止配错菜(配错餐桌)、配重菜和配漏菜现象出现。一旦出现上述疏忽,既打乱了整个出菜次序,又妨碍了餐厅的正常操作,这在开餐高峰期是很被动的。控制和防止错配、漏配菜的措施,一是制定配菜工作程序,理顺工作关系。二是健全出菜制度,防止有意或无意错、漏配菜现象发生。

1. 料头准备工作程序

料头,又称小料,即配菜所用的葱、姜、蒜等佐助配料,其块型大多较小。虽然这些小料用量不大,但在配菜与烹调之间,在约定俗成的情况下,也起着无声的信息传递作用,可以避免好多错乱的发生,在开餐高峰期尤其如此。如红烧鱼、干烧鱼、炒鱼片,分别用葱段、葱花、马蹄葱片和姜片、姜米及小姜花片,它既不用口头交代,又一目了然,很方便。料头的准备工作,开餐前由配菜师根据需要完成。

标准与要求：

(1)大小一致,形状整齐美观,符合规格要求。

(2)数量适当,品种齐备,满足开餐配菜需要。

步骤：

(1)领取、洗净各类料头用料,分别定位存放。

(2)根据烹调菜肴需要,按切配料头规格(见表7-3),对原料进行切制。

(3)将切好的料头,区别性质用途,分别干放或水养,置于固定器皿和位置,并用保鲜膜封好。

(4)清洁砧板、工作台,将用剩的料头原料放置原位。

(5)开餐时,揭去保鲜膜,根据配菜要求分别取用各种料头。

表7-3 切制料头规格表

料头名称	用料	切制规格要求	配制菜肴
葱段	青葱	长5厘米	红烧鱼、葱烧海参
蝴蝶姜花	生姜	3.5厘米×2.5厘米×0.15厘米	炒鱼球、爆鸡柳
……			

2.配份工作程序

标准与要求：

(1)配份用料品种、数量符合规格要求,主、配料分别放置。

(2)接受零点订单5分钟内配出菜肴,宴会订单菜肴提前20分钟配齐。

步骤：

(1)根据加工原料申订单领取加工原料,备齐主料和配料,并准备配菜用具。

(2)对菜肴配料进行切割,部分主料根据需要加工。

(3)对水养(放在水中保管)原料进行换水处理。

(4)对当日用已发好的干货进行洗涤改刀,交炉灶焯水后备用。

(5)备齐开餐用各类配菜筐、盘,清理配菜台和用具,准备配菜。

(6)接受订单,按配份规格配制各类菜肴主料、配料及料头,置于配菜台出菜处。

(7)开餐结束,交代值班人员搞好收尾工作,将剩余原料分类保藏,整理冰箱、冷库。

(8)清点下餐、次日预订客情通知单,结合零点客情分析,计划并向加工厨房预订下餐或次日需补充已加工原料。

(9)清洁工作区域,用具放于固定位置。

3.配菜出菜制度

（1）案板切配人员，随时负责接受和核对各类出菜订单：①接受餐厅的点菜订单须盖有收银员的印记，并夹有该桌号与菜肴数量相符的木夹。②宴会和团体餐单必须是宴会预订部门或厨师长开出的正式菜单。

（2）配菜岗凭单按规格及时配制，并按先接单先配、紧急情况先配、特殊菜肴先配的原则处理，保证及时上火烹制。

（3）排菜必须准确及时，前后有序，菜肴与餐具相符，成菜及时送至备餐间，提醒跑菜员取走。

（4）点菜从接受订单到第一道热菜出品不得超过10分钟，冷菜不得超过5分钟；因配菜误时耽误出菜引起客人投诉，由当事人负责。

（5）所有出品订单、菜单必须妥善保存，餐毕及时交厨师长备查。

（6）炉灶岗对打荷所递菜肴要及时烹调；对所配菜肴规格质量有疑问者，要及时向案板切配岗提出，并妥善处理。烹制菜肴先后次序及速度服从打荷安排。

（7）厨师长有权对出菜的手续、菜肴质量进行检查，如有质量不符或手续不全的出菜，有权退回并追究责任。

三、烹调质量管理

烹调岗位管理主要应从烹调厨师的操作规范、烹制数量、出菜速度、成菜口味、质地、温度，以及对失手菜肴的处理等几个方面加以督导、控制。首先应要求厨师服从打荷派菜安排，按正常出菜次序和客人要求的出菜速度烹制出品。在烹调过程中，要督导厨师按规定操作程序进行烹制，并按规定的调料比例投放调料，不可随心所欲，多少无度。尽管在烹制某个菜肴时，不同厨师有不同做法，或各有"绝招"，但要保证整个厨房出品质量的一致性。例如"凤梨猪肝"这个炒菜，猪肝切片后有人喜欢入油锅拉油，有人则习惯于焯水，尽管出菜都能达到熟、嫩的效果，可吃口质感是不一样的。一家饭店、一道菜品，只能以一个风格、一种面貌出现。

另外，控制炉灶一次菜肴的烹制量也是保证出品质量的重要措施。坚持菜肴少炒勤烹，既能做到每席菜肴出品及时，又可减少因炒熟分配不均而产生误会和麻烦。曾经有一家酒店的厨师将两份姜葱炒膏蟹一并烹制，出品后其中一桌客人就为膏蟹少一蟹螯而投诉。因此，开餐期间，尤其要加强对炉灶烹调岗位的现场督导管理，既要控制出菜秩序和节奏，又要保证成菜及时以合适的温度、应有的香气、适宜的口味服务宾客。

四、烹调工作程序

烹调岗位及相关工作程序主要包括打荷、炉灶烹调、盘饰用品的制作、大型活动的餐具准备和菜肴退回厨房的处理等。

1. 打荷工作程序

标准与要求：

(1) 台面清洁,调味品种齐全,陈放有序。

(2) 吊汤原料洗净,吊汤用火恰当。

(3) 餐具种类齐全,盘饰花卉数量适当。

(4) 分派菜肴给炉灶烹调恰当,符合炉灶厨师技术特长或工作分工。

(5) 符合出菜顺序,出菜速度适当。

(6) 餐具与菜肴相配,盘饰菜肴美观大方。

(7) 盘饰速度快捷,形象美观。

(8) 打荷台面干爽,剩余用品收藏及时。

步骤：

(1) 清理工作台,取出、备齐调味汁及糊浆。

(2) 领取吊汤用料,吊汤。

(3) 根据营业情况,备齐餐具,领取盘饰用花卉。

(4) 传送、分派各类菜肴给炉灶厨师烹调。

(5) 为烹调好的菜肴提供餐具,整理菜肴,进行盘饰。

(6) 将已装饰好的菜肴传递至出菜位置。

(7) 清洁工作台,把用剩的装饰花卉和调味汁、糊冷藏,餐具放归原位。

(8) 清洗、消毒、晾挂抹布;关、锁工作门柜。

2. 盘饰用品制作程序

标准与要求：

(1) 盘饰花卉至少有 8 个品种,数量足够。

(2) 每餐开餐前 30 分钟备齐。

步骤：

(1) 领取备齐食品雕刻用原料及番茄、香菜等盘饰用蔬菜。

(2) 清理工作台,准备各类刀具及盛放花卉用盛器。

(3) 根据装饰点缀菜肴需要,运用各种刀法雕刻一定数量、不同品种的花卉。

(4) 整理、择取一定数量的番茄、香菜等头、蕊、叶等,置于盛器,留待盘饰使用。

(5) 将雕刻、整理好的花卉及蔬菜,用保鲜膜封盖,集中置于低温处,供开餐打荷使用。

(6) 清理、保管雕刻刀具、用具,用剩原料放归原位,清洁整理工作岗位。

3.大型餐饮活动厨房餐具准备程序

标准与要求:

(1)餐具规格、数量符合盛菜要求。

(2)摆放位置合适,取用方便。

步骤:

(1)根据大型餐饮活动菜单,分别列出各类餐具名称、规格、数量。

(2)向餐务部门提出所需餐具的数量及提供时间(见表7-4)。

(3)分别领取各类餐具,区别用途集中分类放于冷菜间、热菜出菜台及其他合适位置。

(4)与菜单核对,检查所有菜点品种是否都有相应餐具,拾遗补漏。

(5)取保鲜膜或洁净台布将餐具遮盖,防止灰尘污染或被随意取用。

(6)大型餐饮活动开始,揭去遮盖,根据菜单,分别取用餐具。

(7)大型餐饮活动结束后,洗碗间及时负责将餐具归位。

表7-4 大型餐饮活动厨房餐具准备一览表

活动名称			人 数	
消费标准		地点	时间	
活动形式				
序号	菜点名称	盛器及规格	需用量	到位时间	存放位置
备注:					

4.炉灶烹调工作程序

标准与要求:

(1)调料罐放置位置正确,固体调料颗粒分明,不受潮,液体调料清洁无油污,添加数量适当。

(2)烹调用汤:清汤要清澈见底,白汤要浓稠乳白。

(3)焯水蔬菜色泽鲜艳,质地脆嫩,无苦涩味;焯水荤料去尽腥味和血污。

(4)制糊投料比例准确,稀稠适当,糊中无颗粒及异物。

(5)调味用料准确,口味、色泽符合要求。

(6)菜肴烹调及时迅速,装盘美观。

步骤:

(1)准备用具,开启排油烟罩,点燃炉火使之处于工作状态。

(2)对不同性质的原料,根据烹调要求,分别进行焯水、过油等初步熟处理。

(3)调制清汤、上汤或浓汤,为烹制高档及宴会菜肴做好准备。

(4)熬制各种调味汁,制备必要的用糊,做好开餐的各项准备工作。

(5)开餐期间,接受打荷安排,根据菜肴的规格标准及时进行烹调。

(6)开餐结束,妥善保管剩余食品及调料,擦洗灶头,清洁整理工作区域及用具。

5.口味失当菜肴退回厨房处理程序

标准与要求:

(1)处理迅速,出菜快捷。

(2)菜肴口味符合要求,质量可靠,出品形象美观。

步骤:

(1)餐厅退回厨房口味失当的菜肴,及时向厨师长汇报,交厨师长复查鉴定;厨师长不在,交当场最高技术岗位人员鉴定,最快安排处理。

(2)确认系烹调失当,口味欠佳菜肴,交打荷即刻安排炉灶调整口味,重新烹制。

(3)无法重新烹制、调整口味或破坏出品形象太大的菜肴,由厨师长交配份岗位重新安排原料切配,并交给打荷。

(4)打荷接到已配好或已安排重新烹制的菜肴,及时迅速分派炉灶烹制,并交代清楚。

(5)烹调成熟后,按规格装饰点缀,经厨师长检查认可,迅速递于备餐划单出菜人员上菜,并说清楚。

(6)餐后分析原因,采取相应措施,避免类似情况再次发生,处理情况及结果记入厨房菜点处理记录表(见表7-5、表7-6)。

表7-5 厨房菜点处理记录表

日期	餐别	菜点名称	直接负责人	宾客褒贬意见	责任员工签名	厨师长签名	备注

表 7-6　客人投诉菜肴跟踪处理表

No.　　　　　　　　　　　　　　　　　　　　　　　年　　月　　日

投诉菜肴		餐别		时间		责任人		当班厨师长	
投诉理由 （原因）									
情况分析									
处理意见									
改进措施									

分析人：　　　　　　　　跟办人：　　　　　　　　总厨师长：

五、厨房开餐管理

厨房开餐管理，主要指烹调、出品厨房在开餐期间（即有客人在餐厅消费期间）围绕、配合餐厅经营，针对开餐的不同进程开展的各项控制管理工作，主要包括开餐前准备、开餐期间生产出品、开餐后清理收档等，这既是配份烹调厨房的工作重点，也是整个饭店厨房日常生产管理的控制要点。

（一）烹调厨房开餐前的准备工作

厨房进行有效、周到的开餐前准备是餐厅准时开餐、厨房及时提供优质出品的前提。

1. 菜单供应品种原料准备齐全

开餐期间厨房秩序混乱，列入菜单供应品种时常售缺，最直接的原因是餐前原料准备不充分、不到位。因此，应检查、落实厨房列入菜单经营品种的原料、半成品是否拥有一定的备量。

2. 当餐时蔬供应品种确定

大多菜单为了在使用较长时间内拥有主动和便利，列明经营时蔬，而时蔬的具体品种在当日、当餐必须是具体的品种，餐前应确切指明，并及时通报餐厅。

3. 当餐售缺、推销品种通报

原则上应尽可能做到没有菜单品种的售缺现象,即使有也应该控制在最小范围内。在受原料等特殊情况影响下,菜单经营的少数品种可能暂时或当餐无法生产供应,应在开餐前确定,并及时通报餐厅,以免服务员对客服务时被动。同样,哪些品种的菜肴备份较多,希望加强销售,也应提前通报。

4. 提供备餐物品齐全足量

备餐间归餐厅管辖,但备餐物品,即奉送客人的开胃小食、售卖菜肴的调料、蘸料等,应由厨房制作提供。备齐、备足备餐物品,以免增加餐厅和厨房的工作量。

5. 调料、汤料添足、备齐

开餐前厨房进行原料的初步熟处理,需要用油、用调料,如不及时添加,开餐期间可能断档;在开餐前及时补充,包括对已取用的油、汤等其他调味品进行清洁、添加,才可能为顺利开餐提供保证。

6. 菜点装饰、点缀品到位

菜点的装饰、点缀用品多为打荷保管使用,若餐前没准备或准备不足,或这些装饰、点缀品还在远离烹调厨房的其他岗位,开餐时将直接影响出菜速度或菜点的美观。

7. 开餐餐具准备归位

开餐盛菜涉及的各种式样、不同规格的餐具必须在餐前补领到位,并检查、确认卫生、足量;开餐期间边找餐具、边打荷势必混乱,并影响出品速度。

8. 检查炉火、照明、排烟状况,确保运行良好

开餐期间,如果燃料断档、炉火不旺,或照明昏暗、排烟不畅,不仅出品的质量、速度没有保障,员工的身心健康和厨房安全也会受到影响。

9. 垃圾用具清洁到位

开餐前厨房进行的加工及菜肴预制工作,已经在垃圾盛器里积累了不少垃圾,开餐期间自然还有垃圾产生,为了集中精力、人手用于开餐,餐前有必要将其清理、冲洗一遍。

10. 员工衣帽穿戴整齐

开餐期间,相对更加忙碌,为了员工的安全防护,也为了减少对生产菜点的妨碍、污染,开餐前检查并再次确认员工穿戴整齐是必需的。

总之,临近开餐,烹调厨房尤其是炉灶岗位应做到锅净(打荷)台空,准备充分,一旦需要,即时出菜。

(二)烹调厨房开餐期间的生产管理

加强厨房开餐期间的现场督导,不仅可以有效防止次品流出厨房,而且可以提高工作效率,理顺工作秩序。

1.检查、控制出品速度与次序

开餐期间,要防止一忙就乱的现象发生,要通过检查力求适度控制出品速度和次序。既要防止上菜速度太慢,客人普遍等菜的现象出现,又要杜绝无序出菜,厨师自作主张,急于烹调,倒催服务员上菜的现象发生。繁忙中,还要防止厨师及服务员见菜就烹,出品无序的现象发生。

2.检查关照重点客情

餐前可能做好了重点客情接待的预案,开餐期间应按照计划,对重点客情的菜肴制作、出品情况加以督察,防止出现疏漏。万一出现差错,应力求在第一时间内加以补救。

3.督导配份规格与摆放

按规格配份,可以从根本上保证出品质量和有效控制成本。按要求将主料、配料、料头(小料)分别摆放,便于烹调岗位操作,即使在开餐高峰期,也不能贪图方便而乱了规范。否则,将给烹调增添诸多麻烦,结果同样会影响出品速度和质量。

4.检查、关注菜肴质量

时刻关注菜肴质量,至少随时关注菜肴外在的质量指标,如菜肴的色泽、芡汤、规格、温度等。如发现质量可疑产品,及时返工,修正完善。这对产品销售来说,不失为主动的质量控制。

5.检查、协调冷菜、热菜、点心的出品衔接

开餐期间,热菜的出品次序由打荷岗位在控制,而冷菜与热菜、菜肴与点心的出品衔接,容易出现断档。这就需要管理人员在不同岗点的衔接渠道上加强检查,一旦出现违反出品次序,抢先出品,或出品脱节现象,要及时加以协调,确保客人用餐循序渐进,有条不紊。尤其是在大型宴会等规模较大的餐饮活动开餐期间,岗点间的协调、过渡工作更要细心、周到。

6.督察出品手续与订单的妥善收管

健全的出品手续是保证厨房工作秩序的前提,也是餐饮产生应有收益的保证。尽管开餐期间工作节奏快,人员流动大,应有的手续、流动的表单、传递的木夹仍应该明确人员,固定地点,确立器具,并加以妥善督察、收管,确保无一漏失。管理人员随时可以抽查,或对有疑问的出品进行及时跟踪查处。

7.强化餐中炉灶、工作台整洁与操作卫生管理

创造必备条件,明确卫生分工,强化开餐期间炉灶、切配和打荷工作台以及员工的操作卫生管理,既保证了厨师良好的工作环境,更可以有效防止卫生方面的投诉发生。认为开餐期间厨房是混乱的、不可能整洁的,餐后集中精力搞卫生、恢复厨房卫生面貌的观点,不仅要不得,而且是十分危险的。一些饭店经常出现的菜点卫生方面的质量问题,根源即在此!华北某饭店开餐期间配菜盘即作为盛装菜肴

的餐具,炉灶烹调厨师将配好的主、配料倒入锅内烹调后,打荷人员就手又将原本用于盛装生料的餐具用作盛菜餐具,屡屡出现客人食后不适现象,反复查找,才发现是此原因。

8. 督导厨房出品与传菜部的配合

厨房烹调自然应听从传菜员的通报,但若菜肴烹制完成而没能及时上桌,菜肴质量就会急剧下降。因此,开餐期间管理人员要主动加强厨房与传菜部的检查协调,切实做到餐厅厨房联系顺畅。

9. 及时进行退换菜点处理

繁忙的开餐过程当中,偶尔出现一两例菜点退换是正常的,未必都是工作失误。但退换菜点必须在第一时间内予以有序、规范的处理。因此,餐饮管理人员,尤其是厨房管理者,开餐期间必须亲临一线。

10. 及时解决可能出现的推销和售缺问题

随着开餐进程的深入,预期的销售可能出现偏差,即将出现较大剩余或行将售罄原料及菜点,此时,应及时与餐厅取得联系,以采取灵活手段调整销售现状。这比仅仅在开餐结束时才清点原料、被动保藏,要有效得多。

11. 抽查、关照果盘质量

果盘是用餐的压台戏,可确有不少饭店在本该给客人清新爽口、怡神解酒的果盘里却夹带一些不协调的异味,或次品水果,让客人倍感扫兴,从而造成遗憾。因此,即使在开餐后期也不能淡化对果盘制作规格、果盘装饰的检查管理,尤其是水果的温度和切制果盘的刀具、砧板,不能有丝毫马虎。否则,一百减一等于零!

(三)加强烹调厨房开餐后的管理

加强烹调厨房开餐之后管理,是厨房生产整洁安全、良好工作秩序的保证。

1. 收齐并上交所有出品订单

订单是厨房工作的通知单,是餐饮收入的基本原始凭据,及时收齐订单,可随时与收银联核对检查,这对杜绝员工舞弊行为是很有必要的。

2. 检查、落实下餐的准备工作

下餐可能是午餐之后的晚餐,也可能是晚餐之后的次日早餐。所有已经有预订的客情,需要提前加工、准备的事项,都应该在开餐之后、下班之前安排妥帖,否则,待到下餐开餐之时,便会手忙脚乱,甚至出现断档的现象。

3. 调料、汤料及时妥善收藏

开餐用剩的各种调料,包括食用油和各种汤料,单位成本都很高,在炉边经过开餐期间的高温炙烤和反复取用,质量会有细微变化。因此在开餐之后,应及时进行过滤,或作消毒等有效处理,并区别性质,进行适当的收藏管理。

4.对配菜所用的水养原料进行换水处理

所谓水养原料,并不是指鲜活水产品,而是指有些原料使用前需要放在水桶或水钵内才可以保持原来质量的半成品等,如木耳、笋丝、竹笋等,开餐期间由于手指反复抓取,手温带动水温,顺手带进的其他杂料也会污染原料。因此,在开餐结束后,必须进行冲洗、换水、储存,以防腐坏。

5.检查水产品活养状况,防止原料变质

当餐与下餐间隔少则三四小时,长达十几小时,活养原料的生存环境,如水温、氧气等是否正常,必须给予关注。现有水产品的成活率状况应及时掌握,对行将死亡的水产品,要在下班前进行活杀处理,否则,待到下餐经营时间员工上班再作检查,死透了的水产品,有些已不能食用,即使能用,质感也一落千丈。

6.检查、确保冰箱正常运行

冰箱是厨房的小型原料库,冰箱里存放的都是企业的财富、员工的所得。冰箱必须按设定的温度运行,厨房生产、企业效益才能有保障。

7.督察炉灶、餐具的处理

开餐之后的炉灶,应恢复开餐前的整洁、完好。餐后特别要检查蒸箱、蒸笼、蒸车、烤箱等不容易一目了然的设备、用具里面是否有遗留原料、成品,一旦疏忽,浪费无疑。万一炉灶或其他加热设备仍有原料、物品在进行烹调处理,必须明确人员,交代具体,落实责任,专门看管,确保生产安全和成品优质。

8.妥善完成刀、砧、布的处理

厨刀、砧板、抹布是厨师的必备用具,尽管开餐期间随时注意保持其整洁,但开餐之后仍要特别关照,进行彻底清洗、全面消毒、妥善保管。

9.及时进行彻底的垃圾及地沟等卫生处理

要及时将所有垃圾彻底清运、倒尽,并将垃圾盛放器具清洗干净,重新归位。彻底冲洗地沟,以防污水滞留,造成对环境的污染。

10.关闭水、电、气阀门,关锁门窗

这是厨房安全的重要保证。既要防止水、电、气的渗漏,产生安全隐患,又要防止无关人员及动物进入厨房,切实实施放心、静态的厨房养护。

第三节 冷菜、点心生产管理

冷菜,又称冷碟,通常以开胃、佐酒为目的,由独立的厨房生产,并大多是以常温或低于常温的温度出品的菜肴。有些地方、有些饭店将烧烤、卤水产品也合并于此。点心,是多以米、面为主要原料,配以适当辅料,在独立的生产场所,由面点师

生产制作的产品。生产冷菜和点心的场所是厨房生产相对独立的两个部门,其生产与出品管理与热菜有许多不同的特点。冷菜品质优良,出品及时,可以诱发客人食欲,给客人以美好的第一印象。点心虽然多在就餐的最后(少数在中途穿插)出品,但其口味和造型同样能给客人以愉快和美好的记忆。

一、分量控制

冷菜与热菜不同,多在烹调后切配装盘。而每份装盘数量多少,拼盘用什么品种组合,既关系客人的利益,又直接影响成本控制。虽然冷菜多以小型餐具盛装,但也并非越少就越给客人精致美好的感觉,应以适量、饱满、恰好佐酒为度。

点心亦很精细,大多小巧玲珑,其分量和数量包括两个方面:一是每份点心的个数;二是每个点心的用料及其主料、配料的配比。前者直接关系到点心成本控制,后者影响点心的风味和质量,因此加强点心生产的分量和数量控制也是十分重要的。

控制冷菜、点心分量的有效的做法是测试、规定各类冷菜及点心的生产和装盘规格标准(见表7-7、表7-8),并督导执行。

表7-7 冷菜装盘规格表(样)

菜 名	用 料		盛 器	装备要求	备 注
	名 称	数 量			
盐水鸭	熟鸭	1/4只	8英寸椭圆盘	剔骨	
……					

表7-8 点心制作、装盘规格表(样)

品 名	主 料		配 料		制作要求	盛 器	装盘数量
	名称	数量	名称	数量			
鲜肉包子	肉馅	30克	面粉	25克	收口	8英寸圆盘	每客4个
……							

二、质量与出品管理

中餐冷菜和西餐冷菜,都具有开胃、佐酒的功能,因此,对冷菜的风味和口味要求都比较高,风味要正,口味要好。要保持冷菜口味的一致性,对有些品种的冷菜,可以采用预先调制统一规格比例的冷菜调味汁、冷沙司的做法,待成品改刀、装盘后浇上或配带即可。冷菜调味汁、沙司的调制应按统一规格进行,这样才能保证风味的纯正和一致。冷菜由于在一组菜点中最先出品,是给客人的第一印象,因此,对其装盘造型和色彩的搭配等要求很高。不同规格的宴会,冷菜还应有不同的盛器及拼摆装盘方法,给客人以丰富多彩、不断变化的印象,同时也可突出宴请主题,调节就餐气氛。如,在婚宴上呈上裱有"永浴爱河"或"白头偕老"字样的花式冷盘金鱼戏荷,在较大年纪客人的寿宴上呈上"松鹤延年"的冷盘等,均可烘托宴会气氛,效果尤佳。

点心正好与冷菜相反,它重在给就餐宾客留下美好回味。点心多在就餐后期出品,客人在酒足菜饱之际,更加喜欢品尝、欣赏点心的造型和口味。有些栩栩如生、玲珑别致的点心,客人往往不忍下箸,或再三玩味,或打包带走,这就要求对点心质量加以严格控制,确保出品符合规定的质量标准,起到应有的效果。南京中心大酒店的新创点心——雨花石汤圆,就玲珑剔透,精致诱人。

冷菜与点心的生产和出品,通常是和热菜分隔开的,因此其出品的手续控制也要健全。餐厅下订单时,多以单独的两联分送冷菜和点心厨房,按单配份与装盘出品同样要按配菜出菜制度执行,严格防止和堵塞漏洞。餐后,所有出品订单都应收集汇总,交至厨师长处备查。

三、冷菜、点心工作标准与程序

1.冷菜工作标准与程序

标准与要求:

(1)冷菜造型美观,盛器正确,分量准确。

(2)冷菜色彩悦目,口味符合特点要求。

(3)零点冷菜接订单后3分钟内出品,已预订宴会冷菜在开餐前20分钟备齐。

步骤:

(1)打开(15分钟)并及时关灭紫外线灯对冷菜间进行消毒杀菌(早晚各一次)。

(2)备齐冷菜用原料、调料,准备相应盛器及各类餐具。

(3)按规格加工、烹调制作冷菜及调味汁。

(4)对上一餐剩余冷菜进行重复加工处理,确保卫生安全。

(5)接受订单和宴会通知单,按规格切制、装配冷菜,并放于规定的出菜位置。

(6)开餐结束,清洁整理冰箱,将剩余冷菜及调味汁分类放入冰箱。
(7)清洁整理工作场地及用具。

2.点心工作标准与程序

标准与要求:
(1)点心造型美观,盛器正确,每客分量准确。
(2)装盘整齐,口味符合其特点要求。
(3)零点点心接订单后10分钟内可以出品,已预订宴会,其点心在开餐前备齐,开餐即听候出品。

步骤:
(1)领取备齐各类原料,准备用具。
(2)检查整理烤箱、蒸笼的卫生和安全使用情况。
(3)加工制作馅心及其他半成品,切配各类料头,预制部分宴会、团队点心。
(4)准备所需调料,备齐开餐用各类餐具。
(5)接受订单,按规格制作出品各类点心。
(6)开餐结束,清洁整理冰箱,将剩余点心原料、半成品、成品及调味品分类放入冰箱。
(7)清洁整理工作区域、烤箱、蒸笼,清洁用具。

第四节　标准食谱管理

标准食谱是以菜谱的形式,列出菜肴(包括点心)的用料配方,规定制作程序,明确装盘规格,标明成品的特点及质量标准;是厨房每道菜点生产的全面技术规定,是不同时期用于核算菜肴或点心成本的可靠依据。

一、标准食谱的作用与内容

标准食谱在中外先进的厨房管理中都被采用,虽然标准食谱的形式不尽相同,但其作用和内容都是大致相仿的。

(一)标准食谱的作用

标准食谱将原料的选择、加工、配份、烹调及其成品特点有机地集中在一起,并按照饭店设定的格式统一制作、管理,对厨房生产质量管理、原料成本核算、进行生产计划有多方面积极作用。

1.预示产量

可以根据原料数量,测算生产菜肴的份数,方便成本控制。

2. 减少督导
厨师知道每个菜所需原料及制作方法,只需遵照执行即可。

3. 高效率安排生产
制作具体菜肴的步骤和质量要求明确以后,安排工作时更加快速高效。

4. 减少劳动成本
使用标准食谱,可以减少厨师个人的操作技巧和难度,技术性可相对降低,厨房不必雇用过多高等级厨师,劳动成本因而降低。

5. 可以随时测算每个菜的成本
菜谱定下以后,无论原料市场行情何时变化,均可随时根据配方核算每个菜的成本。

6. 程序书面化
"食谱在头脑中"的厨师,若不来工作或突然辞职,该菜的生产无疑要发生混乱;食谱程序书面化,则可避免对个人因素的依赖。

7. 分量标准
按照标准食谱规定的各项用料进行生产制作,可以保证成品的分量标准化。

8. 减少对存货控制的依靠
通过售出菜品份数与标准用料计算出已用料情况,再扣除部分损耗,便可测知库存原料情况,这更有利于安排生产和进行成本控制。

标准食谱的制定和使用以及使用前的培训,需要消耗一定的时间,增加部分工作量。同时,由于标准食谱强调规范和统一,会使部分员工感到工作上没有创造性和独立性,因而可能产生一些消极态度等。这就需要正面引导和正确督导,以使员工正确认识标准食谱的意义。

(二)标准食谱的内容

标准食谱的内容,即一个饭店厨房生产某菜肴、点心应该统一、规范、明确的具体方面。标准食谱的内容主要包括以下几点。

1. 菜点名称
一道菜肴或点心,在一家饭店应有一个规范的名称,否则不仅员工、客人感觉混乱,而且也很难叫出名声。比如,同一个饭店、同一盘炒饭,有的叫"扬州炒饭",有的叫"什锦炒饭",有的叫"虾仁炒米",这就很不统一。

2. 投料名称
投料名称,即菜肴的标准用料。这里,包括菜肴的主料、配料、料头(小料)和调料。比如"银杏炒虾仁",原料包括银杏、河(或海)虾仁、葱段、精盐、味精等。投料名称应以规范叫法或当地、本饭店一致叫法为准,如规定用"淀粉",就不可再出现生粉、芡粉、菱粉、小粉等名称。

3. 投料数量

投料数量,包括主料、配料、料头及调料的数量,以及与之相配的单位。数量应以法定单位标注,清楚、明确,易于计数。如"榨菜炒肉丝":榨菜丝45克,肉丝300克,笋丝50克,姜花8片,葱段10根等。

4. 制作程序

一道菜肴、一款点心,可以有多种烹饪方法,但在一家饭店,只能规定一种做法,这才能保证给消费者统一形象和标准。制作方法,就是将该菜的制作步骤加以规定和统一,以保证成品质量一致。比如"芙蓉鱼圆":鱼打成茸后在水锅里氽熟,洁白光滑,入口清爽;若在油锅中氽熟,则易干瘪,入口肥腻。

5. 成品质量要求

成品质量要求,也是成品质量标准,是该菜、该点心应该达到的目标。原则上讲,只要严格按照标准投料并按标准程序进行生产操作,成品的质量应该是理想的、一致的。但为了方便厨师对照、检验,制定、明确成品质量也是必要的。成品质量要求,通常包括成品的色、香、味、形、质地、温度等,必须是该菜的主要特征,不必面面俱到,长篇大论。比如"碧绿生鱼球",成品应达到白绿分明、清新咸鲜、鱼球滑嫩、西蓝花翠绿嫩爽等。

6. 盛器

盛器,即菜肴或点心销售盛装的器皿。一道菜肴(或点心),选择与之相配的盛器,可以丰富、保持甚至提高菜品的形象及质量。盛器不统一,同样给消费者出品不规范的印象。比如"铁板鲈鱼"要求用16英寸椭圆形铁板盛装鲈鱼,这就是一个明确的界定。

7. 装饰

装饰,即菜肴的盘饰、美化,包括装饰用料、点缀方式等。如"豉油皇鳜鱼"的装饰规定:用茄皮牡丹加香菜点缀于鱼上腹部。

8. 单价、金额、成本

单价系指标准食谱应说明每种用料的单位价格;在此基础上,计算出每种原料的金额;汇总之后即可得出该道菜或该点心的成本。

9. 使用设备、烹饪方法

不同设备、不同烹饪方法,也会导致菜肴的不同风味、不同风格特征。即使烤制菜肴,面火烤、底火烤、喷雾湿烤与干烤成品质感是有明显差异的,而这些区别与烤炉的性能是有直接因果联系的。

10. 制作批量、份数

有些菜肴、点心规格较大,比如烤鸭、扒蹄,而有些则相当碎小,如水饺、汤圆等。前者可以每一道菜肴单独制定一份标准食谱;后者则适宜批量制作,集中测定用料、用量,分客销售、分摊成本,否则,难以量化。

11. 类别、序号

类别是该菜、该点心的种属划分。饭店分类标准不一,菜肴的类别归属也不一致。有的按原料性质划分,有的按烹饪方法划分,有的按成菜风味划分,有的按成品风格特征(如冷菜、热菜、羹汤等)划分等。使用序号将标准食谱有序排列,也主要是为了方便统计、分类管理和使用。

二、标准食谱的式样

标准食谱的式样,根据饭店管理风格不一而多种多样,有的标准食谱直接以管理软件的方式出现和使用。

1. 以方便随时核计成本为特点的标准食谱

这种标准食谱样本见表7-9。

表7-9 标准食谱(样)

菜点名称			生产厨房	总分量	每份规格	日期
用料	单位	数量	日期:		日期:	
			单位成本	合 计	单位成本	合 计
合 计						
菜式之预备及做法:				特点及质量标准:		

2. 以形象直观、方便对照执行见长的标准食谱

这种标准食谱样本见表7-10。

表7-10 标准食谱(样)

编号:

名称:____		
类别:____ 分量:____ 盛器:____	成 本:____ 售 价:____ 毛利率:____	照片
质量标准		

续表

用料名称	单位	数量	单价	金额	备注	制作程序

3. 以批量制作、总体核计方式形成的标准食谱

这种标准食谱样本见表7-11。

表7-11 鸡肉色拉标准食谱(样)

出菜总量:100份　　　　　　　　　　　　　　　　每份:一杯

配料	重量	数量	制作流程
鸡肉(烤或炸)	65磅		1.将鸡肉放进汤锅中,加水、盐和月桂叶。水沸后,小火煨2小时直到熟透。
水		9加仑	
盐	7盎司	2/3杯	
月桂树叶		9片	
芹菜,切好	12磅	2加仑	2.将鸡肉退骨,然后切成3~5厘米长的小块。
青椒,切好	1磅8盎司	1夸脱	
洋葱,切好	8盎司	1杯	3.加入配料,搅匀。
柠檬汁		1杯	4.将这些配料混合在一起,然后加到鸡、菜中混合,轻轻搅拌至匀。放进冰箱,以备上席。
色拉料	3磅4盎司	6杯	
盐	4盎司	6汤匙	
胡椒		1汤匙	

标准食谱的制作材料也不尽相同,有的是普通纸张,有的是硬纸卡片,有的用镜框陈列。宾馆、饭店的客房用餐多将标准食谱连同彩照用镜框加以陈列,方便值班人员提供客房用餐时对照制作、规范出品。

三、标准食谱制定程序与要求

标准食谱的制定,可能存在几种情况:一种是已经生产经营的饭店,现行品种已有标准食谱,需要修正、完善;一种是正在生产经营的饭店,菜点品种不少,可是没有标准食谱;还有一种是即将开张经营的饭店,正在计划菜点品种,或正在经营饭店新增、新创菜点品种,将要制定标准食谱。不管何种状况,何种类型,制定标准食谱都是需要耐心、细心、具有认真负责精神才能做好的。

制定标准食谱要选择一个时间段,可以每周在组织厨师开会时对三四个食谱进行规范。在会议上,要求厨师对菜肴配份提出看法:需要什么原料,每种原料需要多少,用什么盘子或碗、碟盛菜。当采用食谱进行实际制作时,要通过详细观察厨师的制作过程来复查食谱。标准食谱的制定,实际上是对菜肴进行定性和论证。

标准食谱制定可以按如下步骤进行:

(1)确定主、配料原料及数量。这是很关键的一步,它确定了菜肴的基调,决定了该菜的主要成本。数量的确定有的只能批量制作,平均分摊测算,例如点心、菜肴单位较小的品种。不论菜肴、点心规格大小,都应力求精确。

(2)规定调味料品种,试验确定每份用量。国内外管理精良的饭店、餐馆均在使用标准食谱,在调味料的使用上多采用集中制作,按菜(根据一定数量,用一定量器)取用、投放的方式。调味料品种、牌号要明确,因为不同厂家、不同牌号的质量差别较大,价格差距也较大。调味料只能根据批量分摊的方式测算。

(3)根据主、配、调味料用量,计算成本、毛利及售价。随着市场行情的变化,单价、总成本会不断变化,因此第一次制定菜、点的标准食谱必须细致准确,为今后的测算打下良好的基础。

(4)规定加工制作步骤。将必需的、主要的、易产生其他做法的步骤加以统一规定,并用术语简练表述。

(5)选定盛器,落实盘饰用料及式样。

(6)明确产品特点及质量标准。标准食谱既是培训、生产制作的依据,又是检查、考核的标准,其质量要求更应明确具体才切实可行。

(7)填写标准食谱。字迹要端正,要使员工都能看懂。

(8)按标准食谱培训员工,统一生产出品标准。

标准食谱一经制定,必须严格执行。在使用过程中,要维持其严肃性和权威性,减少随意投料和乱改程序而导致厨房出品质量的不一致、不稳定,使标准食谱在规范厨房出品质量方面发挥应有作用。

本章小结

良好的厨房运转工作秩序主要靠加强厨房生产运作管理来实现。本章系统、全面地介绍了厨房生产运作的主要过程,具体分析了厨房各生产环节管理控制工作的要点;详细阐述了标准食谱对厨房出品质量及成本管理的主要作用,并清楚地介绍了标准食谱的制定方法和步骤。

 **思考与练习**

(一)理解思考

1. 原料解冻注意要点有哪些?
2. 加工原料数量确定和控制过程怎样?
3. 配菜出菜制度内容有哪些?
4. 厨房开餐前准备工作内容有哪些?
5. 厨房开餐期间生产管理工作内容有哪些?
6. 加强厨房开餐后管理内容有哪些?
7. 标准食谱的作用及其内容有哪些?

(二)实训练习

1. 分析原料加工对菜肴后期质量的影响。
2. 深入饭店厨房,对下班结束收尾工作进行考察,交流心得。
3. 拟订条件,制定具体、完整的标准食谱。

第 8 章

厨房产品质量管理

学习目标

> 了解产品质量指标的内涵
> 掌握质量感官评定法
> 明确影响厨房产品质量的因素
> 学会阶段标准控制法
> 学会岗位职责控制法
> 学会重点控制法

厨房产品,即厨房各部门加工生产的各类冷菜、热菜、点心、甜品、汤羹,以及水果盘等。其质量的好坏优劣,既反映了厨房生产、管理人员的技术素质和管理水平,同时还表现为就餐环境及服务等给客人的感觉。厨房产品质量,直接影响餐厅就餐人数,影响饭店的经济效益,影响饭店的声誉、口碑。因此,采取切实有效的措施,加强质量控制,是厨房管理工作的重中之重。

案例导入

烤火鸡的肉质

在欧美,尤其是美洲大陆,火鸡是一种很普通的肉食,在感恩节和圣诞节这两个大节日里,火鸡更是传统、必备的美食。

12月22日晚,几位外国客人相聚青岛某五星级酒店的扒房,大家点了一瓶香槟酒、烤火鸡、芥末蛋黄酱生菜色拉等,以此庆祝圣诞佳节的到来。斟上香槟,边相互祝愿,边期待火鸡的到来。一会儿,服务员端上刚刚出炉的火鸡,乍一看色泽金黄,同时还散发着浓郁的香气,让人垂涎欲滴。客人兴致勃勃地分享起来。然而品尝之后,感觉火鸡肉质很柴,不免有些扫兴,于是让服务人员请来当班厨师,请他拿回厨房重新加工一下。几分钟后,烤火鸡又被重新端上桌,客人再次品尝后,觉得不仅没有什么改进,反而肉质更糟了,客人非常失望……

 案例分析

火鸡原产北美,成年公火鸡体重可达15千克以上,母火鸡躯体较小,通常为9千克左右,肉质肥嫩。火鸡在使用上还有老、幼之分,幼火鸡为2.5~5千克,主要用于烤;老火鸡一般6~10千克,最大可达30千克,肉质较粗老,适宜去骨后制火鸡卷。火鸡是一种高蛋白、低脂肪、低胆固醇的肉食佳品,通常在秋季宰杀,常用来烧烤,是欧美国家圣诞节和感恩节不可缺少的佳肴。

由于脂肪含量低,所以给烹调制作带来了难度,肉质容易变得粗老,特别是胸脯部位。因此,烧烤火鸡,要严格按标准化程序进行操作,特别要控制好烧烤温度和火鸡内部温度,一般先高温(200℃)后低温(160℃)烤至内部温度74℃左右,整个过程须不时淋油。烤熟出炉后,分切前应放置片刻,使内部肉汁从中间往四周反流,均匀分布,伴以原汁沙司食用。

火鸡肉质很柴,应该是烧烤火候失当,没有淋油也是问题所在。上桌后,返回厨房再简单地做第二次烘烤处理,只会使肉质更糟。

第一节 厨房产品的质量概念

厨房产品质量,即厨房生产、出品的菜肴、点心等各类产品的品质。厨房产品质量包括菜点食品本身的质量和外围质量两个方面。好的厨房产品质量指提供给客人食用的产品无毒无害,营养卫生,芳香可口且易于消化;菜点的色、香、味、形俱佳,温度、质地适口,客人餐毕能感到高度满足。合格的厨房产品的外围质量则主要指产品的销售服务态度要好,服务工作及时、周全而富有效率;就餐环境舒适,能满足客人交流、享受的心理需求,体现其身份和地位。澳大利亚丽晶斯饭店管理学校执行经理、职业教育部国家项目经理德瑞克·凯西(Derrick Casey)认为:质量是提供的产品或服务不断与顾客的期望和需求相吻合。因此,充分理解厨房产品质量概念,是进行有效厨房产品质量管理的前提。

一、产品质量指标内涵

厨房产品自身质量指标,主要指菜点的色、香、味、形、器,以及质地、温度、营养卫生等方面,有的还包括声响。各项指标均有其约定俗成并已为消费者普遍接受的感官鉴赏标准。

1. 色

食物的颜色是吸引消费者的第一感官指标,人们是通过视觉对食物进行第一步鉴赏的。"色"给客人以先入为主的第一印象。

厨房菜点的颜色可以由动植物组织中天然产生的色素来形成。植物(水果和蔬菜)的主要色素分别为类胡萝卜素、叶绿素、花色素苷和花黄素四种。厨房加工和烹调过程对菜点成品的颜色变化也有很大影响,大多数原料经过高温烹调或加工后会改变颜色(见表8-1),烹调的目的之一,是通过恰当操作和处理,使其达到最高限度的所需颜色品质。

表8-1 食物中主要颜色因素

颜色因素	颜色	物质作用				
		酸	碱	热	氧	金属
花色素苷	红、蓝	红	蓝	a	a	铁、铝、锌——蓝、绿、紫
花黄素	无色、白、黄	白	黄	加热延长时粉红	a	锌、铁、铝——鲜黄、棕
类胡萝卜素	黄、橘黄	a	a	加热延长时变暗	a	a
叶绿素	绿	橄榄绿	鲜绿	橄榄绿	a	铜、锡——鲜绿
肌红蛋白	红	a	a	棕	鲜红、加热延长时带紫红	a
单宁	无色、白、棕	a	a	粉红	棕	铁——蓝、黑

注:a代表无明显作用。

由于大自然并不总是能够提供理想的颜色,厨师通常在菜点生产过程中加入色素,使成品达到一般可以接受的水准。如黄油、冰激凌、红烧肉等。添加色素有天然色素和人工合成色素两种,理想的颜色是既不太淡也不太浓。然而,使用天然色素仍是饭店及食品行业的一大趋势。

菜肴的色泽以自然清新、适应季节变化、搭配和谐悦目、色彩鲜明,能给就餐者以美感为佳。原料搭配不当,或烹调过分,成品色彩混沌或色泽暗淡的菜肴,不仅表明质量欠佳,还将有损就餐者的胃口,妨碍就餐情趣。

2. 香

香,是指菜肴飘逸出的气味给人的感受,是由人的鼻腔上部的上皮嗅觉神经感知的。人们进食时总是先嗅其气,再尝其味。人类所感知的气味大约有1600万种之多。在食物进入口中以前,气味就由空气进入鼻中。人们之所以把"香"单独列出来,是因为食物的香味对增进进餐时的快感有着巨大的作用。当人嗅到某种久违了的气味时,往往能引起对遥远旧事的回忆,因此,当久居海外的华侨品尝到地道家乡菜时,会倍感亲切。广东菜十分讲究菜肴的"镬气"。所谓镬气,就是菜肴烹调成熟后很快散发在空气当中的热气及该菜肴特有的气味。嗅觉较味觉灵敏得多,而嗅觉感受器比味觉感受器更易疲劳。因此对任何气味的感觉总是减弱得相当快。因此,要特别重视热菜热上的时效性,尤其是炒菜。例如,响油鳝糊的麻油拌蒜香、生煸草头的清香、姜葱炒膏蟹的辛香、北京烤鸭的肥香、砂锅狗肉的橘香,未尝其菜,先闻其香,诱人食欲,催人下箸。如果菜肴特有的芳香不能得以呈现和挥发,则影响了消费者对菜肴的期望,对其质量的评价自然不会高。

香与味既有联系,又有区别,两者的呈味物质有相似之处,要妥善选择使用。

3. 味

味是菜肴的灵魂。人们并不仅仅满足于嗅菜肴的香气,还要求能品尝到食物的味道。通常人们所说的酸、甜、苦、辣、咸是五种基本味。五味调和百味香。基本味的不同组合,调制出的菜肴口味可谓丰富多彩,如川菜就有百菜百味之说。国外评价中国人不仅会识味、辨味,而且还善于造味。有人把"涩"单列一味,其实涩是由于食物中某些物质使得唾液中和口腔黏膜中的蛋白质骤然沉淀,致使口腔内各处黏膜失去润滑所产生的感觉。轻度的涩也令人愉快,例如喝某些果汁、果汤时的感觉。但强烈的涩,例如未成熟的柿子引起的涩,便使人难以忍受。菜肴调味适度,浓淡恰当,味型分明,变化多样,使就餐宾客齿留余韵,回味无穷。

人们对菜肴味的把握,是通过味蕾,即分布在舌面、软腭及会厌后部的许多细胞感觉的。人有将近9000~10 000个味蕾。味蕾几乎每7天就消亡并由新的来代替。随着年龄的增长味蕾数目不断下降,所以儿童和婴幼儿比成年人有较好的品尝食物的能力。他们不需要使食物气味很浓就可接受。人到中年,好多消亡的味蕾没有得到再生,因此味觉的灵敏度就下降了(见表8-2)。这种现象要求厨房生产和管理人员正确区别对待不同年龄就餐客人,设计菜肴调味及用料。

表 8-2　年龄、味蕾数与味觉敏感程度之关系

年　　龄	味蕾数目（个）	敏感程度
0~11个月	240	强
1~3岁	244	强
4~20岁	252	最强
30~45岁	218	较强
50~70岁	200	较强
74~85岁	88	弱

注：表中味蕾的数目系指一个轮廓乳头中所含的数目。

4.形

形是指菜肴的刀工成型、装盘造型。原料本身的形态、加工处理的技法，以及烹调装盘的拼摆都直接影响菜肴的"形"。刀工精美，整齐划一，装盘饱满，形象生动，则给就餐客人以美感享受。这些效果的取得要靠厨师的艺术设计，如松鼠鳜鱼栩栩如生，冬瓜盅艳丽多彩，凤尾虾如凤似玉。利用围边进行盘饰点缀等使热菜的造型更加多姿多彩，如碧绿鲜带子松鼠鳜鱼等，镶一双紫菜头雕红蝴蝶；圆润光滑的寿桃中间摆一尊面塑的老寿星等，既使菜点更加饱满，又使得宴请等餐饮主题更加突出。热菜造型以快捷、神似为主；冷菜的造型比热菜有更大的方便和更高的要求。冷菜先烹制后装配，提供了美化菜肴的时间，减少了破坏菜肴形象的可能。因此，对一些有主题的餐饮活动，冷菜有针对性的装盘造型就更加必要和富有效果了。对菜肴"形"的追求要把握分寸，过分精雕细刻，反复触摸摆弄，会污染菜肴或者喧宾夺主。这样实则是对菜肴"形"的极大破坏。

5.质地

质地是影响菜肴、点心质量的一个重要因素。质地包括这样一些属性，如韧性、弹性、胶性、黏附性、纤维性、切片性及脆性等。任何偏离菜肴一般可接受的特有质地都可使其变成不合格的产品。所以人们抵制购买发软的脆饼，不喜欢多筋的蔬菜等，因为它们的质地已不是公认的特征。菜点进一步被牙齿咬嚼，增大了口腔表面积分泌出大量的味觉与嗅觉刺激物。这些刺激物的总效应就是为大脑提供该菜点的质地感觉。通常菜点的质地感觉包括以下几个方面：①酥，指菜肴入口，咬后立即迎牙即散，成为碎渣，产生一种似乎有抵抗而又无阻力的微妙感觉，如香酥鸭。②脆，菜肴入口立即迎牙而裂，而且顺着裂纹一直劈开，产生一种有抵抗力的感觉，如清炒鲜芦笋。③韧，指菜肴入口后带有弹性的硬度，咀嚼时产生的抵抗性不那么强烈，但时间较久。韧的特点，要经牙齿较长时间的咀嚼才能感受到，如

干煸牛肉丝、花菇牛筋煲等。④嫩,菜肴入口后,有光滑感,一嚼即碎,没有什么抵抗力,如糟熘鱼片。⑤烂,菜肴宛如瘫痪,入口即化,几乎不要咀嚼,如米粉蒸肉。菜肴的质地受欢迎与否在很大程度上取决于原料的性质和菜肴的烹制时间及温度。因此,制作菜肴必须将严格的生产计划与每道菜肴合适的烹制时间相结合,以生产合格的产品。

6. 器

器,不同的菜肴要有不同的盛器与之配合。配合恰当,相映生辉,相得益彰。菜肴的多少与盛器的大小相一致,菜肴的名称与盛器的叫法相吻合,菜肴的身价与盛器的贵贱相匹配,可使菜肴锦上添花,更显高雅。虽然有些盛器对菜肴质量并不产生太大或直接影响,但是对于用煲、砂锅、铁板、火锅、明炉等制造特定气氛和需要较长时间保温的菜肴来说,盛器对其质量却有着至关重要的作用。比如,明炉豉油鳗鱼用盘子代替明炉装鱼,不仅无法继续加温,而且很快冷却,直接影响其质量和效果。同样,热菜用保温盛器,冷菜用常温餐具也不同程度地提高了菜肴出品的质量。相反,菜肴本身质量较好,若盛装在质劣破损的餐具里,产品的总体质量无疑会大打折扣。

7. 温

温,即出品菜点的温度。同一种菜肴,同一道点心,出品食用的温度不同,口感质量会有明显差异。如蟹黄汤包,热吃汤汁鲜香,冷后腥而腻口,甚至汤汁凝固;再如,拔丝苹果,趁热上桌食用,可拉出万缕千丝,冷后则糖饼一块,更别想拔出丝来。因此,温度是菜肴重要的质量指标之一。科学家研究发现,不同温度食品的风味质感是不一样的。厨房生产及餐厅服务人员要想把握每类菜肴的出品品质,就应遵循表8-3中对温度的规定:

表8-3 部分食品最佳温度

食品名称	出品及提供食用温度
冷菜	15℃左右
热菜	70℃以上
热汤	80℃以上
热饭	65℃以上
砂锅	100℃

8. 声

声,即声音、声响。有些菜肴由于厨师的特别设计或特殊盛器的配合使用,菜肴上桌时会发出响声。比如虾仁锅巴等锅巴类菜肴,铁板鳝花等铁板类菜肴等。

菜肴上桌的同时发出"吱吱"的响声,说明菜肴的温度足够,质地(尤其是锅巴炸的酥脆程度)是达标的,进而为餐桌创造的气氛是热烈的。相反,该发出响声的菜肴没有出声,会使就餐者觉得菜肴与价值不符,感到失望和扫兴。

9.营养、卫生

营养、卫生是菜肴及其他一切食品必须具备的共同条件。该指标虽然抽象,但通过对菜肴的外表及内在质量指标的判断和把握可不同程度地反映营养、卫生的质量情况。比如,通过已经炒熟绿叶蔬菜的颜色判断维生素的破坏情况;通过对清蒸鱼肉的品尝,可知该鱼是否受过污染以及其新鲜程度。另外,通过一席菜点用料及口味等的比较,发现营养搭配是否合理、均衡等。但有些方面不是直观易见的,比如畜肉是否经过检疫,河豚是否加工得法,不含任何病菌和毒素等,光靠外表和普通的品尝是不容易发现和把握的。因此,餐饮企业必须严格生产管理,始终重视营养和卫生,以保证菜肴品质的可靠和优良。

二、质量感官评定

无论菜肴的外观,还是风味,以及其结构组织,客人都是通过身体感觉器官即眼、耳、鼻、口(舌、牙齿)和手来品尝和把握的。手虽然很少直接接触食物,取用和攫夹菜肴的筷子给手的感觉同样可以帮助了解菜肴的质地。因此,客人对菜肴自身质量的评判,是调动以往的经历和经验,结合各方面质量指标应有内涵,经过感官鉴定而得出的。菜肴与就餐客人的感官印象关系如图8-1所示。

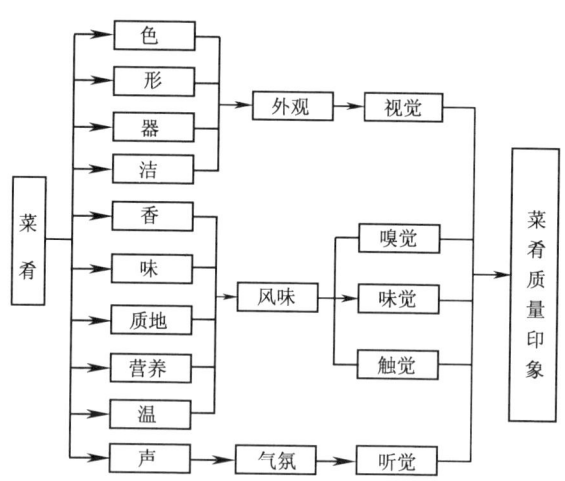

图8-1 菜肴与就餐客人的感官印象关系

感官质量评定法,是餐饮实践中最基本、最实用、最简便有效的方法。感官评定法是应用人的感觉器官通过对菜肴的鉴赏和品尝,来评定菜肴各项指标质量的方法。即用眼、耳、鼻、舌(齿)、手等感官,通过看、嗅、尝、嚼、咬、听、撕夹等方法,检查菜肴外观色、形、器,品尝菜肴风味的香、味、质、温等,从而确定其质量的一种评定方法。

1. 嗅觉评定

嗅觉评定就是运用嗅觉器官来评定菜肴的气味。菜肴的气味大部分来自菜肴原料本身,调味及烹调处理亦可为菜肴增添受消费者喜爱的香气,如烤面包的焦香、椒盐里脊的咸香等。保持并能恰到好处地增加其芳香的菜肴,则为好的产品;破坏、损害原有芳香,或香料投放失当、烹调不得法,掩盖原料固有香味,产生令人反感气味的菜肴则为不合格产品。

2. 视觉评定

视觉评定是根据经验,用肉眼对菜肴的外部特征如色彩、光泽、形态、造型,菜肴与盛器的配合,装盘的艺术性等进行检查、鉴赏,以评定其质量优劣。菜肴充分利用天然色彩,合理搭配,烹调恰当,自然和谐,色泽诱人,刀工美观,装盘造型优美别致,该菜肴则为合格优质产品。反之,原料虽合格,刀工成型差;或切配虽合适,调味用料重,成品褐黑无光泽;抑或烹制较好,装盘不得体、不整洁等都为不合格产品。

3. 味觉评定

味觉评定是人舌头表面味蕾接触食物,受到刺激时获得的反应,进而辨别甜、咸、酸、苦、辣等滋味。菜肴口味是否恰当准确,符合风味要求,味觉评定具有很重要的作用。菜肴纯咸或单酸等呈单一口味的几乎没有。除了甜品,以甜味为主(大多甜品亦具香味,属香甜口味),绝大部分菜肴都是复合味,如咕噜肉——酸甜型,椒盐鱼条——咸香型,怪味鸡——麻辣咸鲜酸甜香等复合型等。烹制菜肴,调味用料准确、比例恰当、口味纯正地道即为合格产品;菜肴虽经调味,可口味不突出,似是而非,甚至出于谨慎,菜淡而寡味,则都为不合格产品。

4. 听觉评定

听觉评定是针对应该发出响声的菜肴(如锅巴及铁板类菜肴等)出品时的声响状况,从而对菜肴质量做出相关评价。通过考察菜肴声响,既可发现其温度是否符合要求,质地是否已处理得膨发酥松(主要指锅巴类菜肴),同时还可以考核服务是否全面得体。若菜肴在餐桌及时发出响声,并香气四溢,配有相应加防溅措施(铁板类菜肴添加盖),则证明该菜这方面的质量是达标的;反之,响声菜给人以无声或声音很微弱的听觉感受,其质量是不合格的。

5.触觉评定

触觉评定是通过人体舌、牙齿,以及手对菜肴直接或间接的咬、咀嚼、按、摸、捏、敲等活动,检查菜肴的组织结构、质地、温度等,从而评定菜肴质量。如通过咀嚼可以发现菜肴的老嫩,汤、菜与舌及口腔的接触可以判断温度是否合适;用手掰面包可以检查其松软状态及筋力程度;用手借助于汤匙、筷子,可以检查菜肴是否软嫩、酥烂等。菜肴软硬恰当,酥嫩适口,其质量是好的;老硬干枯,烂糊不清,则为低劣产品。

对菜肴质量的鉴赏评定,往往要几种方法同时并用,才能全面把握其质量。如评定烤鸭的质量,不仅要看鸭皮是否光亮红润、焦香是否纯正,还应该用筷子敲敲其表皮是否酥脆,并且品尝其面酱是否香甜咸适中,配食、咀嚼的触感是否脆、爽、滑、嫩、细、暄、绵、劲等兼具,这样,基本上就能对烤鸭的质量做出较正确全面的评定了。

厨房产品感官质量评定法实用快捷,其特点有:

(1)厨房产品质量因鉴评人感官灵敏程度而异。消费者或其他厨房产品的品评者感觉灵敏程度高,菜点各方面指标把握就比较准,反之,评判不一定很准。

(2)厨房产品质量因消费者个人偏好而异。偏好的强烈程度不同会导致对产品的不一样评价。

(3)厨房产品质量易受特殊环境、条件、假象的影响。厨房产品消费者自身的特殊条件、品评厨房产品当时、当地的特殊条件都会产生对厨房产品质量评价的影响。

厨房产品感官质量评定法的特点揭示厨房产品质量,有时,有些客人的把握不一定很准,质量评定带有一定的主观性和相对性,因此,研究消费者、关注消费者,对提高消费者对厨房产品质量的评价相当重要。

三、产品外围质量要求

厨房产品的外围质量是指除菜点食物自身以外的就餐环境等有关服务的质量。提高产品的外围质量,可以提高宾客对厨房产品总体质量的评价。

1.舒适惬意,环境雅致

提供宾客品尝美味佳肴的理想环境是提高产品外围价值的重要因素。宾客进餐活动中的生理和心理要求告诉我们,就餐环境应尽可能设计布置得舒适美观、大方别致。宾客在餐厅进餐,一方面是为了补充食物营养,滋生养体,另一方面也是为了松弛神经,消除疲劳。这就要求餐饮环境的装饰布置能给人以舒适惬意感,以颐养性情,增进食欲。因此,餐桌和餐具的造型、结构必须符合人体构造规律,餐厅的色彩、温度、照明和装饰要力求创造安静轻松、舒适愉快的环境、氛围。

与此同时,宾客在餐厅进餐,往往还有满足爱好、追求情趣的需求,而美观雅致的餐饮环境有助于宾客这方面的要求得到充分满足。创造美观雅致的餐饮环境可采取人工装饰环境和利用自然环境相结合的方法,在根据不同餐厅类型、不同餐饮内容主题设计、装饰餐厅的同时,应充分利用周围环境的自然美,将湖光山色、自然天趣引入室内。

2.价格合理,完善服务

由于产品价值的实现有赖于宾客的购买,而宾客也必然以价格来衡量厨房产品的总体质量水平,因此,厨房产品质量水平与价格必须平衡结合。所谓价格合理,是指厨房产品的质量与价格相符,和价值相称,既使宾客感到实惠或值得,又使餐饮企业有合理的赢利。在一般情况下,宾客总希望以尽可能少的花费或在一定的价格水平上享受尽可能高水平的服务;而饭店总希望以尽可能高的价格提供最高水平的服务。解决这一矛盾的方法之一是提高产品的外围质量水平,当饭店在具备了一定的服务设施条件和达到一定服务水平以后,只要有意识地改进那些貌似细微、花费不大的服务细节以提高产品的外围质量,便能成功地将服务水平提高到较高的水准,从而满足宾客追求高水平服务的需求,饭店也可将价格提高到较高的档次。

第二节 影响厨房产品质量的因素分析

影响厨房产品质量的因素有好几个方面。无论是主观的,还是客观的,是饭店内部的,还是外部宾客自身的,只要有一个方面疏忽或不称心,厨房产品的质量都很难说是优质或合格的。因此,分析影响厨房产品质量几方面的主要因素,进而采取相应的管理和控制措施,对创造并保持产品合格和优良品质是十分必要的。

一、厨房生产的人为因素

厨房生产的人为因素,即厨房员工在厨房生产过程中表现出来的自身的主观、客观因素对厨房产品质量造成的影响。厨房产品很大程度上是靠厨房员工手工生产出来的,除了员工的技术殊异、体力差距、能力强弱、接受反应程度快慢之外,厨房生产人员的主观情绪波动,对其产品质量亦有直接影响。厨房生产人员的情绪,直接影响其工作积极性和责任心。而这些又多是厨房管理人员不加细心观察和深入了解难以发现的。人的情绪好坏影响人的活动能力,从而影响工作效率和质量。人有喜、怒、哀、乐,这种体验是人对客观事物态度的反映,即情绪或情感。情绪有明显的两极性,积极的情绪可以提高人的活动能力;消极的情绪则会降低人的活动能力,从而降低工作积极性,有损工作责任心。占厨房生产主体部分的青年员工尤其如此。影响厨房员工情绪的因素是多方面的,归纳起来,可用图8-2表示。

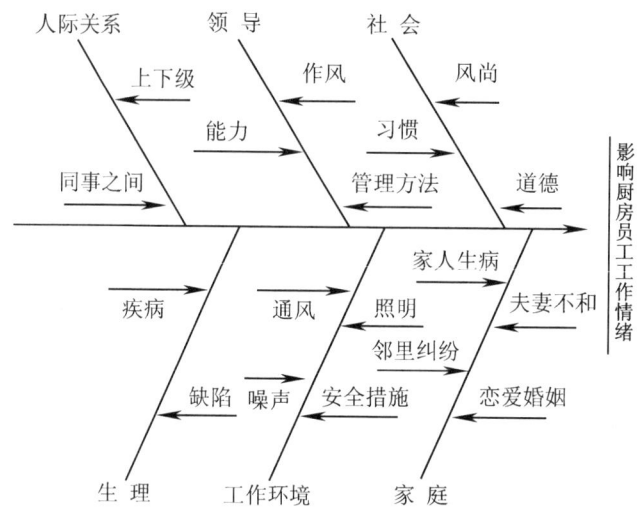

图 8-2 影响厨房员工工作情绪的因素分析

从图中可以看出,影响厨房员工工作情绪的因素涉及人际关系、领导作风、社会风尚、生理条件、工作环境、婚姻家庭等,其中任何一个因素都可能影响其积极性和工作责任心。心情舒畅,情绪稳定,工作积极主动,产品质量就高且稳定;相反,情绪波动不定,态度消极,疲于应付,工作中差错就多,产品质量就无法保证。曾有一家档次较高的酒楼,炉灶长期漏煤气,炒菜厨师纷纷想调换工作,二炉厨师又因对当月奖金发放不满,开餐高峰仍以微火炒菜,积压出菜不说,还劝说头炉以小火应付。其情绪的消极低沉,直接妨碍了生产的正常进行,破坏着出品的质量。因此,厨房管理者在生产第一线施以现场督导的同时,应多与员工交心,激励员工,充分调动员工积极性,从而提高厨房产品质量。

二、生产过程的客观自然因素

厨房产品的质量,常常受到原料及作料自身质量的影响。正如清代袁枚在《随园食单》里所说:"凡物各有先天,如人各有资禀,人性下愚,虽孔孟教之无益也;物性不良,虽易牙烹之亦无味也。"原料固有品质较好,只要烹饪恰当,产品质量就相对较好;原料先天不足,或是过老过硬,或是过小过碎,或是陈旧腐败,即使有厨师的精心改良,精细烹制,其产品质量要合乎标准、尽如人意,仍很困难。例如,制作"脆炸鲜奶"这个菜,其关键是熬制奶糊,而熬奶糊的重点又在打芡,若用上乘应粟粉勾芡,光洁细腻,质量上乘。可市场上仿冒应粟粉一经误用,奶糊则暗淡不均,无力易碎,对菜肴的质量和成本都产生不利影响。

厨房生产过程中,还有一些意想不到或不可抗力因素的作用,同样影响着厨房产品的质量。比如,炉火的大小强弱,对菜点质量有着直接影响。燃烧天然气、煤气的厨房,在用气高峰或天寒地冻的季节,可能一时炉火不足,大量旺火速成的炒、炸类菜肴,其质量必定受到影响。又如,用柴油作燃料烹调的厨房,因点火或柴油燃烧不充分,可能使烹调的菜点带有柴油味或黑灰屑,其质量同样会受到影响。

三、就餐宾客的自身因素

"众口难调"是厨师对菜点口味不符合宾客要求的最好开脱。事实上,这话也道出了"食无定味,适口者珍"这一就餐宾客中普遍存在的口味差异。即使厨房生产完全合乎规范,产品全部达标,在消费过程中,仍不免有这样那样的客人认为"偏咸了""偏淡了""过火了""带生了"等。这就是厨房产品质量因就餐客人的不同生理感受、心理作用(与以往就餐经历的对比)而产生的不同评价,也就是影响厨房产品质量的宾客因素。

不仅如此,就餐客人还存在对某饭店厨房产品是否熟悉、"懂吃"的问题。如厨房制作的汤包,通过服务员介绍,客人饮汤品馅,汤醇味美,生产服务人员、就餐客人都获得了满意。反之,生产、服务虽恰到好处,但客人缺乏食用经验,或者吃得一身汤,或者烫着口腔,或者待吃时汤包冷冻成团,其结果客人必然不满意。因此,客人消费与厨房生产的默契配合(有些则需要通过服务员的适当解释或及时提醒实现),同样是创造、保证厨房产品较高质量的一个重要条件。

四、服务销售的附加因素

如前所述,餐厅服务销售从某种意义上讲,是厨房生产的延伸和继续,而有些菜肴,可以说就是在餐厅完成的烹饪。比如,各种火锅、火焰菜肴、堂灼、客前烹制菜肴,以及涮烤菜肴等。因此,服务员的服务技艺、处事应变能力,直接或间接地影响着菜肴的质量。这一点进一步证实:加强菜肴生产和服务,即厨房与餐厅的沟通与配合,确保出品畅达、及时,对保证和提高菜点质量是至关重要的。

餐厅销售的各类菜点,其价格是由饭店有关部门制定的,不同客人对价格的认可、接受程度是不尽相同的。这主要与客人的用餐经历和经济收入及消费价值观有关。客人对菜肴价格的衡量,即是否物有所值,同样构成对厨房产品质量的不同影响。

第三节　厨房产品质量控制方法

由于种种因素的影响,厨房产品质量具有随时发生波动和变化的可能,而厨房管理的任务正是要保证各类出品质量的可靠和稳定。德瑞克·凯西(Derrick Casey)认为,质量控制,是对原材料和成品质量进行控制,防止生产不合格产品的过程(即消除一切不合标准的状况)。因此,应采取切实可行的措施或综合采用各种有效的控制方法来保证厨房菜点的质量符合要求,并在较高水平上获得稳定。

一、阶段标准控制法

厨房生产运转流程,从原料购进到产品售出,可分为食品原料、食品生产和食品销售三大阶段;针对三大阶段不同工作特点,分别设计、制定相关作业标准,在此基础上再加以检查、督导和控制,以达到厨房生产及产品的质量稳定,这便是阶段标准控制法。

1. 食品原料阶段的控制

原料阶段主要包括原料的采购、验收和贮存。在这一阶段应重点控制原料的采购规格、验收质量和贮存管理方法。

(1)要严格按采购规格书采购各类菜肴原料,确保购进原料能最大限度地发挥应有作用,并使加工生产变得方便快捷。没有制定采购规格标准的一般原料,也应以方便生产为前提,选购规格分量相当、质量上乘的物品;不得贪图便宜省事,购进残次品原料。

(2)全面细致验收,保证进货质量。把不合格原料杜绝在饭店之外,可以减少厨房加工生产的不少麻烦。验收各类原料,首先要严格依据采购规格书规定的标准;若没有制定规格书的采购原料,或新上市的品种、对质量把握不清楚的,要随时约请有关专业厨师进行认真检查,确保验收质量。

(3)加强贮存原料管理,防止原料保管不当而降低质量标准。严格区分原料性质,进行分类保藏。各类保藏库要及时检查清理,防止将不合格或变质原料发放给厨房用以加工生产。厨房已申领暂存小库房(周转库)的原料,同样要加强检查整理,确保质量可靠和卫生安全。

2. 食品生产阶段的控制

在申领原料的数量与质量得到有效控制的前提下,食品生产阶段主要应控制菜肴加工、配份和烹调的质量。

(1)加工是菜肴生产的第一个环节,同时又是原料申领和接受使用的重要环节。进入厨房的原料质量要在这里得到认可,因此,要严格计划领料,并检查各类将要用作加工的原料的质量,确认可靠才可进行生产。对各类原料进行加工和切割,要根据烹调做菜需要,事先明确规定加工切割规格标准,并进行培训,督导执行(见表8-4)。

表8-4 原料切割规格表(样)

成品名称	用料	切割规格
笋 片	罐装冬笋	长5.5厘米、宽2厘米、厚0.2厘米
鱼 条	青鱼肉	0.8厘米见方,长5厘米
……		

原料经过加工切割,大部分动物、水产类原料还需要进行浆制(上浆),这道工序对成肴的色泽、嫩度和口味产生较大影响。如果因人而异,烹调岗位则无所适从,成品难免千差万别。因此,对各类菜肴的上浆用料应作出规定,以指导操作。上浆用料规格见表8-5。

表8-5 上浆用料规格表(样)

用料＼品种用量	鸡片(5千克)				
精盐	60克				
水	700毫升				
生粉	200克				
蛋清	6只				
松肉粉	5克				
……					

(2)配份是决定菜肴原料组成及分量的操作。对大量使用的菜肴主、配料的控制,应要求配份人员严格按菜肴配份规格表,称量取用各类原料,以保证菜肴风味和成本(见表8-6)。中菜切配、西菜切配,以及冷菜的装盘均可规定用料品种和数量。随着菜肴的翻新和菜肴成本的变化,如有必要,厨房管理人员还应及时测试用料比例,调整用量,修订配菜规格,并督导执行。

表8-6 菜肴配份规格表(样)

菜肴名称	主料		配料		料头		盛器规格	备注
	名称	数量	名称	数量	名称	数量		
玉环柱甫	元贝	12粒	节瓜	1250克	蒜片、姜花	各20克	10英寸圆盘	
……								

(3)烹调是菜肴从原料到成品的成熟环节,这里决定菜肴的色泽、风味和质地等,而且"鼎中之变,精妙微纤",其质量控制尤其显得重要和困难。有效的做法是,在开餐前,将经常使用的主要味型的调味汁,批量集中对制,以便开餐烹调供各炉头随时取用,以减少因人而异的偏差,保持出品口味质量的一致性。调味汁的调对应明确专人、根据一定的规格比例制作(见表8-7)。

表8-7 调味汁用料规格表(样)

用料＼用量＼调味汁名称	京都汁	……			
浙醋	500克				
白糖	300克				
芝麻酱	100克				
梅子	100克				
茄汁	150克				
喼汁	75克				
……					

3.食品销售阶段的控制

菜肴由厨房烹制完成,即交餐厅出菜服务,这里有两个环节容易出差错,须加以控制,其一是备餐服务,其二是餐厅上菜服务。

(1)备餐要为菜肴配齐相应的作料、食用和卫生器具及用品。加热后调味的菜肴(如炸、蒸、白灼菜肴等),大多需要配带作料,如果疏忽,菜肴则淡而无味;有些菜肴不借助一定的器具用品,食用起来很不雅观或不方便(如吃整只螃蟹等)。因此,备餐间有必要对有关菜肴的作料和用品的配带情况作出规定,以督促、提醒服务员上菜时注意带齐(见表8-8)。

表8-8 菜肴作料、用品配带表(样)

菜 名	作 料	用 品	备 注
白灼基围虾	虾汁	洗手盅	均每位客人一份
……			

(2)服务员上菜服务,要及时规范,主动报告菜名;对食用方法独特的菜肴,应

对客人作适当介绍或提示。要按照上菜次序,把握上菜节奏,循序渐进地从事菜点销售服务。分菜要注意菜肴的整体美和分散后的组合效果,始终注意保持厨房产品在宾客食用前的形象美观。对客人需要打包和外卖的食品,同样要注意尽可能保持其各方面质量的完好。

综上所述,厨房产品质量阶段标准控制法,其效果的实现要掌握以下三个要领:

(1)必须系统、分阶段制定切实可行的原料、生产、销售规格标准。

(2)分别培训,使相关岗位人员知晓、确认规格标准。

(3)沿着原料、生产和销售的顺序,逐个岗位进行逆序检查,达标认可方可继续操作。

阶段标准控制法特别强调各岗位、环节的质量检查,因此,建立和执行系统的检查制度,是厨房产品阶段控制的有效保证。厨房产品质量检查,重点是根据生产过程,抓好原料领用检查、生产制作检查和成菜服务销售检查三个方面。原料领用检查是把好菜点质量关的第一步,是对质量底线的控制,切不可因为顾及部门之间关系而放松这方面的检查、要求。生产制作检查,指菜肴加工生产过程中每下一道工序的员工必须对上一道工序的食品加工制作质量进行检查,如发现不合标准,应予返工,以免影响成品质量。服务销售检查指除上述两方面检查外,餐厅服务员也应参与菜点质量检查。服务员直接与宾客打交道,从销售的角度检查菜点质量,往往要求更高,尤其是对菜肴的色泽、装盘及外观等方面。因此,要注意调动和发挥服务人员的积极性,加强和利用其检查功能,切实改进和完善出品质量。

二、岗位职责控制法

利用厨房岗位分工,强化岗位职能,并施以检查督导,对厨房产品的质量亦有较好的控制效果,这便是厨房产品质量岗位职责控制法。

厨房产品质量岗位职责控制法的实施有两个要点。

1.厨房所有工作均应分工落实

厨房生产要达到一定的标准要求,各项工作必须全面分工落实。厨房生产既包括主要、明显的炒菜、切配等,也少不了零散、容易被忽视的打荷、料料、食品雕刻等。厨房所有工作明确划分、合理安排、毫无遗漏地分配至各加工生产岗位,这样才能保证厨房生产运转过程顺利进行,生产各环节的质量才有人负责,检查和改进工作也才有可能。

厨房各岗位应强调分工协作,每个岗位所承担的工作任务应该是本岗位比较便利完成的,而不应是阻力、障碍较大,或操作很困难的几项工作的累积。厨房岗位职责明确后,要强化各司其职、各尽其能的意识,员工在各自的岗位上保质保量及时完成各项任务,其质量控制便有了保障。

2.厨房岗位责任应有主次

厨房所有工作不仅要有相应的岗位分担,而且,厨房各岗位承担的工作责任也不应是均衡一致的。将一些价格昂贵、原料高档,或高规格、重要身份顾客的菜肴的制作,以及技术难度较大的工作列入头炉、头砧等重要岗位职责内容,这样在充分发挥厨师技术潜能的同时,进一步明确责任,可有效地减少和防止质量事故的发生。对厨房菜肴口味,以及生产面上工作构成较大影响的工作,也应规定给各工种主要岗位完成,如配对调味汁,调制点心馅料,涨发高档干货原料等。为了便于对出品菜肴的质量进行考核,客人对菜肴成熟与否、口味是否恰当等褒贬,可以查明有责任厨师,应赋予厨房打荷岗位这方面的职责。打荷在根据订单(或宴会菜单)安排烹制出菜时,将每道出菜的烹制厨师或工号标注在订单上,待以备查,是比较简便和切实可行的。

从事一般厨房生产、对出品质量不直接构成影响或影响不是太大的岗位,并非没有责任,只不过相对主要岗位承担的责任轻一些而已。其实,厨房生产是个有机相连的系统工程,任何一个岗位、环节不协调,都有可能妨碍开餐出品和菜点质量。因此,这些岗位的员工同样要认真对待每一项工作,主动接受厨房管理人员和主要岗位厨师的督导、配合,协助完成厨房生产的各项工作任务。

三、重点控制法

重点控制法,是针对厨房生产与出品质量或秩序相对较差的某个阶段,或重点客情、重要任务,以及重大餐饮活动而进行更加详细、全面、专注的督导管理,提高和保证生产与出品质量的一种方法。

1.重点岗位、环节控制

通过对厨房生产及产品质量的检查和考核,找出影响或妨碍生产秩序和产品质量的环节或岗位,并以之为重点,加强控制,提高工作效率和出品质量。例如,炉灶烹调出菜速度慢,菜肴口味时好时差,通过跟踪检查发现,炒菜厨师动作不利索,重复操作多,每菜必尝,口味把握不住;经过分析,原来多为新招聘厨师,对经营菜肴的调味、用料及烹制缺少经验。厨房管理者就必须加强对炉灶烹调岗位的指导、培训,加强对出品质量的把关检查,以提高烹调速度,防止和杜绝不合格菜肴送出厨房。又比如,一段时期以来,有好几批客人反映宴会吃过以后仍觉腹中饥辘,检查分析发现,宴席各客(分食)菜肴增多,配菜分量不足,导致分菜以后每客数量很少,这时需加强对配菜的控制,保证按调整后的规格配菜,以使吃套餐和宴会的客人有足够、适量的菜品。显然,作为控制的重点岗位和环节是不固定的。不同时期不同问题应及时调整工作重点,进行控制督导。这种控制不是盲目简单的头痛医头、脚痛医脚的方法,而应根据厨房管理的总的目标,随着控制重点的转移,不断提高生产及产品质量,完善管理,向新的水准迈进。

这种控制法的关键是寻找和确定厨房控制的重点。而这些重点是通过对厨房运转进行全面细致的检查和考核来确定的。厨房产品质量的检查,可采取管理者自查的方式,也可凭借向就餐客人征询意见以获取信息(见表8-9)。

另外还可聘请质量检查员,以及有关行家、专家进行明察或暗访。进而通过分析,找出影响质量问题的主要症结所在,加以重点控制,以改进工作,提高出品质量。

2.重点客情、重要任务控制

在厨房业务活动中,对重点客情、重要任务的控制,对厨房社会效益和经济效益的影响是很大的。

对重点客情或重要任务,要从菜单制定开始就要强调其针对性,从原料的选用到菜点的出品,要注意全过程的安全、卫生和质量可靠。厨房管理人员,要加强每个岗位、环节的生产督导和质量检查控制。尽可能安排技术、心理素质较好的厨师为其制作。每一道菜点,在尽可能做到设计构思新颖独特之外,还要安排专人跟踪负责,切不可与其他菜品交叉混放,以确保制作和出品质量。在客人用餐之后,还应主动征询意见,积累资料,以方便以后的工作。

3.重大活动控制

重大餐饮活动,可以为饭店创造较多的营业收入,同时也要消耗大批食品原料。因此加强对重大活动菜点生产制作的组织和控制,不仅可以有效地节约成本开支,为饭店创造应有的经济效益,而且通过成功地组办大规模的餐饮活动,可以向社会宣传企业实力,进而通过就餐客人的口碑,扩大饭店及厨房影响。对此厨房管理人员应有足够的认识。北京凯宾斯基饭店经过周密策划、系统设计、严格管理,将外卖推进到500公里以外的辽宁建昌。一次外卖创收150多万元,在取得良好经济效益的同时,成功展示了饭店的实力和员工的团队合作精神,为饭店赢得了空前的社会效益。

厨房对重大活动的控制,首先应从菜单制定着手,要充分考虑客人的结构,结合饭店原料库存和市场供应情况,以及季节特点,开列一份(或若干)具有一定风味特色,而又能为其活动团体广为接受的菜单。

接着要精心组织各类原料,适当调整安排厨房人手,妥善及时提供各类出品。厨房管理人员、主要技术骨干均应亲临第一线,从事主要岗位的烹饪制作,严格把好各阶段产品质量关。重大活动中,厨房应设总指挥负责统一调度,确保出品次序,走菜与停菜(因宾主讲话、致辞、祝酒、演出活动等影响)要随时沟通。重大活动期间,尤其应采取切实有效措施,控制食品及生产制作的卫生,主动做好食品留样,严防食物中毒事故的发生。大型活动厨房冷菜生产量较大,其卫生特别重要。对冷菜的装盘、存放及出品要严加控制,避免熟菜被污染和腐败。大型活动结束以后,要及时处理各类剩余原料和成品,注意搜集客人反映,为其他活动的承办积累经验。

表 8-9 征求意见表

×××顾客意见表

多谢阁下光临，为不断提升及改进服务质量，欢迎阁下提供宝贵意见。

Welcome to café de Coral. We appreciate your comments to help us improve service quality of our restaurants.

分店
Branch: _____

惠顾日期及时间
Date & Time of Visit: _____

惠顾食品
Food Ordered: _____

	非常满意 Excellent	满意 Satisfactory	普通 Average	不满意 Unsatisfactory	非常不满意 Poor
❶员工服务 Staff Service					
收银员 Cashier	☐	☐	☐	☐	☐
水吧 Bar	☐	☐	☐	☐	☐
清洁员 Cleaning	☐	☐	☐	☐	☐
❷食物 Food					
味道 Taste	☐	☐	☐	☐	☐
热度 Temperature	☐	☐	☐	☐	☐
分量 Quantity	☐	☐	☐	☐	☐
卖相 Presentation	☐	☐	☐	☐	☐
❸环境清洁 Cleanliness	☐	☐	☐	☐	☐
❹整体满意程度 Overall Satisfactory Level	☐	☐	☐	☐	☐

其他意见及建议
Other Comments & Suggestions: _____

请将此表放入意见箱内。若阁下欲提供进一步意见，欢迎致电客户服务热线×××××××；或将意见传真至×××××××，谢谢！

Please drop this form into the suggestion box. If you have any further comments, please call our Customer Service Hotline at ×××××××, or fax to ××××××× .Thank you!

个人资料 PERSONAL DETAILS

姓名
Name: _____

联络电话
Phone No.: _____

地址
Address: _____

邮箱
E-mail: _____

本章小结

厨房产品质量是厨房管理至关重要的工作内容。本章首先分析了厨房产品质量的定义,明确质量是个动态的概念,消费者对厨房产品质量的认定是通过感觉器官评定的,因此,厨房产品质量的每个指标内涵与消费者的感官印象关系的讨论就显得十分必要。本章通过对影响厨房产品质量因素的系统分析,提出了厨房产品质量的控制方法,并且指出不同饭店、厨房可区别选用不同的控制方法,也可以综合使用质量控制方法。

 思考与练习

(一)理解思考

1. 什么是感官质量评定法?
2. 感官质量评定的特点有哪些?
3. 厨房产品质量的十个方面指标内涵是什么?
4. 厨房生产人为因素有哪些?
5. 生产过程的客观自然因素有哪些?
6. 就餐客人自身因素有哪些?
7. 服务销售附加因素有哪些?
8. 食品原料阶段的控制要领有哪些?
9. 食品生产阶段的控制要领有哪些?
10. 食品消费阶段的控制要领有哪些?
11. 岗位职责控制法要领有哪些?
12. 重点控制法的要领有哪些?

(二)实训练习

1. 对实物菜肴进行模拟品评,交流心得。
2. 分析理解厨房产品质量是动态的概念。
3. 分析厨房产品质量阶段标准控制法的实现要领。

第 9 章

厨房卫生管理

学习目标

➢ 明白厨房卫生的重要性
➢ 熟悉厨房卫生规范
➢ 掌握原料加工阶段卫生管理
➢ 掌握菜点生产阶段卫生管理
➢ 掌握菜点销售服务卫生管理
➢ 了解食物中毒及其特征
➢ 熟悉食物中毒的种类并懂得如何预防
➢ 学会对食物中毒事件的处理

　　卫生是厨房生产始终需要强化的至关重要的方面。厨房卫生,指厨房生产原料、生产设备及工具、加工生产环境,以及相关的生产和服务人员及其操作的卫生。厨房卫生管理就是从菜点原料选择开始,到加工生产、烹饪制作和销售服务的全过程中,确保食品处于洁净没有污染的状态。厨房卫生管理事关消费者健康,波及饭店经营成败,因此,厨房卫生管理是厨房管理的重要工作内容,切不可掉以轻心。本章将就厨房卫生管理的重要性、厨房卫生管理规范制定、厨房生产各环节及设备用具卫生管理和食物中毒的预防和处理进行系统论述,在明确卫生重要性的同时更加行之有效地强化厨房卫生管理。

案例导入

小小温度计把控菜品安全关

　　有 8 年工作经历的西餐厨师小张应聘来到万豪酒店,人力资源部先组织岗前培训,第一天参观厨房,熟悉自己岗位。培训主管和厨师长带他和另外 3 位刚入店的厨师进入厨房,与当班每位厨师见面认识。小张发现每位厨师上装口袋内都装了几件小工具,除了自己熟悉的水果小刀、试味小勺等,还有一支温度计,心生纳闷:以前只见过面包师配备温度计,没见过西餐厨师也配温度计。带着疑问,小张继续参加了后面几天的入职培训,了解到万豪酒店的食品安全管理系统对食品安全卫生把控非常严格,要求全员参与、确保安全。温度计就是日常厨房工作中常用的食品安全温度检测工具,比如,每次开餐结束,必须将所有剩余的汤、汁加热,并测量其温度达到74℃,然后冷却,留待下次使用,才能确保品质和安全。

 **案例分析**

国际品牌酒店对于食品安全高度重视,都建立有自己的食品安全管理系统,监控食品生产流程,确保食品安全无害。尤其是引入HACCP系统,它是以科学为基础,通过系统性地确定具体危害及其控制措施,以保证食品安全性的系统。HACCP的控制系统着眼于预防而不是依靠最终产品的检验来保证食品的安全。

给厨房员工配发温度计,便于在厨房生产关键节点随时测量菜品实际温度,并采取相对应的措施及时控制。核心点包括:不让食品保留在危险温度(5℃~63℃)区域超过4小时;加热的食物尽可能快速,并保持在63℃及以上;冷却的食物尽可能快速,并保持在5℃及以下;小心处理剩饭剩菜,尽快冷却并放入冰箱保存;重新加热应快速加热至内部温度达到74℃。

第一节 厨房卫生的重要性

厨房卫生及其卫生管理对消费者、饭店和厨房生产人员都有着直接或间接影响,其重要性集中表现在以下几个方面。

一、卫生是保证宾客消费安全的重要条件

消费者到饭店用餐,饭店在提供物有所值的产品时,首先必须做到洁净、卫生;既包括烹饪原料、产品生产和销售经营环境的卫生,还包括就餐客人食用过程以及食用后身心的健康。

二、卫生是创造餐饮声誉的基本前提

餐饮竞争的加剧,表现为厨房生产、服务技术技巧、营销能力、产品新意和适应性、价格水平等方面的综合实力的竞争。而所有这些,卫生是根本。卫生是饭店投

身市场竞争的基本前提,有了这方面的基本保障,才有更高层次的策划和更大可能的取胜。缺少这方面的保障,或长期给消费者脏乱不堪的印象或时常在卫生上犯规出错或时有食物中毒事故发生,饭店将会被社会、同行认为连起码的条件都不具备,企业的声誉必将江河日下,其销售市场一段时间内必将萎缩甚至丧失殆尽。反之,饭店在当地卫生检查、评比中屡屡获奖,企业的卫生状况有口皆碑,美好声誉不胫而走,饭店的人气和效益肯定也会随之增长。

三、卫生决定餐饮企业经营成败

厨房卫生影响着饭店的声誉,进而影响客人对饭店的选择。厨房卫生长期不达标,或出现食物中毒事故,政府有关部门将出于保护消费者利益的前提,要求甚至责令饭店停业整顿。

四、卫生构成员工工作环境

厨房卫生,既是对消费者负责,同时也是关心、爱护员工,保护员工利益的具体体现。一方面,购买卫生合格的原料,在符合卫生条件的状态下进行加工、生产、服务销售,员工工作会踏实自然,员工的身心健康得以保护;另一方面,食物中毒等卫生事故一旦发生,饭店蒙受损失的同时,员工的名誉、利益也因此而遭受影响。因此,一以贯之的卫生工作高标准、严要求,在创造、保持员工良好工作环境的同时,也是保护员工利益的切实体现。

第二节 厨房卫生规范

一、食品安全法

《中华人民共和国食品安全法》(简称《食品安全法》)于2009年2月28日经由第十一届全国人民代表大会常务委员会第七次会议通过,于2015年4月24日第十二届全国人民代表大会常务委员会第十四次会议修订,自2015年10月1日施行。《食品安全法》是食品卫生安全领域的一项大法,是保障人民身体健康的基本法。所以食品生产经营企业、食品卫生监督管理部门和广大人民群众都应深刻认识,遵照执行。

《食品安全法》由十章一百五十四条构成。第一章为总则,第十章为附则。第二至第九章分别对食品安全风险监测和评估、食品安全标准、食品生产经营、食品检验、食品进出口监督、食品安全事故处置、监督管理、法律责任进行了详细的规定和阐述。

二、厨房食品卫生制度

厨房食品卫生既包括食品原料采购、验收、贮存、领发等主要环节卫生管理,还包括原料进入厨房以后,经过加工、洗涤、切配、烹制到菜肴成品销售给宾客,这期间的所有食品卫生问题。食品卫生制度主要是强化食品在饭店生产、经营每一个环节的管理,以切实保证食品不受污染、卫生安全。

(一) 食品原料采购验收卫生管理制度

食品原料的采购和验收是食品卫生管理的首要环节,这个环节工作质量的高低,直接影响着厨房产品材料的卫生质量,也将影响食品加工全过程的卫生质量。因此,饭店必须认真抓好食品原材料采购验收的卫生管理。

(1) 采购人员首先要对原料进行感官方面的鉴定,检查原料的色、香、味及外观形态,不购腐败变质、生虫、霉变、污秽不洁、混有异物的食品原料。要求食品采购人员具有丰富的实践经验,掌握感官鉴定的基本原理和方法,把好原料采购卫生质量关。此外,要到正规供货场所购货。

(2) 对每批采购原料尽可能索要卫生合格证,做到证货同行。国外进口食品原料必须经进口食品卫生监督部门检验合格,方可办理验货接收手续,确保卫生安全。

(3) 运输食品原料的车辆必须有防尘、防晒、防蝇措施,保持清洁。生熟食品分车运输、易腐食品冷藏运输。

(4) 购进鲜活原料,应尽量与专业厂家或专业供货商挂钩,实行定质、定时、定量进货,确保原料新鲜。采购、验收人员应讲究个人品德和职业道德,不徇私舞弊,以消费者和餐饮企业利益为重,杜绝违规操作。

(二) 食品库区卫生管理制度

(1) 建立仓库管理责任制和食品入库验收登记制度,专人管理。登记内容包括品名、供应单位、数量、进货日期等。对入库食品进行感官检查并查验合格证明,凡是腐败变质、生虫、发霉、与单据不符、未加盖卫生检疫合格章的肉食品,或其他卫生质量可疑的食品不能入库。

(2) 食品贮藏要按种类、分库、隔墙离地分类定位挂牌、上架存放。尤其要将生的原料、半成品和熟食品分开,切忌混放和乱堆,以防交叉污染。

(3) 库内必须设有防止老鼠、苍蝇、蟑螂等有害动物和昆虫进入的设备和措施,门窗应有纱窗、纱门,并保持干燥通风,以消除有害生物的滋生条件。但不可施用杀虫剂之类的化学药剂。

(4) 每日应检查食品原料质量,油、盐、酱、醋等各种调料瓶、罐要加盖保存,定期擦洗。发现变质食品原料立即处理。

（5）领用食品原料应检查其有无过保质期、有无腐烂变质,有无霉变、虫蛀或被鼠咬,如果出现上述情况则应立即就地处理,不得加工食用。

（三）冷库卫生管理制度

冷库卫生管理除按照一般食品库的管理要求以外,还应注意抓好以下几点:

(1)专人负责,卫生管理责任明确。

(2)鲜货原料入库前,要进行认真检查,不新鲜或有异味的原料不能入库。食品原料要快速冷冻,缓慢解冻,以保持原料新鲜,防止营养物质流失。

(3)肉类、禽类、水产品、奶类应分别存放,防止交叉污染。

(4)冷库要保持清洁,无血水,无冰碴,定期清除冷冻管上的冰霜。

(5)各种食品原料应挂牌,标出进货日期,做到先进先出,缩短贮存期;含脂肪较多的鱼、肉类原料容易因储存期过长油脂氧化产生哈喇味,所以更应注意贮存期。

（四）主食品原料库卫生管理制度

(1)主食品原料库必须保持低温、干燥、通风,以保持粮食干燥,防止霉变和虫蛀。环境湿度低于70%,温度保持在10℃左右。

(2)主食品原料按类别、等级和入库时间的不同分区堆放,挂牌标示,不可混放。袋装米面必须架起,离地面15~20厘米,距墙30厘米,堆距保持50厘米,使之通风,防止霉变。

(3)主食品原料库内不能放带有气味或异味的物品,以免污染粮食。

(4)要有防止老鼠、昆虫和苍蝇进入的措施,保持库内清洁卫生。

三、厨房生产卫生制度与标准

制定厨房生产卫生制度与标准,并以此要求检查、督导员工执行,可以强化生产卫生管理的意识,起到防患于未然的效果。

（一）厨房卫生操作规范

具体操作规范如表9-1所示。

表9-1 厨房卫生操作规范

操作要领	原理	正确做法
化冻食物不能再次冷冻	质量降低,细菌数增加	一次用掉或煮熟后再贮藏
对食物质量有怀疑,不要尝味道	保护员工的健康	看上去质量有问题的食品及原料应弃除

续表

操作要领	原　理	正确做法
水果或蔬菜未洗过不能生产出售,罐头熟食未清洁不能开启	避免污染	
设备、玻璃餐具、刀叉、匙或菜盘上不得有食物屑残留	避免污染	厨房设备用后要清洗干净,玻璃餐具、刀叉、匙和菜盘用前要检查
餐具有裂缝或缺口的不能使用	细菌可在裂缝中生长	
不坐工作台,不倚靠餐桌	衣服上的污染物会传播到菜上	
不要使头发松散下来	头发落在食物里可造成污染,也使人倒胃口	戴发网或帽子
手不要摸脸、摸头发、不要插在口袋内,除非必要,不要接触钱币	可能污染	必须做这些事情时,事后要彻底洗手
不要嚼口香糖之类的东西	可能散布传染病	
避免打喷嚏、打呵欠或咳嗽	散布细菌	如果不能避免,则一定要侧转身离开食物或客人,并要掩嘴
不要随地吐痰	散布细菌	
工作时间不吃东西,不要就着清理的托盘或脏碟子吃东西	散布疾病	在指定的休息时间吃东西,用餐后要彻底洗手
厨房区域,工作期间不得吸烟	传播尼古丁毒素和疾病	休息时间在指定的地方吸烟,吸完后彻底洗手
不要把围裙当毛巾用	洗干净的手被脏围裙污染	使用纸巾
不要用脏手工作	可能污染	用温热的肥皂水洗手,搓满泡沫,清水冲,用纸巾擦干

续表

操作要领	原理	正确做法
拿过脏碟子的手在未洗净前,不要去拿干净的碟子	可能由脏碟子而污染	这两步骤间要彻底洗手;打荷、冷菜等岗位尤其重要
不要用手接触或取食物	由皮肤散布细菌	使用合适的器具辅助工作
不要穿脏工作服工作	脏物隐藏细菌	穿、系干净的工作服和围裙
避免戴首饰	食物屑聚积导致污染	不戴外露的首饰
避免不洗澡就工作	防止细菌污染	每天洗澡并使用除臭剂
不用同一把刀和砧板,切肉后不洗又切蔬菜	能散布沙门氏菌和其他细菌	刀、砧板要分开或用后清洗并消毒
不要带病上班	增加疾病传播机会	告知情况、安排替班
不要带着外伤工作	增加伤口发生感染和散布感染的危险	伤口要用合适的绷带包好
健康证已失效者不应上班	预防传染性疾病、结核病和性病的传播	经常注意失效期,及时体检换证
不要在洗涤食物的水槽里洗手	污染食物	使用指定的洗手盆
不要用手指蘸食物尝味	食物被唾液污染	用匙品尝,并只能使用一次
用剩的食物不得再向其他客人供应	食物经客人动用会传染疾病	把剩余食物扔掉,建议客人注意点菜分量
不要把食物放在敞开的容器里	空气中的尘埃可污染食物	食物要密封存放或加罩
不要将食物与垃圾同放一处	增加传染机会	分别放在各自合适的地方

(二)厨房日常卫生制度

(1)厨房卫生工作实行分工包干负责制,责任到人,及时清理,保持应有清洁度,定期检查,公布结果。

(2)厨房各区域按岗位分工,落实包干到人,各人负责自己所用设备工具及环境的清洁工作,使之达到规定的卫生标准。

(3)各岗位员工上班,首先必须对负责卫生范围进行清洁、整理和检查;生产过程中保持卫生整洁,设备工具谁用谁清洁;下班前必须将负责区域卫生及设施清理干净,经上级检查合格后方可离岗。

(4)厨师长随时检查各岗位包干区域的卫生状况,对未达标者限期改正,对屡教不改者,进行相应处罚。

(三) 厨房计划卫生制度

(1)厨房对一些不易污染、不便清洁的区域或大型设备,实行定期清洁、定期检查的计划卫生制度。

(2)厨房炉灶用的铁锅及手勺、锅铲、笊篱等用具,每日上下班都要清洗,厨房炉头喷火嘴每半月拆洗一次;吸排油烟罩除每天开完晚餐清洗里面外,每周彻底将里外擦洗一次,并将过滤网刷洗一次。

(3)厨房冰库每周彻底清洁冲洗整理一次;干货库每周盘点、清洁整理一次。

(4)厨房屋顶天花板每月初清扫一次。

(5)每周指定一天为厨房卫生日,各岗位彻底打扫包干区及其他死角卫生,并进行全面检查。

(6)计划卫生清洁范围,由所在区域工作人员及卫生包干区责任人负责;无责任负责人及公共区域,由厨师长统筹安排清洁工作。

(7)每期计划卫生结束之后,须经厨师长检查,其结果将与平时卫生成绩一起作为员工奖惩依据之一。

(四) 厨房卫生标准

(1)食品生熟分开,切割、装配生熟食品必须双刀、双砧板、双抹布,分开操作。

(2)厨房区域地面无积水,无油腻,无杂物,保持干燥。

(3)厨房屋顶天花板、墙壁无吊灰,无污斑。

(4)炉灶、冰箱、橱柜、货架、工作台,以及其他器械设备保持清洁明亮。

(5)切配、烹调用具,随时保持干燥;砧板、木面工作台显现本色。

(6)厨房无苍蝇、蚂蚁、蟑螂、老鼠。

(7)每天至少煮一次抹布,并洗净晾干;炉灶调料罐每天至少换洗一次。

(8)员工衣着必须挺括、整齐,无黑斑,无大块油迹,一周内工作衣、裤至少更换一次。

(五) 厨房卫生检查制度

(1)厨房员工必须保持个人卫生,衣着整洁;上班首先必须自我检查,领班对所属员工进行复查,凡不符合卫生要求者,应及时予以纠正。

(2)工作岗位、食品、用具、包干区及其他日常卫生,每天上级对下级进行逐级检查,发现问题及时改正。

(3)厨房死角及计划卫生,厨师长按计划日程组织进行检查,卫生未达标的项目,限期整改,并进行复查。

(4)每次检查都应有记录,结果予以公布,成绩与员工奖惩挂钩。

(5)厨房员工应积极配合,定期进行健康检查,被检查为不适合从事厨房工作者,应自觉服从组织决定,支持厨房工作。

 相关链接

厨房生产卫生具体到每个工种、岗位,其卫生要求和工作侧重点又是有区别的:

1.冷菜间卫生制度

(1)冷菜间的生产、成品保藏必须做到专人、专室、专工具、专消毒、单独冷藏。

(2)操作人员严格执行洗手消毒规定、洗涤后用75%浓度的酒精棉球消毒。操作中接触生原料后,切制冷荤熟食、凉菜前必须再次消毒;使用卫生间后必须再次洗手消毒。

(3)冷菜装盘出品,员工必须戴口罩操作,不得在冷菜间内吸烟、吐痰。

(4)冷荤制作、贮藏都要严格做到生熟分开、生熟工具(刀、墩、盆、秤、冰箱)严禁混用、避免交叉污染。

(5)冷荤专用刀、砧板、抹布每日用后要洗净,次日用前消毒,砧板定时消毒。

(6)盛装冷荤、熟肉、凉菜的盆、盛器必须专用,每次使用前刷净、消毒。

(7)生吃食品(蔬菜、水果)等,必须洗净后,方可放入熟食冰箱。

(8)冷菜间生产操作前与下班收档后,必须开启紫外线消毒灯15~20分钟进行消毒杀菌。

(9)冷菜熟食必须按需定制,确保质量和卫生;冷荤熟肉在低温处存放超过24小时必须回锅加热。

(10)每天熟食留样保留24小时。

(11)冰箱有专人管理,保持清洁,放入冰箱内的物品须加盖或用保鲜膜包好,并定期对冰箱进行洗刷消毒。

(12)食品橱柜无浮灰、无鼠迹,不得存放私人物品和其他与冷菜制作无关物品。

(13)非冷菜间工作人员不得进入冷菜厨房。

2.点心厨房卫生制度

(1)工作前需先消毒工作台和工具,工作后将各种用具洗净消毒。

(2)严格检查所用原料,严格过筛、挑选,不用不合标准的原料。

(3)蒸箱、烤箱、蒸锅、和面机等用前要洗净,用后及时洗擦干净,用布盖好,并

定期拆洗。

(4) 盛装米饭、点心等食品的笼屉、筐箩、食品盖布，使用后要用热碱水洗净；盖布、纱布要标明专用，里外面分开。

(5) 面杖、馅挑、刀具、模具、容器等用后洗净，定位存放，保持清洁。

(6) 面点、糕点、米饭等熟食品须凉透后放入专柜保存，食用前必须加热蒸煮透彻，如有异味不得食用。

(7) 制作蛋制品的鸡蛋，必须清洁新鲜，变质、散黄的蛋不得使用。

(8) 使用食品添加剂，必须符合国家卫生标准，不得超标准使用。

四、厨房设备卫生管理制度

厨房设备卫生实行责任到人、分工负责、随用随清、定期强化的管理制度。具体设备卫生管理规定有：

(1) 厨房所有设备以附近岗位为主归属管理，明确责任岗位人员，负责看管、督促设备使用人员随时做好卫生工作。

(2) 厨房所有设备，不管哪个岗位、人员使用完毕，都应随手清洁，并组装完整，经设备卫生责任人检查认可方可离去。设备卫生责任人未经检查或检查未认可的设备清洁工作，设备使用人必须及时进行返工，厨房管理者负责督导完成。

(3) 厨房员工必须主动接受设备正确操作、使用及清洁维护的培训指导，相关工作表现进行考核。

(4) 厨房管理人员应定期组织进行（也可与厨房相关工作结合进行）厨房设备卫生状况检查，检查结果与设备责任人经济利益挂钩。

(5) 厨房设备责任人，因工作变动，原设备应明确新的责任岗位责任人；原设备责任人，必须接受设备卫生检查，卫生合格方可办理工作变动手续。

厨房设备卫生可以根据饭店厨房规模、设备数量及运行状况，采取列表的方式进行检查，如表9-2所示。

表9-2　厨房设备卫生检查样表

工作项目	工作标准	工作程序
炉灶卫生	光亮无油污	检查员工是否按程序擦拭炉灶，达到干净光亮
墙面卫生	清洁光亮，瓷砖无脱裂，无蜘蛛网，无吊灰	检查员工是否按程序清理墙面卫生且干净光亮

续表

工作项目	工作标准	工作程序
电　灯	光亮、无浮灰、吊灰	检查员工是否按程序清理电灯外表卫生,且光亮
门　窗	干净、无油污	检查员工是否按程序擦拭门窗且外表干净、明亮
库　房	干净整洁	检查员工是否按程序整理仓库,且整洁、干净
餐具柜	干净、光亮	检查员工是否按程序擦拭餐具柜内外卫生,且光亮
制冰机	清洁、运转正常	检查员工是否按程序擦拭制冰机内外,且干净

第三节　厨房卫生管理

厨房卫生管理,是从厨房生产所需原料采购开始,经过加工生产直到服务销售,全过程的卫生操作、检查、督导与完善的系列管理工作。

一、原料加工阶段的卫生管理

原料的卫生决定和影响着产品的卫生。因此,从原料的采购进货开始,就要严格控制其卫生质量。首先必须从遵守卫生法规的合法的商业渠道和部门购货,对有毒动植物严格禁止进货。其次要加强原料验收的卫生检查,对购进的有破损或伤残的原料更要加强卫生指标的查验。原料的贮存要仔细区分性质和进货日期,严格分类存放,并坚持先进先用的原则,保证贮存的质量和卫生。厨房在正式领用原料时,要认真加以鉴别。罐头原料如果两头已隆起或罐身接缝处有凹痕,说明罐头密封不严,已受细菌污染,细菌产生气体,导致罐体膨胀,不能使用。如果罐头食品有异味或里面的食品似乎有泡沫或液体浑浊不清,也不应使用。肉类原料有异味,或表面黏滑,不宜使用。任何原料出现发霉、浑浊、有异味,都不可再用。果蔬类原料如已腐烂也不得使用。对感官判断有怀疑的原料,应送卫生检验员或卫生防疫部门鉴定,再确定是否取用。

二、菜点生产阶段的卫生管理

生产阶段是厨房卫生工作的重点和难点所在。这里,不仅生产过程涉及的环节较多,而且生产设备的种类和设备卫生管理的工作量也很大,因此,厨房生产过程和设备卫生均不可忽视。

（一）生产过程的卫生控制

厨房生产过程从原料领用开始，对冻结原料的解冻，一是要用正确的方法，二是要尽量缩短解冻时间，三是要避免解冻中受到污染。烹调解冻是既方便又安全的一种方法。罐头的取用，开启时应首先清洁表面，再用专用开启刀打开，切忌使用其他工具，避免金属或玻璃碎屑掉入，破碎的罐头不能取用。对蛋、贝类原料加工去壳，不能使表面的污物沾染食用物。容易腐坏的原料，要尽量缩短加工时间，大批量加工应逐步分批从冷藏库中取出，以免最后加工的原料在自然环境中放久而降低质量，加工后的成品应及时冷藏。

菜点配制须用专用的盛器，切忌用餐具作为生料配菜盘。尽量缩短配份后的原料闲置时间。配制后不能及时烹调的原料要立即冷藏，需要时再取出，切不可将配制后的半成品放置在厨房高温环境中。

对原料烹调加热是决定食品卫生的重要工序，要充分杀灭细菌。原料是热的不良导体，杀菌重要的是要考虑原料内部达到的安全温度。另外，成品盛装时餐具要洁净，切忌使用工作抹布擦抹。

冷菜的卫生尤为重要，因为对冷菜的装配都是在成品的基础上进行的。首先，在布局、设备、用具方面应同生菜制作分开。其次，切配成品应使用专用的刀、砧板和抹布，切忌生熟交叉使用。这些用具要定期进行消毒。操作时要尽量简化手法。装盘不可过早，冷菜装盘后不能立即上桌应用保鲜纸封闭，并要进行冷藏。生产中的剩余产品应及时收藏，并尽早用完。同样，水果盘的制作和销售与冷菜相似，在特别重视水果自身卫生的同时，要严格注意切制装盘与出品食用时间。同时还要注意传送途中在保证造型的前提下不受污染。

（二）生产设备的卫生管理

厨房生产设备主要有加热设备、制冷设备以及加工切割设备等。对各类设备进行清洗、消毒和各种卫生管理，不仅可以保持整洁、便于操作，而且可以延长设备使用寿命，减少维修费用和能源消耗，保证食品的卫生和安全。

1.油炸锅

油炸锅所用的油应每天过滤，除去油中的食品渣子，这样能延缓油的分解。油锅在不用的时候应盖严。油锅外部应每天擦拭，每周至少把锅里的油倒空并清洗一次锅。如果厨房制作的油炸食品很多，就必须每天清洗。炸制用油不可反复使用。

2.烤盘

首先每次烤完后应用一个金属刮刀把盘上的食物渣刮净。然后，用不含盐的混合油剂擦洗烤盘受热的表面，使烤焦而粘在盘底的残渣软化，再用热水加合成洗涤剂洗。洗净后，把烤盘表面漂净、揩干，最后用油剂擦拭，以保护烤盘表面。

3.烤箱

烤箱包括利用热风、微波和煤气、电力的烤箱。所有撒落下来的食品渣都应在炉子凉后扫掉。在炉膛内的,可以用一个小刷子去扫,然后用浸透合成洗涤剂溶液的布去擦洗。千万不能把水直接泼在开关板上,因为水可以使热的烤箱变形。也不能用含碱的液体去洗炉子的内膛和外部,那样会损害镀膜或烤漆。烤箱的喷嘴应每月清洁一次。控制开关也应定期校正。鼓风式烤箱的风扇应每月拆开清洗一次。微波炉的内部一般只需用合成洗涤剂溶液擦洗。

4.炒灶

炒灶是最通用的厨具,所有溢出、溅出在灶台上的东西都应立即清除。灶面和灶台应每天清扫。每月应将煤气喷嘴用铁丝通一次,将油垢清除掉,把灶上的油腻清除掉。

5.蒸箱、蒸锅

每次用后都应保持清洁,将剩余残渣擦去。如果有食品渣糊在笼屉里面,应先用水浸泡,然后用软刷子刷洗。筛网(箅子)也应每天清洗。有泄水阀的应打开清洗。

6.冰箱及其他制冷设备

制冷设备的种类很多,有可以容人进出的大冰库;有可容手推车推入的冰柜;有两边开门、可以推着走,把食品从厨房运到餐厅的移动式冰箱;有带玻璃门可以展示柜内所陈列食品的冷藏柜;还有厨房内用以贮存当日所用原料的抽屉式冷藏柜。

冰箱的保洁工作比较容易,每天用含合成洗涤剂的温水擦拭外部,然后再用清水漂净并用干净布擦干。清洗冰箱,忌用有摩擦作用的去污粉或碱性肥皂。蒸发器、冷凝器应每月检查一次,看是否需要维修。

冰库地面应每天用抹布拖擦。冰库每月至少去霜一次,在去霜期间挪走的食品和原料,不能使其解冻,应转移贮存到另一个冰库内。若使用带轮可移动货架,运转起来就更为方便。

制冰机虽可结冰,但不宜作为贮存食物的设备。制冰机也应每天擦拭。每个月定期一次,把制冰机里的冰全部倒掉,把机器彻底清洗一遍。

7.搅拌机

每次在用完搅拌机之后,应用合成洗涤剂的热水溶液将其擦洗,再用清水擦干。搅碗和搅浆可在原处清洗。上润滑油的可拆卸部件,要每月清洗、上油一次。

8.开罐器

开罐器必须每天清洗,把刀片上遗留的食品和原料清除干净。刀叶变钝以后要注意有可能将金属碎屑掉到食品里,应予以重视。

三、菜点销售服务的卫生管理

在服务人员将菜点送到客人的餐桌及分菜的过程中,都必须重视食品卫生问题。不管菜点是由跑菜员将其传至餐桌,还是陈列于自助餐台,由客人随取,都应注意以下几点:

(1)菜点在供应前和供应过程中应用菜盖遮挡,以防受灰尘、苍蝇和打喷嚏、咳嗽等污染。

(2)凉菜、冷食在供应前仍应放在冰箱里。要控制冷菜的上菜时间,尤其是大型宴会活动的冷菜。

(3)菜点不要过早装入盘中,要在成熟后和客人需要时装盘。

(4)使用适当的用具。食物供应时必须用刀、叉、勺、筷、夹子等用具,不可用手接触食物。

(5)用过的食物不能再食用。客人吃剩的食物绝不能再加工烹制。

(6)分菜工具要清洁。每次使用的分菜工具一定要确保清洁,不同口味、色泽的菜肴,其分菜工具要调换。

(7)养成个人卫生习惯。服务人员不能就手咳嗽、打喷嚏、吸烟、抓头、摸脸。

第四节 食物中毒与预防

食物中毒是饭店经营管理中最不愿发生的事件之一,厨房卫生管理的首要任务可以说是防止和避免食物中毒事件的发生。因此,分析食物中毒产生的渠道和原因,并采取切实有效的措施加以预防和避免,是厨房卫生管理的重中之重。

一、食物中毒及其特征

凡是由于经口进食正常数量"可食状态"的含有致病菌、生物性或化学性毒物以及动植物天然毒素食物而引起的、以急性感染或中毒为主要临床特征的疾病,可以统称为食物中毒。食物中毒一般具有下列流行病学和临床特征:①潜伏期短,来势急剧,短时间内可能有多数人同时发病;②所有病人都有类似的临床表现;③病人在近期内都食用过同样食物,发病范围局限在食用该种有毒食物的人群;④一旦停止食用这种食物,发病立即停止;⑤人与人之间不直接传染;⑥发病曲线呈现突然上升又迅速下降的趋势,一般无传染病流行时的余波。

二、食物中毒原因分析

据国内外食物中毒事件的资料分析表明,食物中毒以微生物造成的最多,发生的原因多是对食物处理不当所造成的;发生的场所大部分是卫生条件较差、生产没有良好卫生规范的饭店。发生时间则大部分在夏秋季节。因此预防食物中毒的重点,是清楚其原因和渠道:

(1)食物受细菌污染,细菌产生的毒素致病。这种类型的食物中毒是由于细菌在食物上繁殖并产生有毒的排泄物,致病的原因不是细菌本身,而是排泄物毒素。这种毒素通常又不能通过味觉、嗅觉或色泽鉴别出来,因此采取尝尝味道试试看有没有坏的办法是不可取、也无济于事的。厨房人员对此必须有清楚的认识,因为食物中细菌产生毒素后,该食物就完全失去了营养和安全性,即使烹调加热杀死了细菌,但并不能破坏毒素而使其失去活性,毒素仍然存在。

(2)食物受细菌污染,食物中的细菌致病。这种类型的食物中毒,是由于细菌在食物上大量繁殖,当食用了含有对人体有害的细菌就会引起中毒。

(3)有毒化学物质污染食物,并达到能引起中毒的剂量。化学性食物中毒包括有毒的金属、非金属、有机、无机化合物、农药和其他有毒化学物质引起的食物中毒。此类中毒偶然性较大,中毒食品无特异。引起中毒的化学毒物,多是剧毒,在体内溶解度大,易被消化道吸收。化学性食物中毒的特点是发病快,一般潜伏期很短,多在数分钟至数小时,患者中毒程度严重,病程比一般细菌毒素中毒长。

(4)食物本身含有毒素。有些是有条件的有毒动植物,如未煮熟的扁豆、发芽的马铃薯、不新鲜的青皮鱼等;有些则是有毒动植物,如毒蕈、河豚等。此类中毒主要是误食或食入加工不当而未除去有毒成分的动植物引起的。这种中毒季节性、地区性比较明显,偶然性较大,发病率较高,潜伏期较短,死亡率视有毒动植物的种类不同而异。

三、食物中毒的种类与预防

防止食物中毒的重点是针对各种可能发生食物中毒的环节,采取严格有效的措施,积极预防。

(一)细菌性食物中毒的预防

细菌性食物中毒直接可行的防止方法有:
(1)严格选择原料,并在低温下运输、贮存。
(2)烹调中高温杀灭细菌。
(3)创造卫生环境,防止病菌污染食品。

(二)化学性食物中毒的预防

(1)从可靠的供应单位采购原料。
(2)化学物品要远离食品及原料处安全存放,并由专人保管。
(3)不使用有毒物质的加工、生产器具、容器、包装材料。如用铜、锌、镉、锡、铝等器具,盛装酸性液体食品或腐蚀性食品,其盛器金属成分易溶入食品中。塑料包装材料应选用聚乙烯、聚丙烯材料的制成品。

(4)厨房要谨慎使用化学杀虫剂,并专人负责。

(5)厨房清洁工作中,化学清洁剂的使用必须远离食品。

(6)各种水果、蔬菜要洗涤干净,以进一步消除杀虫剂残留。

(7)食品添加剂的使用,应严格执行国家规定的品种、用量及使用范围。

(三)有毒食物中毒的预防

(1)很多蕈类含有毒素,所以厨房只可食用已证明无毒的蕈类,可疑蕈类不得食用。

(2)白果的食用要加热成熟,少食,切不可生食。

(3)马铃薯发芽和发青部位有龙葵素毒素,加工时应去除干净,并用清水浸泡。

(4)苦杏仁、黑斑甘薯、鲜黄花菜、未腌透的腌菜不能使用。

(5)秋扁豆、四季豆烹调不可贪生求脆,要彻底加热;木薯不宜生食。

(6)死甲鱼、死黄鳝、死贝类不能使用。

(7)河豚有剧毒,未经有关部门批准,不能选用。

(8)含组氨酸高的鱼类不新鲜时不选用。

(9)未经检疫的肉类,不得加工食用。

(四)食物中毒事件的处理

如有客人身体不适,抱怨是食用餐饮产品而引起时,管理人员和员工应沉着冷静,忙而不乱,尽快澄清是否食物中毒,并缩小事态,及时加以处理。对此类疑似食物中毒的情况,其基本处理工作和步骤如下:

(1)记下客人的姓名、地址和电话号码(家庭和工作单位)。

(2)询问具体的征兆和症状。

(3)弄清楚吃过的食物和就餐方式、食用日期、时间、发病时间、病痛持续时间、用过的药物、过敏史、病前的医疗情况或免疫接种等,并留下其食物样品。

(4)病情严重者立刻送医院救治,并记下看病的医生姓名和医院的名称、地址、电话号码。

(5)给本饭店医生(如果有的话)打电话进行处置。

(6)立即通知由餐饮部门经理、厨师长等人员组成的事故处理小组,对整个生产过程进行重新检查。

(7)递交所调查的信息给本饭店医生,以便了解情况。如果医生诊断是食物中毒,要立即报告卫生主管部门。

(8)查明同样的食物供应了多少份,收集样品,送交化验室化验分析。

(9)查明这些可疑的餐食菜点是由哪些职工制作的,将所有与制作过程有关的员工进行体格检查,查找有无急性患病或近期生病以及疾病带菌者。

（10）分析并记录整个制作过程的情况,明确在哪些地方食物如何受到污染；哪些地方存在细菌在食物中繁殖的机会(时间和温度等因素)。

（11）从厨房设备上取一些标本送化验室化验。

（12）分析并记录餐饮生产和销售最近一段时间的卫生检查结果。

本章小结

卫生是从事餐饮经营管理工作的基础,卫生管不好、做不好,就没有资格从事餐饮经营管理活动。本章首先阐明卫生对从事厨房生产及餐饮经营所发挥的至关重要的作用,卫生管理应从制定和执行卫生规范着手,实施卫生管理必须树立全过程、长效管理的观念；最后特别强调厨房卫生管理要有效防止食物中毒事故的发生。

 思考与练习

(一)理解思考

1.厨房卫生的重要性有哪些？

2.什么叫食品安全法？

3.原料加工阶段卫生管理要领有哪些？

4.菜点生产阶段卫生管理要领有哪些？

5.菜点销售服务卫生管理要领有哪些？

6.生产设备的卫生管理要领有哪些？

7.什么叫食物中毒？

8.食物中毒的种类与预防措施有哪些？

(二)实训练习

1.制定简要的厨房某一区域卫生标准或要求。

2.选择食物中毒案例,对(疑似)食物中毒事件处理情况进行分析。

第 10 章

厨房安全管理

学习目标

➢ 理解厨房安全的意义
➢ 熟悉厨房员工安全操作规程
➢ 熟悉防火管理规范
➢ 学会对烫伤、扭伤、跌伤、割伤的预防
➢ 掌握对伤口的紧急处理
➢ 了解电器设备常见事故并学会如何预防
➢ 学会对火灾的预防与灭火

安全是保证厨房生产正常进行的前提。安全管理不仅是保证饭店正常经营的需要,同时也是维持厨房正常工作秩序和节省额外费用的重要措施。因此,厨房管理人员和各岗位生产员工都必须意识到安全的重要性,并在工作中时刻注意正确防范。

案例导入

操作不当引火灾

2013年盛夏的一个中午,江南某市步行街口,一家刚开业不久的自助餐厅内宾客盈门。厨房内,厨师们正在各自岗位上紧张忙碌地烹制菜肴。突然,油锅起火,当值厨师迅速接了盆水泼了过去,然而火苗上蹿,并迅速引燃了灶台。厨师长急忙带领员工积极开始自救,有的用湿毛巾、衣服扑打,有的用干粉灭火器扑救。灶台的火势得到了控制,但是,火苗蹿入油烟管道,借着风势,火势越来越旺,火烟倒灌进入餐厅。情急之下,餐厅经理一边带领员工疏散客人,一边拨打了119。在消防官兵奋战半小时后,大火被彻底扑灭。经检查,厨师长双手烧伤,脸部灼伤,烟道烧毁,虽没有造成人员严重伤亡和财物重大损失,但负面影响极大,餐厅也因此被勒令停业整顿。

是什么原因导致此次火灾的发生并蔓延至烟道?一旦发生火灾如何处置?日常又如何预防呢?

案例分析

(1)原因:厨房员工操作不当,引起油锅起火;接着错上加错,用水泼救油火,导致火势扩大;厨房烟道长时间未进行清理,油垢太厚,火苗上蹿导致烟道起火;而抽烟机未立即关闭,导致火借风势,越烧越旺。

(2)处置:关闭抽烟机、所有电器、气阀、油阀的开关;报告上级,采取正确方法自救,迅速转移易燃易爆物品;拨打119请求消防支援。

(3)日常管理:严格按操作规范使用厨房设备设施,生产作业期间相关人员不得离岗;配齐、完善消防器材,固定位置摆放,不得擅自挪用;加强对员工的消防知识培训和消防技能的训练,强化防范意识。

第一节　厨房安全的意义

厨房安全,指厨房生产所使用的原料及生产成品、加工生产方式方法、人员设备及其制作过程的安全。

一、安全是有序生产的前提

厨房生产需要安全的工作环境和条件。厨房里有多种加热源和锋利的器具,构成众多的不安全因素和隐患,要使厨房员工放手、放心工作,厨房在设计时就应充分考虑安全因素。如地面的选材、烟罩的防火、蒸汽的方便控制和及时抽排等;同样,平时的厨房管理、员工劳动保护都应以安全为基本前提。否则,厨房事故频发、设备时好时坏、员工担惊受怕,厨房正常的工作秩序、良好的出品质量都将成为空话。

二、安全是实现企业效益的保证

饭店效益是建立在厨房良好、有序的生产和出品基础之上的。倘若厨房安全管理不利,事故频频发生,媒体反面宣传不断,客人不敢光顾,生意自然清淡。除此之外,如果饭店内部屡屡发生刀伤、跌伤、烫伤等事故,员工的医疗费用增大,病假、缺工现象增加,在企业费用增大的同时,厨房的生产效率和工作质量更没有保障,企业效益必然受损。而一旦有火灾事故发生,企业将会名声扫地,社会名誉和经济损失更是不可估量。

三、安全是保护员工利益的根本

员工是企业最基本的生产力,厨师是饭店餐饮部门最有活力、最有开发价值的生产要素。因此关心体恤厨房员工,发现并认可厨房员工的劳动,改善厨房员工工作环境和条件是所有餐饮企业应做好的。而厨房安全是这几个方面的基础。安全没有着落,厨房漏气、设备陈旧破烂、器具带菌使用、厨师操作站立不稳(地面用材不当)、厨房员工操作互相碰撞,厨房员工安全没有保障,生产必定受到影响。反之,厨房安全系数高,员工工作心情舒畅,员工利益切实有所保护,员工的向心力无疑随之增强,工作积极性自然会随之高涨。

第二节 厨房安全管理原则

安全管理,实际上是从事一切厨房生产活动首先应明确强化的管理工作内容,同时安全管理又是和厨房其他管理、考核活动有机结合进行的。理解、确立厨房安全管理基本原则对建立各项安全管理规范,推广、执行规范具有先导作用。

一、责任明确,程序直观

安全看似没有大事,但出了问题事情都不小。进行明确具体的责任界定,将静态、常规的管理,落实到具体岗位,甚至员工个人身上,各岗位、人员履行职责的自觉性,是确保安全有序、有效管理的必要措施。对厨房安全隐患多、责任大的重点岗位更要将责任明细化、公开化,使责任岗位及当事人知晓的同时,相关岗位、管理人员也便于随时予以督促、提醒。

管理的职能要使模糊的事情程序化,程序化的做法直观化、明了化,方便员工操作、执行。安全工作相对于出品秩序管理、菜品创新管理,其固化和规范化运作程序更高。因此,厨房管理人员应在厨房筹建及开张运作初期(或接手管理初期),就建立尽可能完善的操作程序。在日常的生产运转工作中,再根据情况进行修正、完善,以给员工方便、实用的操作指南。程序应力求简洁明了,如能直观形象说明,方便理解操作,其培训、执行和督查的效果就会更加明显。

二、预案详尽,隐患明忧

无论是从积极预防、有备无患的角度,还是以防万一,在出事以后能努力缩小事态、尽可能减少企业各方面损失、最短时间恢复良好生产秩序的,厨房必须和应该在安全方面建立切实可行、积极主动、程序明确、反应快速的相关预案。常规管理应该将预案内容和责任岗位作为厨房安全不可缺失的制度化管理事项,包括应有消防、安全设施设备配置的齐全完整、贮存摆放的规范有序、物品标志的清晰准确,以及软件培训、演练的真实可行、指导完善。预案内容、程序的设定应集中广大厨房生产技术人员、安全专业管理人员、相关专家同业人员的智慧、建议,广泛吸取相关经验教训,以求先进、全面、方便、实用。比如建立油锅着火、人员烫伤、割伤等事件处理预案等。

安全方面跟预案管理具有类似作用的、积极有效的管理措施还包括将容易疏忽大意、构成厨房生产运转过程中事故隐患的场所、设备设施、工作事项进行排查,以提示、警醒的方式使各岗位员工在生产过程中加以关注和督查,再施以积极防范、主动管理,力求无患。

例如,厨房急救箱配备物品应包括以下这些:①消毒棉球,用于止血;②胶布;③创可贴、两卷棉带,用于裹扎伤口;④过氧化氢,用于小伤口的消毒灭菌;⑤烫伤膏;⑥最近的医院、医生、派出所电话号码。

三、督查有力,奖罚充分

厨房安全管理,既寄希望于各岗位员工的主动积极、各负其责,也少不了管理人员按程序、按标准、分时段的有序督查。员工在安全方面的不同表现和结果,理应受到精神和物质等方面的奖励。只有如此,先进更自觉,马虎过不去,偷懒不可能,安全这项厨房生产运转方面的基础管理工作才会成为餐饮部门的放心工程。

在对安全检查督促方面,应做到点面结合、检查有序,同时做到层级分工、监控得法,以切实杜绝漏洞,不留隐患。检查结果,与考核挂钩,力求做到常规要求必达标,发现问题不松劲;重事实准确无误,抓落实整改到位;奖罚直达人头,按时充分兑现。

第三节　厨房安全管理规范

厨房安全管理规范,是指为了使厨房连续不断、计划有序地开展生产,饭店在执行预防为主的原则的前提下,制定的系统全面、切实可行的管理制度、操作规范和各项安全生产要求。

一、厨房员工安全操作规程

(一)厨房员工安全操作守则

(1)员工上岗应按要求身着饭店工作服及工作鞋。

(2)厨房员工穿着制服、戴帽子、穿平底鞋、系围裙,衣袖要扎好,胸前口袋中不得放火柴、打火机、香烟等物品。

(3)员工当班时应保证精力集中,不应在厨房内跑动、打闹。

(4)厨房的设备应由主管人员定期检查,以防意外事故发生。

(5)厨师使用厨房设备须严格遵守正常的操作规程(新员工须由主管人员对其进行设备使用方面的培训)。

(6)油炸锅在使用过程中应保证人员不离岗。

(7)当油、水、食物泼到地面上时,要立即清除。

(8)碗、盘、玻璃器皿打碎时,不得用手去捡拾,要用扫帚去清理。

(9)擦拭锅炉要先确定已经不会烫手,然后才可进行。

(10)衣物、桌布等易燃物不得在火炉上烘烤。

(11)搬运重物特别是热汤汁时不要一人操作,以免扭伤和烫伤。

(12)刀具和锋利的器具落地前不要用手接拿。

(13)应保证刀具的锋利,不锋利的刀具最易伤人。

(14)厨房员工,不得随意处理突发的断电事故。

(15)工作时应注意保持地面清洁以免滑倒受伤。

(16)工程人员断电挂牌操作时,切忌合闸。

(17)每天打烊后,值班者应最后离开,在离开前要切实检查炉灶是否还有余火,煤气开关的把手是否在关闭的垂直位置,逐一检查电器用具插头是否拔下,最后关灯离去。

(18)值班人员在逐项检查后,必须填写安全检查表(见表10-1)并签名,亲自送到规定的地方。

表10-1 厨房安全检查表

岗 位	检查内容	检查情况	备 注
加工间	水电关闭		
	机械复原		
	冰箱、冷库运行		
	消防器具定位		
	门窗关闭		

续表

岗　　位	检查内容	检查情况	备　　注
切配间	水电关闭		
	机械复原		
	冰箱、冷库运行		
	消防器具定位		
	门窗关闭		
冷菜间	水电关闭		
	紫外线灯关闭		
	空调关闭		
	冰箱、冷库运行		
	消防器具定位		
	门窗关闭		
炉灶间	水电关闭		
	油、气阀关闭		
	蒸汽阀关闭		
	抽油烟罩关闭		
	消防器具定位		
	门窗关闭		
点心间	水电关闭		
	煤气阀关闭		
	蒸汽阀关闭		
	冰箱、冷库运行		
	机械复原		
	消防器具定位		
	门窗关闭		
西餐厨房	水电关闭		
	煤气阀关闭		
	蒸汽阀关闭		
	冰箱、冷库运行		
	消防器具定位		
	门窗关闭		

检查人：_____　　　　　　　　时间：_____

(二)煤气炉具的安全操作规定

(1)煤气炉具应设计在通风良好的厨房中使用,须远离易燃物品,并要求布局在不易燃烧的物体上,如水泥板、石板、铁板。

(2)使用煤气前,应检查所有煤气开关是否处于关闭状态。点火时,要做到火等气,先开煤气总阀,再划火凑近火眼,最后开灶具的开关点燃灶具。千万不要先开灶具上的开关,后划火柴点火,以免煤气放出与空气混合,再遇火种,极容易发生爆炸。

(3)调节风门可对火焰进行调节,使火焰呈蓝色。如果火焰发红和冒烟,则说明进风量小,应调大风门,如果发生回火,则要关闭灶具开关,调小风门再点火。火点着后,再调节风门,使燃烧火焰正常。如果发生离焰,则说明进风量大,应调小风门。

(4)经常保持灶具的清洁,尤其要保持火眼畅通,灶具点燃后应有人看管,防止火焰被溢出的汤水浇熄或被风吹灭使燃气大量泄漏,造成事故。

(三)液化气(管道煤气)安全使用规定

(1)液化气罐必须直立放置,并使其不致被撞到而倾倒。

(2)液化气罐须隔离火源,避免日光直射,应置于通风良好的位置,保持35℃以下的温度。

(3)液化气罐若须放在木箱内时,箱底须有换气孔,以维持通风,液化气罐腰部用锁链固定,防止震动或意外碰撞。

(4)液化气罐及其周围不得放置易燃品,如汽油、酒精、抹布、纸张等。

(5)装卸液化气罐时,须确定附近无火源、引火物以及易燃物。

(6)在室内使用液化气燃具须注意通风,不得在密闭室内使用液化气燃具。

(7)液化气燃具的周围须有一定的空间,燃具周围30厘米以上、上方1米以上必须留出空间,以防引发火灾。

(8)液化气输气管必须是金属管,不能使用塑料软管代替,装置在室内时,应距离电源线30厘米以上。

(9)输气管衔接处的螺旋纹至少要5圈以上,并须结合紧密,不漏气。

(10)使用液化气前应该注意:①闻闻是否有液化气臭味,以确定是否有液化气漏出。②火炉附近是否有可燃性物质。③打开或关闭液化气开关时须缓慢旋转。④在打开液化气开关或总阀之前,先察看出气开关(或炉灶开关)是否已先打开,出气阀应紧闭。

(11)点火时的注意事项:①先慢慢地旋开炉灶出气开关,使用点火器点火。②如使用火柴点火,应先将火柴持近炉灶出气嘴,再慢慢旋开开关。

(12)点火后的注意事项:①燃烧中的火焰要调整到完全燃烧的状态,即呈蓝色的火焰,没有完全燃烧的火焰呈红色。②火焰是否完全燃烧是依赖空气孔或燃具旋塞的调整,应调整至完全燃烧的状态;如果没有完全燃烧,一氧化碳有毒气体的扩散会造成严重后果。③注意不让火焰被风吹熄。

(13)使用后的注意事项:①要先关总阀或液化气罐旋式开关,让煤气断绝后再关炉灶的开关。②若是停用时间长,总开关的把手要上锁,液化气罐开关须旋紧。③液化气用完后,液化气罐开关也须旋紧。

(14)液化气漏气的处理:①关紧液化气罐开关。②熄灭附近一切火焰、切断电源。③将门窗打开,使室内空气流通良好。④将液化气罐迅速移至室外空旷地方。

二、仓库安全管理规定

(一)器皿安全管理规定

(1)穿平底胶鞋,不得佩戴松弛的饰物。

(2)工作时戴手套保护双手。

(3)搬运盘碟时一定要用推车。

(4)清理盘碟时应留意发现有无破损,将破损盘碟随时挑出来放在一边,不得再用。

(5)搬运太重的物件或大的垃圾桶时,要找人帮忙,不要勉强用力。

(6)如果操作发生伤口,必须进行医治处理。

(7)如果怀疑财物、器皿有可能遭偷窃时,须立即报告上级并维护现场。

(二)单人搬运安全管理规定

(1)过重的物体不要单独搬运,最大的安全重量建议男性20千克,女性10千克,若超过此重量,则应两人搬运,以免伤害身体。

(2)推举重物应弯膝,运用腿肌,不要运用腹肌或背肌,否则容易引起背部酸痛或拉伤。

(3)推举重物应先吸一口气,一直维持到东西放下时才呼出,深吸一口气可以拉紧肌肉避免拉伤。

(4)切忌扭转腰背,反方向去拿重物、搬运物品不要扭转身体方向,以免拉伤。

(5)搬运物体时应注意四周,背后是最容易发生事故的方向,不可搬运物体向后退。

(6)搬运长形物体时应保持前面高、后面低,尤其在转角处或前面有障碍物时,应特别注意。

(7)推滚圆形物体时应站在物体后面,并注意前面是否有人,双手不要放在圆形物体的边缘,因碰撞时最易伤手。

(8)超过人体高度的物料,即使不重,也不要一个人搬动,防止伤人。

(三)手推车安全管理规定

(1)尽量把重的东西放在推车的下面,重心越低越稳。

(2)推二轮车时,尽可能把物体放在车的前端,重力由车轴负担,推车人员保持车子平衡并推动车子前进。

(3)推车前进经过转角处时,不要在后面推,应改在旁边拉,这样可以看到另一方向的来人或是来车,以免撞倒。

(4)推车进出电梯时,若是负载物太重,应找人帮忙。

(5)堆放在推车上的物体高度以不妨碍视线为标准,要把物品安放妥当,以免滑落。

(6)在推车上堆放椅子时,一次以8把为限。

(7)不要拉着推车后退。

(8)注意随时控制推车的速度,不要推着车跑,不要太快。

(9)特种用途的推车,除指定用途外不作别的用途。

(10)手推车如滑轮有损坏,或者有台面倾斜、把手脱落等任何问题,应立即停止使用,报请修理。

(四)工作梯使用安全管理规定

(1)梯子不能架设在可以摇动的地砖上或是不坚实的地面,而应有平坦及稳固的立足点。

(2)架设梯子应使其稳固,上下共4个支点,力求稳妥;上端宜使其固定,万一不能固定时,下端的两脚就要扎牢;如果不能扎牢时,就得有人在一旁协助,防止滑动。

(3)上下梯子时,两手两脚不能同时放在同一横栏上,身体重心应维持在中间。

(4)切忌在上下梯子时手中拿有任何物件。

(5)不得使用横栏有短缺的梯子,任何有缺陷的梯子都不可使用。

(6)梯子应经常保持完整无损,管理人员要经常查看。

(7)梯子的两脚(下面的两支点)宜装置不会滑动的垫子,以减少滑动的危险。

(8)架设梯子的斜度,自上端支点垂直地面至梯脚的水平距离应为梯长的1/4。如梯长4米,则斜靠的地面水平距离应在1米以内。

(9)绝不容许两人同在一张梯子上。

(10)梯子绝对不许架设在门口,以防门内(外)有人出入推翻梯子;除非将门锁上,或有专人看守。

(11)梯子不使用时要立即收妥,无人看管时不得竖立,以免倒下伤人,或将人绊倒。

三、防火管理规范

(一) 厨房防火制度

(1)厨房各种电器设备的安装使用必须符合防火安全要求,严禁超负荷使用,绝缘要良好,接点要牢固,并有合格的保险设备。

(2)厨房的各种机电设备操作使用必须制定安全操作规程,并严格遵照执行。

(3)厨房在炼油、炸食品和烤食品时,必须设专人负责看管。炼、炸、烘、烤时,油锅、烤箱温度不得过高,油锅不得过满,严防油溢着火引起火灾。

(4)厨房的各种煤气炉灶、烤箱点火使用时必须按操作规程操作,不得违反,更不得用纸张等易燃品点火。

(5)不得往炉灶、烤箱的火眼内倒置各种杂质、废物,以防堵塞火眼,发生事故。

(6)各种灭火器材、消防设施不得擅自动用。

(7)会使用各种灭火器材、火灾报警器,能熟练地掌握其性能、作用和使用方法。

(8)知道所在部门灭火器材和手按报警器的位置,知道最近的消防疏散门。

(9)一旦发生火情,速拨电话通知总机或饭店消防中心。

(二) 厨房液化气防火安全管理制度

(1)液化气灶操作人员必须经过专门学习,掌握安全操作液化气灶的基本知识。

(2)员工进入厨房应首先检查灶具是否有漏气情况,如发现漏气,不准开启电器开关(包括电灯)。

(3)员工进入厨房前应打开防爆排风扇,以便清除沉积于室内的液化气。

(4)操作前应检查灶具的完好情况。

(5)点火时,必须执行"火等气",千万不可"气等火"的原则,即点燃火柴,再打开点火棒供气开关,点燃火棒后,将点火棒靠近灶具燃烧器,最后打开燃烧器供气开关,点燃燃烧器。

(6)各种液化气灶具开关必须用手开闭,不准用其他器皿敲击开闭。

(7)灶具每次使用完毕,要立即将供气开关关闭;每餐结束后,值班人员要认真检查每只供气开关是否关闭好;每天夜餐结束后要先关闭厨房总供气阀门,再关闭各灶具阀门,然后通知供气室关闭气源总阀门。

(8)发现问题应立即关闭总阀门,并及时报告主管领导和安全部门。

(9)经常做灶具的清洁保养工作,以便确保安全使用液化气灶具。

(10)无关人员不得动用液化气灶具。

(11)食品加工和制作,要牢记食品卫生准则,切实注意安全。

（12）下班时关闭所有电灯、排气扇、电烤箱等电器设备,并锁好所有门窗,一切检查无误后,方可下班。

（13）坚守工作岗位,起油锅时绝对不准离人,要思想集中,正确掌握油温,防止外溢或过热引起火灾。

（14）严格执行安全操作规定,经常检查电器、机械设备的完好状况,发现不安全因素及时报请维修。

（15）一旦发生火灾事故,应立即关闭液化气总阀,关闭电源,一面报警,一面动用灭火器材扑救。

第四节　厨房事故及其预防

厨房事故是厨房安全管理中应尽力杜绝和防范的。厨房事故,指厨房加工、生产、运输,以及日常运转过程当中出现的烫伤、扭伤、跌伤、割伤、火灾等妨碍厨房生产、餐饮经营正常、有序进行的情况。由于种种原因,厨房从生产到销售,其间不安全因素时常存在。因此管理者要正视厨房工作的特点,采取行之有效的方法强化控制管理,加强员工培训,提高安全防范意识,预防事故发生,减少事故损失。

一、烫伤与预防

厨房加热源无论是煤气、液化气、煤,还是柴油、蒸汽等,给厨房员工造成的灼伤事故都占厨房事故的很大比例。一旦灼伤,轻则影响操作,重则需要送医院治疗,伤者更是疼痛难忍。预防灼伤的措施包括以下几点:

（1）遵守操作程序。使用任何烹调设备或点燃煤气设施时必须按照产品的说明书进行操作。

（2）通道上不得存放炊具。凡有把手柄的桶、壶及一切炊具,不得放置在繁忙拥挤的走廊通道上。

（3）容器注料要适量。不要将罐、锅、水壶装得太满。避免食物煮沸过头,以防溅出锅外。

（4）搅拌食物要小心。搅动食物通常使用长柄勺,保持与食物的距离。

（5）从炉灶或烘箱上取下热锅前,必须事先准备好移放的位置。如果事先有了准备,提锅的时间就能缩短。提既烫又重的容器前,应毫不犹豫地及时请同事帮助。

（6）使用合格、牢靠的锅具。不要使用把手柄松动、容易折断的锅,以免引起锅身倾斜、原料滑出锅或把手断裂。

（7）冷却厨房设备。在准备清洗厨房设备时要先进行冷却。

（8）懂得怎样灭火。如果食物着火了，将盐或小苏打撒在火上，不要用水浇，必须学会使用灭火器和其他安全装置。

（9）使用火柴要谨慎。将用过的火柴放入罐头盒内或玻璃容器内。

（10）安全使用大油锅。如准备将大油锅里的热油进行过滤或更换，必须注意安全，一定要随手带抹布。

（11）禁止嬉闹。不容许在操作间奔跑，更不得拿热的炊具和同事开玩笑。食品服务人员应该接受训练，学会正规地倒咖啡和其他热饮料。

（12）张贴"告诫"标志。在潮滑或容易发生烫伤事故的地方，需张贴"告诫"标志，以告诫员工注意。

（13）定期清洗厨房设备。防止炉灶表面和通风管盖帽处积藏油污。

二、扭伤、跌伤与预防

厨房员工在搬运重大物品，或登高取物，或清除卫生死角，或走动遇滑时容易造成扭伤和跌伤。

（一）扭伤与预防

扭伤的预防主要注意以下几点：
（1）举东西前，先要抓紧。
（2）举东西时，背部要挺直，只能膝盖弯曲。
（3）举重物时要用腿力，而不能用背力。
（4）举东西时要缓缓举起，使举的东西紧靠身体，不要骤然一下猛举。
（5）举东西时，如有必要，可以挪动脚步，但千万不要扭转身子。
（6）当心手指和手被挤伤或压伤。
（7）举过重的东西时必须请人帮忙，绝不要勉强或逞能。
（8）当东西的重量超过20千克时，受伤的可能性即随之增加，在举之前应多加小心。
（9）尽可能借助起重或搬运工具。

（二）跌伤与预防

大多数跌伤只是在地面滑倒或绊倒而不是从高处摔下。为了预防摔倒跌倒事故，下述几方面必须引起特别注意：

（1）清洁地面，始终保持地面的清洁和干燥。有溢出物须立即擦掉。
（2）清除地面上的障碍物，随时清除丢在地面上的盘子、抹布、拖把等杂物，一旦发现地砖松动或翻起，立即铺整调换。
（3）小心使用梯子。从高处搬取物品时需使用结实的梯子，并请同事扶牢。

(4)开门关门要小心。进出门不得跑步,经过旋转门更要留心。

(5)穿鞋要合脚,厨房员工应穿低跟鞋,并注意防滑,不穿薄底、已磨损、高跟的鞋以及拖鞋、网球鞋或凉鞋,要穿脚跟和脚底不外露的鞋,鞋带要系紧以防滑跤。

(6)入口处和走道不得留存积雪和冰,要经常清扫。

(7)避免滑跤,使用防滑地板蜡。

(8)张贴安全告示,必要时张贴"小心"或"地面潮湿"等告示。

(9)楼梯的踏板如破裂或磨损需及时更换。

(10)保证楼梯井或其他不经常使用地区的光亮度。

三、割伤与预防

割伤是厨房加工、切配及冷菜间菜点厨房员工经常遇到的伤害。预防割伤的措施有下列几点:

(1)锋利的工具应妥善保管。当刀具、锯子或其他锋利器具不使用时应随手放在餐具架上或专用的抽屉内。

(2)按安全操作规程使用刀具。将需切割的物品放在桌上或切割板上,刀在往下切时须抓紧所切物品,注意在切薄片时容易削去手指。当刀斩食物时必须将手指弯曲抓住原料,使刀刃落在原料块上。刀具大小要合适并清楚刀刃的锋利度。此外,手柄已松动的刀具必须修理或报废。

(3)保持刀刃的锋利。钝的刀刃比锋利的刀刃更易引发事故。因刀刃越钝,员工所使的力就越大,食品一旦滑动就会发生事故。

(4)各种形状的刀具要分别清洗。将各种形状的锋利刀具集中摆放在专用的盆内,并将其分别洗涤,切勿将刀具或其他锋利工具沉浸在放满水的洗池内。

(5)禁止用刀嬉闹。不得拿刀或锋利工具进行打闹,一旦发现刀具从高处掉下不要用手去接。

(6)集中注意力,使用刀具或其他锋利刀具要谨慎。

(7)不得将刀具放在工作台边上,应放在台子中间,以免掉到地上或砸到脚上。

(8)厨房内尽量少用玻璃餐具,如破碎,尽快处理碎玻璃,可用扫帚和簸箕清扫干净,不能用手捡。如果玻璃碎片在洗涤池内,先将池水放掉,然后用湿布将碎玻璃捡起。通常是将碎玻璃或陶瓷倒入单独的废物箱内。

(9)厨房设备要安有各种必备的防护装置或其他安全设施。

(10)谨慎使用食品研磨机,使用绞肉机时必须使用专门的填料器。

(11)设备清洗前须将电源切断(拔去插头)。

(12)谨慎清洁刀口。擦刀具时抹布折叠到一定厚度,从刀口中间部分向外侧刀口擦,动作要慢,要小心,清洁刀口一定要符合规定要求。

（13）使用合适的刀具。不得用刀代替旋凿或开罐头，也不得用刀撬纸板盒和纸板箱。必须使用合适的开容器工具。

四、伤口的紧急处理

刀伤是厨房最难避免的一种事故。一旦发生刀伤，要视伤口大小、情节轻重及时采取措施。有些只要进行简单处理即可奏效。当然，伤口也不全是刀刃引起的。因此，注意以下几点对伤口的及时有效处理是十分必要的。

（1）割伤、损伤和擦伤，马上清洁伤口，用肥皂和温水清洁伤口处皮肤；用无菌棉垫或干净的纱布覆盖伤口进行止血；轻轻更换无菌棉垫、干净纱布和绷带；如果伤口在手部，须将手抬高过胸口。

（2）不得用嘴接触伤口，不得在伤口处吹气，不得用手指、手帕或其他污物接触伤口，不得在伤口上涂防腐剂。

（3）出现下列情况要立即送医务室或医院处理：①如果是大出血（属于紧急情况）；②如果出血持续 4~10 分钟；③如果伤口有杂物又不易清洗掉；④如果伤口是很深的裂口；⑤如果伤口很长或很宽需要缝合；⑥如果筋或腱被切断（特别是手伤）；⑦如果伤口是在脸部或其他引人注目的部位；⑧如果伤口部位不能彻底清洗；⑨如果伤口接触的是不干净的物质；⑩感染的程度加大（疼痛或伤口红肿增大）。

（4）撞伤部位用冰袋或冷敷布在受伤处压 25 分钟，如果皮肤上有破损，创口需进一步按刀割伤处理。

（5）水疱可用软性肥皂和水清洗，保持干净，防止发炎。如水疱已破，按开放性伤口处理，如受感染应就医。

五、电器设备事故与预防

电器设备造成的事故也是生产中常见的问题。因此预防电器设备事故也是十分重要的。

（1）员工必须熟悉设备，学会正确拆卸、组装和使用各种电器设备的方法。

（2）采取预防性保养，定期由专职电工检测各种电器设备线路和开关。

（3）所有的电器设备都必须有安全的接地线。

（4）遵守操作规程。操作电器设备时，须严格按照厂家的规定。

（5）谨慎接触设备。湿手或站在湿地上，切勿接触金属插器和电器设备。

（6）更新电线包线。已磨损露出电线的电线包线切勿继续使用，要使用防油防水的包线。

（7）切断电源清洁设备。清洁任何电器设备都必须拔去电源插头。

（8）避免电路过载。未经许可，不得任意加粗保险丝，电路不得超负荷。

六、火灾的预防与灭火

厨房还有一类常见的事故就是火灾,可采取以下几种防火措施:

(1)拥有足够的灭火设备。厨房每位员工都必须知道灭火器的安放位置和使用方法。

(2)安装失火检测装置。使用经许可和可经常测试的失火检测装置,这些设备可用于防烟、防火焰和防发热。

(3)考虑使用自动喷水灭火系统。该系统是自动控制火灾的极为有效的设施。另外,一种安装在通风过滤器下的特效灭火装置也是很有效的,厨房可不用考虑其类型(化学干粉、二氧化碳或特殊化学溶液),饭店安全部门应统筹安排、设计安装并进行保养和管理。

厨房发生的火灾通常有三种类型:①由普通的易燃材料引起(木材、纸张、塑料等);②由易燃物质如汽油和油脂引起;③由电器设备引起。

小型火灾通常可用手提式灭火器扑灭。灭火器须安放在接近火源最合适的地方,并经常进行检查和保养。此外,极为重要的是对员工进行消防训练,使其学会正确使用灭火装置。灭火设备有多种,通常使用的一种是干化学药品多用灭火器,适用上述三种火灾。

手提式灭火器一般都很容易操作,但不能忽视对员工的训练,使之掌握特殊灭火装置的特性。通常,灭火器使用前必须将一只安全销拔去,使用多用化学灭火器时有一点很重要,即必须将化学灭火材料覆盖住所有燃烧区域,以防死灰复燃。

本章小结

厨房环境、厨房作业过程不可避免地存在若干安全隐患,而安全是从事厨房生产和餐饮经营的前提。本章首先明确安全对厨房生产的重要性,接着确立了安全管理原则,系统讨论了厨房生产安全管理规范。在此基础上,又详细、具体阐述了厨房各类事故的发生与预防措施。

思考与练习

(一)理解思考

1.什么叫厨房安全?

2.厨房安全的意义有哪些?

3.厨房安全管理原则的具体内涵有哪些?

4.厨房安全操作规程的内容有哪些？

5.安全管理规定的内容有哪些？

6.厨房防火制度的内容有哪些？

7.伤口紧急处理的内容有哪些？

8.火灾预防与灭火的内容有哪些？

（二）**实训练习**

1.应用实例分析安全是实现效益的保证。

2.对厨房出现的事故进行原因分析，并提出预防措施。

3.讨论并具体说明"隐患明忧"的实施办法。

附 录

中华人民共和国食品安全法

（2015年修订）

（2009年2月28日第十一届全国人民代表大会常务委员会第七次会议通过，2015年4月24日第十二届全国人民代表大会常务委员会第十四次会议修订，自2015年10月1日施行）

第一章 总 则

第一条 为了保证食品安全，保障公众身体健康和生命安全，制定本法。

第二条 在中华人民共和国境内从事下列活动，应当遵守本法：

（一）食品生产和加工（以下称食品生产），食品销售和餐饮服务（以下称食品经营）；

（二）食品添加剂的生产经营；

（三）用于食品的包装材料、容器、洗涤剂、消毒剂和用于食品生产经营的工具、设备（以下称食品相关产品）的生产经营；

（四）食品生产经营者使用食品添加剂、食品相关产品；

（五）食品的贮存和运输；

（六）对食品、食品添加剂、食品相关产品的安全管理。

供食用的源于农业的初级产品（以下称食用农产品）的质量安全管理，遵守《中华人民共和国农产品质量安全法》的规定。但是，食用农产品的市场销售、有关质量安全标准的制定、有关安全信息的公布和本法对农业投入品作出规定的，应当遵守本法的规定。

第三条 食品安全工作实行预防为主、风险管理、全程控制、社会共治，建立科学、严格的监督管理制度。

第四条 食品生产经营者对其生产经营食品的安全负责。

食品生产经营者应当依照法律、法规和食品安全标准从事生产经营活动，保证食品安全，诚信自律，对社会和公众负责，接受社会监督，承担社会责任。

第五条 国务院设立食品安全委员会，其职责由国务院规定。

国务院食品药品监督管理部门依照本法和国务院规定的职责，对食品生产经营活动实施监督管理。

国务院卫生行政部门依照本法和国务院规定的职责，组织开展食品安全风险监测和风险评估，会同国务院食品药品监督管理部门制定并公布食品安全国家标准。

国务院其他有关部门依照本法和国务院规定的职责，承担有关食品安全工作。

第六条　县级以上地方人民政府对本行政区域的食品安全监督管理工作负责,统一领导、组织、协调本行政区域的食品安全监督管理工作以及食品安全突发事件应对工作,建立健全食品安全全程监督管理工作机制和信息共享机制。

县级以上地方人民政府依照本法和国务院的规定,确定本级食品药品监督管理、卫生行政部门和其他有关部门的职责。有关部门在各自职责范围内负责本行政区域的食品安全监督管理工作。

县级人民政府食品药品监督管理部门可以在乡镇或者特定区域设立派出机构。

第七条　县级以上地方人民政府实行食品安全监督管理责任制。上级人民政府负责对下一级人民政府的食品安全监督管理工作进行评议、考核。县级以上地方人民政府负责对本级食品药品监督管理部门和其他有关部门的食品安全监督管理工作进行评议、考核。

第八条　县级以上人民政府应当将食品安全工作纳入本级国民经济和社会发展规划,将食品安全工作经费列入本级政府财政预算,加强食品安全监督管理能力建设,为食品安全工作提供保障。

县级以上人民政府食品药品监督管理部门和其他有关部门应当加强沟通、密切配合,按照各自职责分工,依法行使职权,承担责任。

第九条　食品行业协会应当加强行业自律,按照章程建立健全行业规范和奖惩机制,提供食品安全信息、技术等服务,引导和督促食品生产经营者依法生产经营,推动行业诚信建设,宣传、普及食品安全知识。

消费者协会和其他消费者组织对违反本法规定,损害消费者合法权益的行为,依法进行社会监督。

第十条　各级人民政府应当加强食品安全的宣传教育,普及食品安全知识,鼓励社会组织、基层群众性自治组织、食品生产经营者开展食品安全法律、法规以及食品安全标准和知识的普及工作,倡导健康的饮食方式,增强消费者食品安全意识和自我保护能力。

新闻媒体应当开展食品安全法律、法规以及食品安全标准和知识的公益宣传,并对食品安全违法行为进行舆论监督。有关食品安全的宣传报道应当真实、公正。

第十一条　国家鼓励和支持开展与食品安全有关的基础研究、应用研究,鼓励和支持食品生产经营者为提高食品安全水平采用先进技术和先进管理规范。

国家对农药的使用实行严格的管理制度,加快淘汰剧毒、高毒、高残留农药,推动替代产品的研发和应用,鼓励使用高效低毒低残留农药。

第十二条　任何组织或者个人有权举报食品安全违法行为,依法向有关部门了解食品安全信息,对食品安全监督管理工作提出意见和建议。

第十三条　对在食品安全工作中做出突出贡献的单位和个人,按照国家有关规定给予表彰、奖励。

第二章　食品安全风险监测和评估

第十四条　国家建立食品安全风险监测制度,对食源性疾病、食品污染以及食品中的有害因素进行监测。

国务院卫生行政部门会同国务院食品药品监督管理、质量监督等部门,制定、实施国家食品安全风险监测计划。

国务院食品药品监督管理部门和其他有关部门获知有关食品安全风险信息后,应当立即核实并向国务院卫生行政部门通报。对有关部门通报的食品安全风险信息以及医疗机构报告的食源性疾病等有关疾病信息,国务院卫生行政部门应当会同国务院有关部门分析研究,认为必要的,及时调整国家食品安全风险监测计划。

省、自治区、直辖市人民政府卫生行政部门会同同级食品药品监督管理、质量监督等部门,根据国家食品安全风险监测计划,结合本行政区域的具体情况,制订、调整本行政区域的食品安全风险监测方案,报国务院卫生行政部门备案并实施。

第十五条 承担食品安全风险监测工作的技术机构应当根据食品安全风险监测计划和监测方案开展监测工作,保证监测数据真实、准确,并按照食品安全风险监测计划和监测方案的要求报送监测数据和分析结果。

食品安全风险监测工作人员有权进入相关食用农产品种植养殖、食品生产经营场所采集样品、收集相关数据。采集样品应当按照市场价格支付费用。

第十六条 食品安全风险监测结果表明可能存在食品安全隐患的,县级以上人民政府卫生行政部门应当及时将相关信息通报同级食品药品监督管理等部门,并报告本级人民政府和上级人民政府卫生行政部门。食品药品监督管理等部门应当组织开展进一步调查。

第十七条 国家建立食品安全风险评估制度,运用科学方法,根据食品安全风险监测信息、科学数据以及有关信息,对食品、食品添加剂、食品相关产品中生物性、化学性和物理性危害因素进行风险评估。

国务院卫生行政部门负责组织食品安全风险评估工作,成立由医学、农业、食品、营养、生物、环境等方面的专家组成的食品安全风险评估专家委员会进行食品安全风险评估。食品安全风险评估结果由国务院卫生行政部门公布。

对农药、肥料、兽药、饲料和饲料添加剂等的安全性评估,应当有食品安全风险评估专家委员会的专家参加。

食品安全风险评估不得向生产经营者收取费用,采集样品应当按照市场价格支付费用。

第十八条 有下列情形之一的,应当进行食品安全风险评估:

(一)通过食品安全风险监测或者接到举报发现食品、食品添加剂、食品相关产品可能存在安全隐患的;

(二)为制定或者修订食品安全国家标准提供科学依据需要进行风险评估的;

(三)为确定监督管理的重点领域、重点品种需要进行风险评估的;

(四)发现新的可能危害食品安全因素的;

(五)需要判断某一因素是否构成食品安全隐患的;

(六)国务院卫生行政部门认为需要进行风险评估的其他情形。

第十九条 国务院食品药品监督管理、质量监督、农业行政等部门在监督管理工作中发现需要进行食品安全风险评估的,应当向国务院卫生行政部门提出食品安全风险评估的建议,并提供风险来源、相关检验数据和结论等信息、资料。属于本法第十八条规定情形的,国务院卫生行政部门应当及时进行食品安全风险评估,并向国务院有关部门通报评估结果。

第二十条 省级以上人民政府卫生行政、农业行政部门应当及时相互通报食品、食用农产品安全风险监测信息。

国务院卫生行政、农业行政部门应当及时相互通报食品、食用农产品安全风险评估结果等信息。

第二十一条 食品安全风险评估结果是制定、修订食品安全标准和实施食品安全监督管理的科学依据。

经食品安全风险评估,得出食品、食品添加剂、食品相关产品不安全结论的,国务院食品药品监督管理、质量监督等部门应当依据各自职责立即向社会公告,告知消费者停止食用或者使用,并采取相应措施,确保该食品、食品添加剂、食品相关产品停止生产经营;需要制定、修订相关食品安全国家标准的,国务院卫生行政部门应当会同国务院食品药品监督管理部门立即制定、修订。

第二十二条 国务院食品药品监督管理部门应当会同国务院有关部门,根据食品安全风险评估结果、食品安全监督管理信息,对食品安全状况进行综合分析。对经综合分析表明可能具有较高程度安全风险的食品,国务院食品药品监督管理部门应当及时提出食品安全风险警示,并向社会公布。

第二十三条 县级以上人民政府食品药品监督管理部门和其他有关部门、食品安全风险评估专家委员会及其技术机构,应当按照科学、客观、及时、公开的原则,组织食品生产经营者、食品检验机构、认证机构、食品行业协会、消费者协会以及新闻媒体等,就食品安全风险评估信息和食品安全监督管理信息进行交流沟通。

第三章 食品安全标准

第二十四条 制定食品安全标准,应当以保障公众身体健康为宗旨,做到科学合理、安全可靠。

第二十五条 食品安全标准是强制执行的标准。除食品安全标准外,不得制定其他食品强制性标准。

第二十六条 食品安全标准应当包括下列内容:

(一)食品、食品添加剂、食品相关产品中的致病性微生物,农药残留、兽药残留、生物毒素、重金属等污染物质以及其他危害人体健康物质的限量规定;

(二)食品添加剂的品种、使用范围、用量;

(三)专供婴幼儿和其他特定人群的主辅食品的营养成分要求;

(四)对与卫生、营养等食品安全要求有关的标签、标志、说明书的要求;

(五)食品生产经营过程的卫生要求;

(六)与食品安全有关的质量要求;

(七)与食品安全有关的食品检验方法与规程;

(八)其他需要制定为食品安全标准的内容。

第二十七条 食品安全国家标准由国务院卫生行政部门会同国务院食品药品监督管理部门制定、公布,国务院标准化行政部门提供国家标准编号。

食品中农药残留、兽药残留的限量规定及其检验方法与规程由国务院卫生行政部门、国务院农业行政部门会同国务院食品药品监督管理部门制定。

屠宰畜、禽的检验规程由国务院农业行政部门会同国务院卫生行政部门制定。

第二十八条 制定食品安全国家标准，应当依据食品安全风险评估结果并充分考虑食用农产品安全风险评估结果，参照相关的国际标准和国际食品安全风险评估结果，并将食品安全国家标准草案向社会公布，广泛听取食品生产经营者、消费者、有关部门等方面的意见。

食品安全国家标准应当经国务院卫生行政部门组织的食品安全国家标准审评委员会审查通过。食品安全国家标准审评委员会由医学、农业、食品、营养、生物、环境等方面的专家以及国务院有关部门、食品行业协会、消费者协会的代表组成，对食品安全国家标准草案的科学性和实用性等进行审查。

第二十九条 对地方特色食品，没有食品安全国家标准的，省、自治区、直辖市人民政府卫生行政部门可以制定并公布食品安全地方标准，报国务院卫生行政部门备案。食品安全国家标准制定后，该地方标准即行废止。

第三十条 国家鼓励食品生产企业制定严于食品安全国家标准或者地方标准的企业标准，在本企业适用，并报省、自治区、直辖市人民政府卫生行政部门备案。

第三十一条 省级以上人民政府卫生行政部门应当在其网站上公布制定和备案的食品安全国家标准、地方标准和企业标准，供公众免费查阅、下载。

对食品安全标准执行过程中的问题，县级以上人民政府卫生行政部门应当会同有关部门及时给予指导、解答。

第三十二条 省级以上人民政府卫生行政部门应当会同同级食品药品监督管理、质量监督、农业行政等部门，分别对食品安全国家标准和地方标准的执行情况进行跟踪评价，并根据评价结果及时修订食品安全标准。

省级以上人民政府食品药品监督管理、质量监督、农业行政等部门应当对食品安全标准执行中存在的问题进行收集、汇总，并及时向同级卫生行政部门通报。

食品生产经营者、食品行业协会发现食品安全标准在执行中存在问题的，应当立即向卫生行政部门报告。

第四章 食品生产经营

第一节 一般规定

第三十三条 食品生产经营应当符合食品安全标准，并符合下列要求：

（一）具有与生产经营的食品品种、数量相适应的食品原料处理和食品加工、包装、贮存等场所，保持该场所环境整洁，并与有毒、有害场所以及其他污染源保持规定的距离；

（二）具有与生产经营的食品品种、数量相适应的生产经营设备或者设施，有相应的消毒、更衣、盥洗、采光、照明、通风、防腐、防尘、防蝇、防鼠、防虫、洗涤以及处理废水、存放垃圾和废弃物的设备或者设施；

（三）有专职或者兼职的食品安全专业技术人员、食品安全管理人员和保证食品安全的规章

制度;

（四）具有合理的设备布局和工艺流程,防止待加工食品与直接入口食品、原料与成品交叉污染,避免食品接触有毒物、不洁物;

（五）餐具、饮具和盛放直接入口食品的容器,使用前应当洗净、消毒,炊具、用具用后应当洗净,保持清洁;

（六）贮存、运输和装卸食品的容器、工具和设备应当安全、无害,保持清洁,防止食品污染,并符合保证食品安全所需的温度、湿度等特殊要求,不得将食品与有毒、有害物品一同贮存、运输;

（七）直接入口的食品应当使用无毒、清洁的包装材料、餐具、饮具和容器;

（八）食品生产经营人员应当保持个人卫生,生产经营食品时,应当将手洗净,穿戴清洁的工作衣、帽等;销售无包装的直接入口食品时,应当使用无毒、清洁的容器、售货工具和设备;

（九）用水应当符合国家规定的生活饮用水卫生标准;

（十）使用的洗涤剂、消毒剂应当对人体安全、无害;

（十一）法律、法规规定的其他要求。

非食品生产经营者从事食品贮存、运输和装卸的,应当符合前款第六项的规定。

第三十四条 禁止生产经营下列食品、食品添加剂、食品相关产品:

（一）用非食品原料生产的食品或者添加食品添加剂以外的化学物质和其他可能危害人体健康物质的食品,或者用回收食品作为原料生产的食品;

（二）致病性微生物,农药残留、兽药残留、生物毒素、重金属等污染物质以及其他危害人体健康的物质含量超过食品安全标准限量的食品、食品添加剂、食品相关产品;

（三）用超过保质期的食品原料、食品添加剂生产的食品、食品添加剂;

（四）超范围、超限量使用食品添加剂的食品;

（五）营养成分不符合食品安全标准的专供婴幼儿和其他特定人群的主辅食品;

（六）腐败变质、油脂酸败、霉变生虫、污秽不洁、混有异物、掺假掺杂或者感官性状异常的食品、食品添加剂;

（七）病死、毒死或者死因不明的禽、畜、兽、水产动物肉类及其制品;

（八）未按规定进行检疫或者检疫不合格的肉类,或者未经检验或者检验不合格的肉类制品;

（九）被包装材料、容器、运输工具等污染的食品、食品添加剂;

（十）标注虚假生产日期、保质期或者超过保质期的食品、食品添加剂;

（十一）无标签的预包装食品、食品添加剂;

（十二）国家为防病等特殊需要明令禁止生产经营的食品;

（十三）其他不符合法律、法规或者食品安全标准的食品、食品添加剂、食品相关产品。

第三十五条 国家对食品生产经营实行许可制度。从事食品生产、食品销售、餐饮服务,应当依法取得许可。但是,销售食用农产品,不需要取得许可。

县级以上地方人民政府食品药品监督管理部门应当依照《中华人民共和国行政许可法》的规定,审核申请人提交的本法第三十三条第一款第一项至第四项规定要求的相关资料,必要时对申请人的生产经营场所进行现场核查;对符合规定条件的,准予许可;对不符合规定条件的,不予许可并书面说明理由。

第三十六条 食品生产加工小作坊和食品摊贩等从事食品生产经营活动,应当符合本法规定的与其生产经营规模、条件相适应的食品安全要求,保证所生产经营的食品卫生、无毒、无害,食品药品监督管理部门应当对其加强监督管理。

县级以上地方人民政府应当对食品生产加工小作坊、食品摊贩等进行综合治理,加强服务和统一规划,改善其生产经营环境,鼓励和支持其改进生产经营条件,进入集中交易市场、店铺等固定场所经营,或者在指定的临时经营区域、时段经营。

食品生产加工小作坊和食品摊贩等的具体管理办法由省、自治区、直辖市制定。

第三十七条 利用新的食品原料生产食品,或者生产食品添加剂新品种、食品相关产品新品种,应当向国务院卫生行政部门提交相关产品的安全性评估材料。国务院卫生行政部门应当自收到申请之日起六十日内组织审查;对符合食品安全要求的,准予许可并公布;对不符合食品安全要求的,不予许可并书面说明理由。

第三十八条 生产经营的食品中不得添加药品,但是可以添加按照传统既是食品又是中药材的物质。按照传统既是食品又是中药材的物质目录由国务院卫生行政部门会同国务院食品药品监督管理部门制定、公布。

第三十九条 国家对食品添加剂生产实行许可制度。从事食品添加剂生产,应当具有与所生产食品添加剂品种相适应的场所、生产设备或者设施、专业技术人员和管理制度,并依照本法第三十五条第二款规定的程序,取得食品添加剂生产许可。

生产食品添加剂应当符合法律、法规和食品安全国家标准。

第四十条 食品添加剂应当在技术上确有必要且经过风险评估证明安全可靠,方可列入允许使用的范围;有关食品安全国家标准应当根据技术必要性和食品安全风险评估结果及时修订。

食品生产经营者应当按照食品安全国家标准使用食品添加剂。

第四十一条 生产食品相关产品应当符合法律、法规和食品安全国家标准。对直接接触食品的包装材料等具有较高风险的食品相关产品,按照国家有关工业产品生产许可证管理的规定实施生产许可。质量监督部门应当加强对食品相关产品生产活动的监督管理。

第四十二条 国家建立食品安全全程追溯制度。

食品生产经营者应当依照本法的规定,建立食品安全追溯体系,保证食品可追溯。国家鼓励食品生产经营者采用信息化手段采集、留存生产经营信息,建立食品安全追溯体系。

国务院食品药品监督管理部门会同国务院农业行政等有关部门建立食品安全全程追溯协作机制。

第四十三条 地方各级人民政府应当采取措施鼓励食品规模化生产和连锁经营、配送。

国家鼓励食品生产经营企业参加食品安全责任保险。

第二节 生产经营过程控制

第四十四条 食品生产经营企业应当建立健全食品安全管理制度,对职工进行食品安全知识培训,加强食品检验工作,依法从事生产经营活动。

食品生产经营企业的主要负责人应当落实企业食品安全管理制度,对本企业的食品安全工作全面负责。

食品生产经营企业应当配备食品安全管理人员,加强对其培训和考核。经考核不具备食品安全管理能力的,不得上岗。食品药品监督管理部门应当对企业食品安全管理人员随机进行监督抽查考核并公布考核情况。监督抽查考核不得收取费用。

第四十五条 食品生产经营者应当建立并执行从业人员健康管理制度。患有国务院卫生行政部门规定的有碍食品安全疾病的人员,不得从事接触直接入口食品的工作。

从事接触直接入口食品工作的食品生产经营人员应当每年进行健康检查,取得健康证明后方可上岗工作。

第四十六条 食品生产企业应当就下列事项制定并实施控制要求,保证所生产的食品符合食品安全标准:

(一)原料采购、原料验收、投料等原料控制;

(二)生产工序、设备、贮存、包装等生产关键环节控制;

(三)原料检验、半成品检验、成品出厂检验等检验控制;

(四)运输和交付控制。

第四十七条 食品生产经营者应当建立食品安全自查制度,定期对食品安全状况进行检查评价。生产经营条件发生变化,不再符合食品安全要求的,食品生产经营者应当立即采取整改措施;有发生食品安全事故潜在风险的,应当立即停止食品生产经营活动,并向所在地县级人民政府食品药品监督管理部门报告。

第四十八条 国家鼓励食品生产经营企业符合良好生产规范要求,实施危害分析与关键控制点体系,提高食品安全管理水平。

对通过良好生产规范、危害分析与关键控制点体系认证的食品生产经营企业,认证机构应当依法实施跟踪调查;对不再符合认证要求的企业,应当依法撤销认证,及时向县级以上人民政府食品药品监督管理部门通报,并向社会公布。认证机构实施跟踪调查不得收取费用。

第四十九条 食用农产品生产者应当按照食品安全标准和国家有关规定使用农药、肥料、兽药、饲料和饲料添加剂等农业投入品,严格执行农业投入品使用安全间隔期或者休药期的规定,不得使用国家明令禁止的农业投入品。禁止将剧毒、高毒农药用于蔬菜、瓜果、茶叶和中草药材等国家规定的农作物。

食用农产品的生产企业和农民专业合作经济组织应当建立农业投入品使用记录制度。

县级以上人民政府农业行政部门应当加强对农业投入品使用的监督管理和指导,建立健全农业投入品安全使用制度。

第五十条 食品生产者采购食品原料、食品添加剂、食品相关产品,应当查验供货者的许可证和产品合格证明;对无法提供合格证明的食品原料,应当按照食品安全标准进行检验;不得采购或者使用不符合食品安全标准的食品原料、食品添加剂、食品相关产品。

食品生产企业应当建立食品原料、食品添加剂、食品相关产品进货查验记录制度,如实记录食品原料、食品添加剂、食品相关产品的名称、规格、数量、生产日期或者生产批号、保质期、进货日期以及供货者名称、地址、联系方式等内容,并保存相关凭证。记录和凭证保存期限不得少于产品保质期满后六个月;没有明确保质期的,保存期限不得少于二年。

第五十一条 食品生产企业应当建立食品出厂检验记录制度,查验出厂食品的检验合格证和安全状况,如实记录食品的名称、规格、数量、生产日期或者生产批号、保质期、检验合格证号、销售日期以及购货者名称、地址、联系方式等内容,并保存相关凭证。记录和凭证保存期限应当符合本法第五十条第二款的规定。

第五十二条　食品、食品添加剂、食品相关产品的生产者,应当按照食品安全标准对所生产的食品、食品添加剂、食品相关产品进行检验,检验合格后方可出厂或者销售。

第五十三条　食品经营者采购食品,应当查验供货者的许可证和食品出厂检验合格证或者其他合格证明(以下称合格证明文件)。

食品经营企业应当建立食品进货查验记录制度,如实记录食品的名称、规格、数量、生产日期或者生产批号、保质期、进货日期以及供货者名称、地址、联系方式等内容,并保存相关凭证。记录和凭证保存期限应当符合本法第五十条第二款的规定。

实行统一配送经营方式的食品经营企业,可以由企业总部统一查验供货者的许可证和食品合格证明文件,进行食品进货查验记录。

从事食品批发业务的经营企业应当建立食品销售记录制度,如实记录批发食品的名称、规格、数量、生产日期或者生产批号、保质期、销售日期以及购货者名称、地址、联系方式等内容,并保存相关凭证。记录和凭证保存期限应当符合本法第五十条第二款的规定。

第五十四条　食品经营者应当按照保证食品安全的要求贮存食品,定期检查库存食品,及时清理变质或者超过保质期的食品。

食品经营者贮存散装食品,应当在贮存位置标明食品的名称、生产日期或者生产批号、保质期、生产者名称及联系方式等内容。

第五十五条　餐饮服务提供者应当制定并实施原料控制要求,不得采购不符合食品安全标准的食品原料。倡导餐饮服务提供者公开加工过程,公示食品原料及其来源等信息。

餐饮服务提供者在加工过程中应当检查待加工的食品及原料,发现有本法第三十四条第六项规定情形的,不得加工或者使用。

第五十六条　餐饮服务提供者应当定期维护食品加工、贮存、陈列等设施、设备;定期清洗、校验保温设施及冷藏、冷冻设施。

餐饮服务提供者应当按照要求对餐具、饮具进行清洗消毒,不得使用未经清洗消毒的餐具、饮具;餐饮服务提供者委托清洗消毒餐具、饮具的,应当委托符合本法规定条件的餐具、饮具集中消毒服务单位。

第五十七条　学校、托幼机构、养老机构、建筑工地等集中用餐单位的食堂应当严格遵守法律、法规和食品安全标准;从供餐单位订餐的,应当从取得食品生产经营许可的企业订购,并按照要求对订购的食品进行查验。供餐单位应当严格遵守法律、法规和食品安全标准,当餐加工,确保食品安全。

学校、托幼机构、养老机构、建筑工地等集中用餐单位的主管部门应当加强对集中用餐单位的食品安全教育和日常管理,降低食品安全风险,及时消除食品安全隐患。

第五十八条　餐具、饮具集中消毒服务单位应当具备相应的作业场所、清洗消毒设备或者设施,用水和使用的洗涤剂、消毒剂应当符合相关食品安全国家标准和其他国家标准、卫生规范。

餐具、饮具集中消毒服务单位应当对消毒餐具、饮具进行逐批检验,检验合格后方可出厂,并应当随附消毒合格证明。消毒后的餐具、饮具应当在独立包装上标注单位名称、地址、联系方式、消毒日期以及使用期限等内容。

  第五十九条 食品添加剂生产者应当建立食品添加剂出厂检验记录制度,查验出厂产品的检验合格证和安全状况,如实记录食品添加剂的名称、规格、数量、生产日期或者生产批号、保质期、检验合格证号、销售日期以及购货者名称、地址、联系方式等相关内容,并保存相关凭证。记录和凭证保存期限应当符合本法第五十条第二款的规定。

  第六十条 食品添加剂经营者采购食品添加剂,应当依法查验供货者的许可证和产品合格证明文件,如实记录食品添加剂的名称、规格、数量、生产日期或者生产批号、保质期、进货日期以及供货者名称、地址、联系方式等内容,并保存相关凭证。记录和凭证保存期限应当符合本法第五十条第二款的规定。

  第六十一条 集中交易市场的开办者、柜台出租者和展销会举办者,应当依法审查入场食品经营者的许可证,明确其食品安全管理责任,定期对其经营环境和条件进行检查,发现其有违反本法规定行为的,应当及时制止并立即报告所在地县级人民政府食品药品监督管理部门。

  第六十二条 网络食品交易第三方平台提供者应当对入网食品经营者进行实名登记,明确其食品安全管理责任;依法应当取得许可证的,还应当审查其许可证。

  网络食品交易第三方平台提供者发现入网食品经营者有违反本法规定行为的,应当及时制止并立即报告所在地县级人民政府食品药品监督管理部门;发现严重违法行为的,应当立即停止提供网络交易平台服务。

  第六十三条 国家建立食品召回制度。食品生产者发现其生产的食品不符合食品安全标准或者有证据证明可能危害人体健康的,应当立即停止生产,召回已经上市销售的食品,通知相关生产经营者和消费者,并记录召回和通知情况。

  食品经营者发现其经营的食品有前款规定情形的,应当立即停止经营,通知相关生产经营者和消费者,并记录停止经营和通知情况。食品生产者认为应当召回的,应当立即召回。由于食品经营者的原因造成其经营的食品有前款规定情形的,食品经营者应当召回。

  食品生产经营者应当对召回的食品采取无害化处理、销毁等措施,防止其再次流入市场。但是,对因标签、标志或者说明书不符合食品安全标准而被召回的食品,食品生产者在采取补救措施且能保证食品安全的情况下可以继续销售;销售时应当向消费者明示补救措施。

  食品生产经营者应当将食品召回和处理情况向所在地县级人民政府食品药品监督管理部门报告;需要对召回的食品进行无害化处理、销毁的,应当提前报告时间、地点。食品药品监督管理部门认为必要的,可以实施现场监督。

  食品生产经营者未依照本条规定召回或者停止经营的,县级以上人民政府食品药品监督管理部门可以责令其召回或者停止经营。

  第六十四条 食用农产品批发市场应当配备检验设备和检验人员或者委托符合本法规定的食品检验机构,对进入该批发市场销售的食用农产品进行抽样检验;发现不符合食品安全标准的,应当要求销售者立即停止销售,并向食品药品监督管理部门报告。

  第六十五条 食用农产品销售者应当建立食用农产品进货查验记录制度,如实记录食用农产品的名称、数量、进货日期以及供货者名称、地址、联系方式等内容,并保存相关凭证。记录和凭证保存期限不得少于六个月。

第六十六条　进入市场销售的食用农产品在包装、保鲜、贮存、运输中使用保鲜剂、防腐剂等食品添加剂和包装材料等食品相关产品,应当符合食品安全国家标准。

第三节　标签、说明书和广告

第六十七条　预包装食品的包装上应当有标签。标签应当标明下列事项:

(一)名称、规格、净含量、生产日期;

(二)成分或者配料表;

(三)生产者的名称、地址、联系方式;

(四)保质期;

(五)产品标准代号;

(六)贮存条件;

(七)所使用的食品添加剂在国家标准中的通用名称;

(八)生产许可证编号;

(九)法律、法规或者食品安全标准规定应当标明的其他事项。

专供婴幼儿和其他特定人群的主辅食品,其标签还应当标明主要营养成分及其含量。

食品安全国家标准对标签标注事项另有规定的,从其规定。

第六十八条　食品经营者销售散装食品,应当在散装食品的容器、外包装上标明食品的名称、生产日期或者生产批号、保质期以及生产经营者名称、地址、联系方式等内容。

第六十九条　生产经营转基因食品应当按照规定显著标示。

第七十条　食品添加剂应当有标签、说明书和包装。标签、说明书应当载明本法第六十七条第一款第一项至第六项、第八项、第九项规定的事项,以及食品添加剂的使用范围、用量、使用方法,并在标签上载明"食品添加剂"字样。

第七十一条　食品和食品添加剂的标签、说明书,不得含有虚假内容,不得涉及疾病预防、治疗功能。生产经营者对其提供的标签、说明书的内容负责。

食品和食品添加剂的标签、说明书应当清楚、明显,生产日期、保质期等事项应当显著标注,容易辨识。

食品和食品添加剂与其标签、说明书的内容不符的,不得上市销售。

第七十二条　食品经营者应当按照食品标签标示的警示标志、警示说明或者注意事项的要求销售食品。

第七十三条　食品广告的内容应当真实合法,不得含有虚假内容,不得涉及疾病预防、治疗功能。食品生产经营者对食品广告内容的真实性、合法性负责。

县级以上人民政府食品药品监督管理部门和其他有关部门以及食品检验机构、食品行业协会不得以广告或者其他形式向消费者推荐食品。消费者组织不得以收取费用或者其他牟取利益的方式向消费者推荐食品。

第四节　特殊食品

第七十四条　国家对保健食品、特殊医学用途配方食品和婴幼儿配方食品等特殊食品实行严格监督管理。

第七十五条　保健食品声称保健功能,应当具有科学依据,不得对人体产生急性、亚急性或者慢性危害。

保健食品原料目录和允许保健食品声称的保健功能目录,由国务院食品药品监督管理部门会同国务院卫生行政部门、国家中医药管理部门制定、调整并公布。

保健食品原料目录应当包括原料名称、用量及其对应的功效;列入保健食品原料目录的原料只能用于保健食品生产,不得用于其他食品生产。

第七十六条　使用保健食品原料目录以外原料的保健食品和首次进口的保健食品应当经国务院食品药品监督管理部门注册。但是,首次进口的保健食品中属于补充维生素、矿物质等营养物质的,应当报国务院食品药品监督管理部门备案。其他保健食品应当报省、自治区、直辖市人民政府食品药品监督管理部门备案。

进口的保健食品应当是出口国(地区)主管部门准许上市销售的产品。

第七十七条　依法应当注册的保健食品,注册时应当提交保健食品的研发报告、产品配方、生产工艺、安全性和保健功能评价、标签、说明书等材料及样品,并提供相关证明文件。国务院食品药品监督管理部门经组织技术审评,对符合安全和功能声称要求的,准予注册;对不符合要求的,不予注册并书面说明理由。对使用保健食品原料目录以外原料的保健食品作出准予注册决定的,应当及时将该原料纳入保健食品原料目录。

依法应当备案的保健食品,备案时应当提交产品配方、生产工艺、标签、说明书以及表明产品安全性和保健功能的材料。

第七十八条　保健食品的标签、说明书不得涉及疾病预防、治疗功能,内容应当真实,与注册或者备案的内容相一致,载明适宜人群、不适宜人群、功效成分或者标志性成分及其含量等,并声明"本品不能代替药物"。保健食品的功能和成分应当与标签、说明书相一致。

第七十九条　保健食品广告除应当符合本法第七十三条第一款的规定外,还应当声明"本品不能代替药物";其内容应当经生产企业所在地省、自治区、直辖市人民政府食品药品监督管理部门审查批准,取得保健食品广告批准文件。省、自治区、直辖市人民政府食品药品监督管理部门应当公布并及时更新已经批准的保健食品广告目录以及批准的广告内容。

第八十条　特殊医学用途配方食品应当经国务院食品药品监督管理部门注册。注册时,应当提交产品配方、生产工艺、标签、说明书以及表明产品安全性、营养充足性和特殊医学用途临床效果的材料。

特殊医学用途配方食品广告适用《中华人民共和国广告法》和其他法律、行政法规关于药品广告管理的规定。

第八十一条　婴幼儿配方食品生产企业应当实施从原料进厂到成品出厂的全过程质量控制,对出厂的婴幼儿配方食品实施逐批检验,保证食品安全。

生产婴幼儿配方食品使用的生鲜乳、辅料等食品原料、食品添加剂等,应当符合法律、行政法规的规定和食品安全国家标准,保证婴幼儿生长发育所需的营养成分。

婴幼儿配方食品生产企业应当将食品原料、食品添加剂、产品配方及标签等事项向省、自治区、直辖市人民政府食品药品监督管理部门备案。

婴幼儿配方乳粉的产品配方应当经国务院食品药品监督管理部门注册。注册时,应当提交配方研发报告和其他表明配方科学性、安全性的材料。

不得以分装方式生产婴幼儿配方乳粉,同一企业不得用同一配方生产不同品牌的婴幼儿配方乳粉。

第八十二条　保健食品、特殊医学用途配方食品、婴幼儿配方乳粉的注册人或者备案人应当对其提交材料的真实性负责。

省级以上人民政府食品药品监督管理部门应当及时公布注册或者备案的保健食品、特殊医学用途配方食品、婴幼儿配方乳粉目录,并对注册或者备案中获知的企业商业秘密予以保密。

保健食品、特殊医学用途配方食品、婴幼儿配方乳粉生产企业应当按照注册或者备案的产品配方、生产工艺等技术要求组织生产。

第八十三条　生产保健食品,特殊医学用途配方食品、婴幼儿配方食品和其他专供特定人群的主辅食品的企业,应当按照良好生产规范的要求建立与所生产食品相适应的生产质量管理体系,定期对该体系的运行情况进行自查,保证其有效运行,并向所在地县级人民政府食品药品监督管理部门提交自查报告。

第五章　食品检验

第八十四条　食品检验机构按照国家有关认证认可的规定取得资质认定后,方可从事食品检验活动。但是,法律另有规定的除外。

食品检验机构的资质认定条件和检验规范,由国务院食品药品监督管理部门规定。

符合本法规定的食品检验机构出具的检验报告具有同等效力。

县级以上人民政府应当整合食品检验资源,实现资源共享。

第八十五条　食品检验由食品检验机构指定的检验人独立进行。

检验人应当依照有关法律、法规的规定,并按照食品安全标准和检验规范对食品进行检验,尊重科学,恪守职业道德,保证出具的检验数据和结论客观、公正,不得出具虚假检验报告。

第八十六条　食品检验实行食品检验机构与检验人负责制。食品检验报告应当加盖食品检验机构公章,并有检验人的签名或者盖章。食品检验机构和检验人对出具的食品检验报告负责。

第八十七条　县级以上人民政府食品药品监督管理部门应当对食品进行定期或者不定期的抽样检验,并依据有关规定公布检验结果,不得免检。进行抽样检验,应当购买抽取的样品,委托符合本法规定的食品检验机构进行检验,并支付相关费用;不得向食品生产经营者收取检验费和其他费用。

第八十八条　对依照本法规定实施的检验结论有异议的,食品生产经营者可以自收到检验结论之日起七个工作日内向实施抽样检验的食品药品监督管理部门或者其上一级食品药品监督管理部门提出复检申请,由受理复检申请的食品药品监督管理部门在公布的复检机构名录中随机确定复检机构进行复检。复检机构出具的复检结论为最终检验结论。复检机构与初检机构不得为同一机构。复检机构名录由国务院认证认可监督管理、食品药品监督管理、卫生行政、农业行政等部门共同公布。

采用国家规定的快速检测方法对食用农产品进行抽查检测,被抽查人对检测结果有异议的,可以自收到检测结果时起四小时内申请复检。复检不得采用快速检测方法。

第八十九条　食品生产企业可以自行对所生产的食品进行检验,也可以委托符合本法规定的食品检验机构进行检验。

食品行业协会和消费者协会等组织、消费者需要委托食品检验机构对食品进行检验的,应当委托符合本法规定的食品检验机构进行。

第九十条　食品添加剂的检验,适用本法有关食品检验的规定。

第六章　食品进出口

第九十一条　国家出入境检验检疫部门对进出口食品安全实施监督管理。

第九十二条　进口的食品、食品添加剂、食品相关产品应当符合我国食品安全国家标准。

进口的食品、食品添加剂应当经出入境检验检疫机构依照进出口商品检验相关法律、行政法规的规定检验合格。

进口的食品、食品添加剂应当按照国家出入境检验检疫部门的要求随附合格证明材料。

第九十三条　进口尚无食品安全国家标准的食品,由境外出口商、境外生产企业或者其委托的进口商向国务院卫生行政部门提交所执行的相关国家(地区)标准或者国际标准。国务院卫生行政部门对相关标准进行审查,认为符合食品安全要求的,决定暂予适用,并及时制定相应的食品安全国家标准。进口利用新的食品原料生产的食品或者进口食品添加剂新品种、食品相关产品新品种,依照本法第三十七条的规定办理。

出入境检验检疫机构按照国务院卫生行政部门的要求,对前款规定的食品、食品添加剂、食品相关产品进行检验。检验结果应当公开。

第九十四条　境外出口商、境外生产企业应当保证向我国出口的食品、食品添加剂、食品相关产品符合本法以及我国其他有关法律、行政法规的规定和食品安全国家标准的要求,并对标签、说明书的内容负责。

进口商应当建立境外出口商、境外生产企业审核制度,重点审核前款规定的内容;审核不合格的,不得进口。

发现进口食品不符合我国食品安全国家标准或者有证据证明可能危害人体健康的,进口商应当立即停止进口,并依照本法第六十三条的规定召回。

第九十五条　境外发生的食品安全事件可能对我国境内造成影响,或者在进口食品、食品添加剂、食品相关产品中发现严重食品安全问题的,国家出入境检验检疫部门应当及时采取风险预警或者控制措施,并向国务院食品药品监督管理、卫生行政、农业行政部门通报。接到通报的部门应当及时采取相应措施。

县级以上人民政府食品药品监督管理部门对国内市场上销售的进口食品、食品添加剂实施监督管理。发现存在严重食品安全问题的,国务院食品药品监督管理部门应当及时向国家出入境检验检疫部门通报。国家出入境检验检疫部门应当及时采取相应措施。

第九十六条　向我国境内出口食品的境外出口商或者代理商、进口食品的进口商应当向国家出入境检验检疫部门备案。向我国境内出口食品的境外食品生产企业应当经国家出入境检验检疫部门注册。已经注册的境外食品生产企业提供虚假材料,或者因其自身的原因致使进口食品发生重大食品安全事故的,国家出入境检验检疫部门应当撤销注册并公告。

国家出入境检验检疫部门应当定期公布已经备案的境外出口商、代理商、进口商和已经注册的境外食品生产企业名单。

第九十七条　进口的预包装食品、食品添加剂应当有中文标签；依法应当有说明书的，还应当有中文说明书。标签、说明书应当符合本法以及我国其他有关法律、行政法规的规定和食品安全国家标准的要求，并载明食品的原产地以及境内代理商的名称、地址、联系方式。预包装食品没有中文标签、中文说明书或者标签、说明书不符合本条规定的，不得进口。

第九十八条　进口商应当建立食品、食品添加剂进口和销售记录制度，如实记录食品、食品添加剂的名称、规格、数量、生产日期、生产或者进口批号、保质期、境外出口商和购货者名称、地址及联系方式、交货日期等内容，并保存相关凭证。记录和凭证保存期限应当符合本法第五十条第二款的规定。

第九十九条　出口食品生产企业应当保证其出口食品符合进口国（地区）的标准或者合同要求。

出口食品生产企业和出口食品原料种植、养殖场应当向国家出入境检验检疫部门备案。

第一百条　国家出入境检验检疫部门应当收集、汇总下列进出口食品安全信息，并及时通报相关部门、机构和企业：

（一）出入境检验检疫机构对进出口食品实施检验检疫发现的食品安全信息；

（二）食品行业协会和消费者协会等组织、消费者反映的进口食品安全信息；

（三）国际组织、境外政府机构发布的风险预警信息及其他食品安全信息，以及境外食品行业协会等组织、消费者反映的食品安全信息；

（四）其他食品安全信息。

国家出入境检验检疫部门应当对进出口食品的进口商、出口商和出口食品生产企业实施信用管理，建立信用记录，并依法向社会公布。对有不良记录的进口商、出口商和出口食品生产企业，应当加强对其进出口食品的检验检疫。

第一百零一条　国家出入境检验检疫部门可以对向我国境内出口食品的国家（地区）的食品安全管理体系和食品安全状况进行评估和审查，并根据评估和审查结果，确定相应检验检疫要求。

第七章　食品安全事故处置

第一百零二条　国务院组织制定国家食品安全事故应急预案。

县级以上地方人民政府应当根据有关法律、法规的规定和上级人民政府的食品安全事故应急预案以及本行政区域的实际情况，制定本行政区域的食品安全事故应急预案，并报上一级人民政府备案。

食品安全事故应急预案应当对食品安全事故分级、事故处置组织指挥体系与职责、预防预警机制、处置程序、应急保障措施等作出规定。

食品生产经营企业应当制定食品安全事故处置方案，定期检查本企业各项食品安全防范措施的落实情况，及时消除事故隐患。

第一百零三条　发生食品安全事故的单位应当立即采取措施，防止事故扩大。事故单位和接收病人进行治疗的单位应当及时向事故发生地县级人民政府食品药品监督管理、卫生行政部门报告。

县级以上人民政府质量监督、农业行政等部门在日常监督管理中发现食品安全事故或者接到事故举报,应当立即向同级食品药品监督管理部门通报。

发生食品安全事故,接到报告的县级人民政府食品药品监督管理部门应当按照应急预案的规定向本级人民政府和上级人民政府食品药品监督管理部门报告。县级人民政府和上级人民政府食品药品监督管理部门应当按照应急预案的规定上报。

任何单位和个人不得对食品安全事故隐瞒、谎报、缓报,不得隐匿、伪造、毁灭有关证据。

第一百零四条　医疗机构发现其接收的病人属于食源性疾病病人或者疑似病人的,应当按照规定及时将相关信息向所在地县级人民政府卫生行政部门报告。县级人民政府卫生行政部门认为与食品安全有关的,应当及时通报同级食品药品监督管理部门。

县级以上人民政府卫生行政部门在调查处理传染病或者其他突发公共卫生事件中发现与食品安全相关的信息,应当及时通报同级食品药品监督管理部门。

第一百零五条　县级以上人民政府食品药品监督管理部门接到食品安全事故的报告后,应当立即会同同级卫生行政、质量监督、农业行政等部门进行调查处理,并采取下列措施,防止或者减轻社会危害:

(一)开展应急救援工作,组织救治因食品安全事故导致人身伤害的人员;

(二)封存可能导致食品安全事故的食品及其原料,并立即进行检验;对确认属于被污染的食品及其原料,责令食品生产经营者依照本法第六十三条的规定召回或者停止经营;

(三)封存被污染的食品相关产品,并责令进行清洗消毒;

(四)做好信息发布工作,依法对食品安全事故及其处理情况进行发布,并对可能产生的危害加以解释、说明。

发生食品安全事故需要启动应急预案的,县级以上人民政府应当立即成立事故处置指挥机构,启动应急预案,依照前款和应急预案的规定进行处置。

发生食品安全事故,县级以上疾病预防控制机构应当对事故现场进行卫生处理,并对与事故有关的因素开展流行病学调查,有关部门应当予以协助。县级以上疾病预防控制机构应当向同级食品药品监督管理、卫生行政部门提交流行病学调查报告。

第一百零六条　发生食品安全事故,设区的市级以上人民政府食品药品监督管理部门应当立即会同有关部门进行事故责任调查,督促有关部门履行职责,向本级人民政府和上一级人民政府食品药品监督管理部门提出事故责任调查处理报告。

涉及两个以上省、自治区、直辖市的重大食品安全事故由国务院食品药品监督管理部门依照前款规定组织事故责任调查。

第一百零七条　调查食品安全事故,应当坚持实事求是、尊重科学的原则,及时、准确查清事故性质和原因,认定事故责任,提出整改措施。

调查食品安全事故,除了查明事故单位的责任,还应当查明有关监督管理部门、食品检验机构、认证机构及其工作人员的责任。

第一百零八条　食品安全事故调查部门有权向有关单位和个人了解与事故有关的情况,并要求提供相关资料和样品。有关单位和个人应当予以配合,按照要求提供相关资料和样品,不得拒绝。

任何单位和个人不得阻挠、干涉食品安全事故的调查处理。

第八章　监督管理

第一百零九条　县级以上人民政府食品药品监督管理、质量监督部门根据食品安全风险监测、风险评估结果和食品安全状况等，确定监督管理的重点、方式和频次，实施风险分级管理。

县级以上地方人民政府组织本级食品药品监督管理、质量监督、农业行政等部门制定本行政区域的食品安全年度监督管理计划，向社会公布并组织实施。

食品安全年度监督管理计划应当将下列事项作为监督管理的重点：

（一）专供婴幼儿和其他特定人群的主辅食品；

（二）保健食品生产过程中的添加行为和按照注册或者备案的技术要求组织生产的情况，保健食品标签、说明书以及宣传材料中有关功能宣传的情况；

（三）发生食品安全事故风险较高的食品生产经营者；

（四）食品安全风险监测结果表明可能存在食品安全隐患的事项。

第一百一十条　县级以上人民政府食品药品监督管理、质量监督部门履行各自食品安全监督管理职责，有权采取下列措施，对生产经营者遵守本法的情况进行监督检查：

（一）进入生产经营场所实施现场检查；

（二）对生产经营的食品、食品添加剂、食品相关产品进行抽样检验；

（三）查阅、复制有关合同、票据、账簿以及其他有关资料；

（四）查封、扣押有证据证明不符合食品安全标准或者有证据证明存在安全隐患以及用于违法生产经营的食品、食品添加剂、食品相关产品；

（五）查封违法从事生产经营活动的场所。

第一百一十一条　对食品安全风险评估结果证明食品存在安全隐患，需要制定、修订食品安全标准的，在制定、修订食品安全标准前，国务院卫生行政部门应当及时会同国务院有关部门规定食品中有害物质的临时限量值和临时检验方法，作为生产经营和监督管理的依据。

第一百一十二条　县级以上人民政府食品药品监督管理部门在食品安全监督管理工作中可以采用国家规定的快速检测方法对食品进行抽查检测。

对抽查检测结果表明可能不符合食品安全标准的食品，应当依照本法第八十七条的规定进行检验。抽查检测结果确定有关食品不符合食品安全标准的，可以作为行政处罚的依据。

第一百一十三条　县级以上人民政府食品药品监督管理部门应当建立食品生产经营者食品安全信用档案，记录许可颁发、日常监督检查结果、违法行为查处等情况，依法向社会公布并实时更新；对有不良信用记录的食品生产经营者增加监督检查频次，对违法行为情节严重的食品生产经营者，可以通报投资主管部门、证券监督管理机构和有关的金融机构。

第一百一十四条　食品生产经营过程中存在食品安全隐患，未及时采取措施消除的，县级以上人民政府食品药品监督管理部门可以对食品生产经营者的法定代表人或者主要负责人进行责任约谈。食品生产经营者应当立即采取措施，进行整改，消除隐患。责任约谈情况和整改情况应当纳入食品生产经营者食品安全信用档案。

第一百一十五条　县级以上人民政府食品药品监督管理、质量监督等部门应当公布本部门的电子邮件地址或者电话,接受咨询、投诉、举报。接到咨询、投诉、举报,对属于本部门职责的,应当受理并在法定期限内及时答复、核实、处理;对不属于本部门职责的,应当移交有权处理的部门并书面通知咨询、投诉、举报人。有权处理的部门应当在法定期限内及时处理,不得推诿。对查证属实的举报,给予举报人奖励。

有关部门应当对举报人的信息予以保密,保护举报人的合法权益。举报人举报所在企业的,该企业不得以解除、变更劳动合同或者其他方式对举报人进行打击报复。

第一百一十六条　县级以上人民政府食品药品监督管理、质量监督等部门应当加强对执法人员食品安全法律、法规、标准和专业知识与执法能力等的培训,并组织考核。不具备相应知识和能力的,不得从事食品安全执法工作。

食品生产经营者、食品行业协会、消费者协会等发现食品安全执法人员在执法过程中有违反法律、法规规定的行为以及不规范执法行为的,可以向本级或者上级人民政府食品药品监督管理、质量监督等部门或者监察机关投诉、举报。接到投诉、举报的部门或者机关应当进行核实,并将经核实的情况向食品安全执法人员所在部门通报;涉嫌违法违纪的,按照本法和有关规定处理。

第一百一十七条　县级以上人民政府食品药品监督管理等部门未及时发现食品安全系统性风险,未及时消除监督管理区域内的食品安全隐患的,本级人民政府可以对其主要负责人进行责任约谈。

地方人民政府未履行食品安全职责,未及时消除区域性重大食品安全隐患的,上级人民政府可以对其主要负责人进行责任约谈。

被约谈的食品药品监督管理等部门、地方人民政府应当立即采取措施,对食品安全监督管理工作进行整改。

责任约谈情况和整改情况应当纳入地方人民政府和有关部门食品安全监督管理工作评议、考核记录。

第一百一十八条　国家建立统一的食品安全信息平台,实行食品安全信息统一公布制度。国家食品安全总体情况、食品安全风险警示信息、重大食品安全事故及其调查处理信息和国务院确定需要统一公布的其他信息由国务院食品药品监督管理部门统一公布。食品安全风险警示信息和重大食品安全事故及其调查处理信息的影响限于特定区域的,也可以由有关省、自治区、直辖市人民政府食品药品监督管理部门公布。未经授权不得发布上述信息。

县级以上人民政府食品药品监督管理、质量监督、农业行政部门依据各自职责公布食品安全日常监督管理信息。

公布食品安全信息,应当做到准确、及时,并进行必要的解释说明,避免误导消费者和社会舆论。

第一百一十九条　县级以上地方人民政府食品药品监督管理、卫生行政、质量监督、农业行政部门获知本法规定需要统一公布的信息,应当向上级主管部门报告,由上级主管部门立即报告国务院食品药品监督管理部门;必要时,可以直接向国务院食品药品监督管理部门报告。

县级以上人民政府食品药品监督管理、卫生行政、质量监督、农业行政部门应当相互通报获知的食品安全信息。

第一百二十条 任何单位和个人不得编造、散布虚假食品安全信息。

县级以上人民政府食品药品监督管理部门发现可能误导消费者和社会舆论的食品安全信息,应当立即组织有关部门、专业机构、相关食品生产经营者等进行核实、分析,并及时公布结果。

第一百二十一条 县级以上人民政府食品药品监督管理、质量监督等部门发现涉嫌食品安全犯罪的,应当按照有关规定及时将案件移送公安机关。对移送的案件,公安机关应当及时审查;认为有犯罪事实需要追究刑事责任的,应当立案侦查。

公安机关在食品安全犯罪案件侦查过程中认为没有犯罪事实,或者犯罪事实显著轻微,不需要追究刑事责任,但依法应当追究行政责任的,应当及时将案件移送食品药品监督管理、质量监督等部门和监察机关,有关部门应当依法处理。

公安机关商请食品药品监督管理、质量监督、环境保护等部门提供检验结论、认定意见以及对涉案物品进行无害化处理等协助的,有关部门应当及时提供,予以协助。

第九章 法律责任

第一百二十二条 违反本法规定,未取得食品生产经营许可从事食品生产经营活动,或者未取得食品添加剂生产许可从事食品添加剂生产活动的,由县级以上人民政府食品药品监督管理部门没收违法所得和违法生产经营的食品、食品添加剂以及用于违法生产经营的工具、设备、原料等物品;违法生产经营的食品、食品添加剂货值金额不足一万元的,并处五万元以上十万元以下罚款;货值金额一万元以上的,并处货值金额十倍以上二十倍以下罚款。

明知从事前款规定的违法行为,仍为其提供生产经营场所或者其他条件的,由县级以上人民政府食品药品监督管理部门责令停止违法行为,没收违法所得,并处五万元以上十万元以下罚款;使消费者的合法权益受到损害的,应当与食品、食品添加剂生产经营者承担连带责任。

第一百二十三条 违反本法规定,有下列情形之一,尚不构成犯罪的,由县级以上人民政府食品药品监督管理部门没收违法所得和违法生产经营的食品,并可以没收用于违法生产经营的工具、设备、原料等物品;违法生产经营的食品货值金额不足一万元的,并处十万元以上十五万元以下罚款;货值金额一万元以上的,并处货值金额十五倍以上三十倍以下罚款;情节严重的,吊销许可证,并可以由公安机关对其直接负责的主管人员和其他直接责任人员处五日以上十五日以下拘留:

(一)用非食品原料生产食品、在食品中添加食品添加剂以外的化学物质和其他可能危害人体健康的物质,或者用回收食品作为原料生产食品,或者经营上述食品;

(二)生产经营营养成分不符合食品安全标准的专供婴幼儿和其他特定人群的主辅食品;

(三)经营病死、毒死或者死因不明的禽、畜、兽、水产动物肉类,或者生产经营其制品;

(四)经营未按规定进行检疫或者检疫不合格的肉类,或者生产经营未经检验或者检验不合格的肉类制品;

(五)生产经营国家为防病等特殊需要明令禁止生产经营的食品;

(六)生产经营添加药品的食品。

明知从事前款规定的违法行为,仍为其提供生产经营场所或者其他条件的,由县级以上人民政府食品药品监督管理部门责令停止违法行为,没收违法所得,并处十万元以上二十万元以下罚款;使消费者的合法权益受到损害的,应当与食品生产经营者承担连带责任。

违法使用剧毒、高毒农药的,除依照有关法律、法规规定给予处罚外,可以由公安机关依照第一款规定给予拘留。

第一百二十四条 违反本法规定,有下列情形之一,尚不构成犯罪的,由县级以上人民政府食品药品监督管理部门没收违法所得和违法生产经营的食品、食品添加剂,并可以没收用于违法生产经营的工具、设备、原料等物品;违法生产经营的食品、食品添加剂货值金额不足一万元的,并处五万元以上十万元以下罚款;货值金额一万元以上的,并处货值金额十倍以上二十倍以下罚款;情节严重的,吊销许可证:

(一)生产经营致病性微生物,农药残留、兽药残留、生物毒素、重金属等污染物质以及其他危害人体健康的物质含量超过食品安全标准限量的食品、食品添加剂;

(二)用超过保质期的食品原料、食品添加剂生产食品、食品添加剂,或者经营上述食品、食品添加剂;

(三)生产经营超范围、超限量使用食品添加剂的食品;

(四)生产经营腐败变质、油脂酸败、霉变生虫、污秽不洁、混有异物、掺假掺杂或者感官性状异常的食品、食品添加剂;

(五)生产经营标注虚假生产日期、保质期或者超过保质期的食品、食品添加剂;

(六)生产经营未按规定注册的保健食品、特殊医学用途配方食品、婴幼儿配方乳粉,或者未按注册的产品配方、生产工艺等技术要求组织生产;

(七)以分装方式生产婴幼儿配方乳粉,或者同一企业以同一配方生产不同品牌的婴幼儿配方乳粉;

(八)利用新的食品原料生产食品,或者生产食品添加剂新品种,未通过安全性评估;

(九)食品生产经营者在食品药品监督管理部门责令其召回或者停止经营后,仍拒不召回或者停止经营。

除前款和本法第一百二十三条、第一百二十五条规定的情形外,生产经营不符合法律、法规或者食品安全标准的食品、食品添加剂的,依照前款规定给予处罚。

生产食品相关产品新品种,未通过安全性评估,或者生产不符合食品安全标准的食品相关产品的,由县级以上人民政府质量监督部门依照第一款规定给予处罚。

第一百二十五条 违反本法规定,有下列情形之一的,由县级以上人民政府食品药品监督管理部门没收违法所得和违法生产经营的食品、食品添加剂,并可以没收用于违法生产经营的工具、设备、原料等物品;违法生产经营的食品、食品添加剂货值金额不足一万元的,并处五千元以上五万元以下罚款;货值金额一万元以上的,并处货值金额五倍以上十倍以下罚款;情节严重的,责令停产停业,直至吊销许可证:

(一)生产经营被包装材料、容器、运输工具等污染的食品、食品添加剂;

(二)生产经营无标签的预包装食品、食品添加剂或者标签、说明书不符合本法规定的食品、食品添加剂;

(三)生产经营转基因食品未按规定进行标示;

(四)食品生产经营者采购或者使用不符合食品安全标准的食品原料、食品添加剂、食品相关产品。

生产经营的食品、食品添加剂的标签、说明书存在瑕疵但不影响食品安全且不会对消费者造成误导的,由县级以上人民政府食品药品监督管理部门责令改正;拒不改正的,处二千元以下罚款。

第一百二十六条　违反本法规定,有下列情形之一的,由县级以上人民政府食品药品监督管理部门责令改正,给予警告;拒不改正的,处五千元以上五万元以下罚款;情节严重的,责令停产停业,直至吊销许可证:

（一）食品、食品添加剂生产者未按规定对采购的食品原料和生产的食品、食品添加剂进行检验;

（二）食品生产经营企业未按规定建立食品安全管理制度,或者未按规定配备或者培训、考核食品安全管理人员;

（三）食品、食品添加剂生产经营者进货时未查验许可证和相关证明文件,或者未按规定建立并遵守进货查验记录、出厂检验记录和销售记录制度;

（四）食品生产经营企业未制订食品安全事故处置方案;

（五）餐具、饮具和盛放直接入口食品的容器,使用前未经洗净、消毒或者清洗消毒不合格,或者餐饮服务设施、设备未按规定定期维护、清洗、校验;

（六）食品生产经营者安排未取得健康证明或者患有国务院卫生行政部门规定的有碍食品安全疾病的人员从事接触直接入口食品的工作;

（七）食品经营者未按规定要求销售食品;

（八）保健食品生产企业未按规定向食品药品监督管理部门备案,或者未按备案的产品配方、生产工艺等技术要求组织生产;

（九）婴幼儿配方食品生产企业未将食品原料、食品添加剂、产品配方、标签等向食品药品监督管理部门备案;

（十）特殊食品生产企业未按规定建立生产质量管理体系并有效运行,或者未定期提交自查报告;

（十一）食品生产经营者未定期对食品安全状况进行检查评价,或者生产经营条件发生变化,未按规定处理;

（十二）学校、托幼机构、养老机构、建筑工地等集中用餐单位未按规定履行食品安全管理责任;

（十三）食品生产企业、餐饮服务提供者未按规定制定、实施生产经营过程控制要求。

餐具、饮具集中消毒服务单位违反本法规定用水,使用洗涤剂、消毒剂,或者出厂的餐具、饮具未按规定检验合格并随附消毒合格证明,或者未按规定在独立包装上标注相关内容的,由县级以上人民政府卫生行政部门依照前款规定给予处罚。

食品相关产品生产者未按规定对生产的食品相关产品进行检验的,由县级以上人民政府质量监督部门依照第一款规定给予处罚。

食用农产品销售者违反本法第六十五条规定的,由县级以上人民政府食品药品监督管理部门依照第一款规定给予处罚。

第一百二十七条　对食品生产加工小作坊、食品摊贩等的违法行为的处罚,依照省、自治区、直辖市制定的具体管理办法执行。

第一百二十八条 违反本法规定,事故单位在发生食品安全事故后未进行处置、报告的,由有关主管部门按照各自职责分工责令改正,给予警告;隐匿、伪造、毁灭有关证据的,责令停产停业,没收违法所得,并处十万元以上五十万元以下罚款;造成严重后果的,吊销许可证。

第一百二十九条 违反本法规定,有下列情形之一的,由出入境检验检疫机构依照本法第一百二十四条的规定给予处罚:

(一)提供虚假材料,进口不符合我国食品安全国家标准的食品、食品添加剂、食品相关产品;

(二)进口尚无食品安全国家标准的食品,未提交所执行的标准并经国务院卫生行政部门审查,或者进口利用新的食品原料生产的食品或者进口食品添加剂新品种、食品相关产品新品种,未通过安全性评估;

(三)未遵守本法的规定出口食品;

(四)进口商在有关主管部门责令其依照本法规定召回进口的食品后,仍拒不召回。

违反本法规定,进口商未建立并遵守食品、食品添加剂进口和销售记录制度、境外出口商或者生产企业审核制度的,由出入境检验检疫机构依照本法第一百二十六条的规定给予处罚。

第一百三十条 违反本法规定,集中交易市场的开办者、柜台出租者、展销会的举办者允许未依法取得许可的食品经营者进入市场销售食品,或者未履行检查、报告等义务的,由县级以上人民政府食品药品监督管理部门责令改正,没收违法所得,并处五万元以上二十万元以下罚款;造成严重后果的,责令停业,直至由原发证部门吊销许可证;使消费者的合法权益受到损害的,应当与食品经营者承担连带责任。

食用农产品批发市场违反本法第六十四条规定的,依照前款规定承担责任。

第一百三十一条 违反本法规定,网络食品交易第三方平台提供者未对入网食品经营者进行实名登记、审查许可证,或者未履行报告、停止提供网络交易平台服务等义务的,由县级以上人民政府食品药品监督管理部门责令改正,没收违法所得,并处五万元以上二十万元以下罚款;造成严重后果的,责令停业,直至由原发证部门吊销许可证;使消费者的合法权益受到损害的,应当与食品经营者承担连带责任。

消费者通过网络食品交易第三方平台购买食品,其合法权益受到损害的,可以向入网食品经营者或者食品生产者要求赔偿。网络食品交易第三方平台提供者不能提供入网食品经营者的真实名称、地址和有效联系方式的,由网络食品交易第三方平台提供者赔偿。网络食品交易第三方平台提供者赔偿后,有权向入网食品经营者或者食品生产者追偿。网络食品交易第三方平台提供者作出更有利于消费者承诺的,应当履行其承诺。

第一百三十二条 违反本法规定,未按要求进行食品贮存、运输和装卸的,由县级以上人民政府食品药品监督管理等部门按照各自职责分工责令改正,给予警告;拒不改正的,责令停产停业,并处一万元以上五万元以下罚款;情节严重的,吊销许可证。

第一百三十三条 违反本法规定,拒绝、阻挠、干涉有关部门、机构及其工作人员依法开展食品安全监督检查、事故调查处理、风险监测和风险评估的,由有关主管部门按照各自职责分工责令停产停业,并处二千元以上五万元以下罚款;情节严重的,吊销许可证;构成违反治安管理行为的,由公安机关依法给予治安管理处罚。

违反本法规定,对举报人以解除、变更劳动合同或者其他方式打击报复的,应当依照有关法律的规定承担责任。

第一百三十四条 食品生产经营者在一年内累计三次因违反本法规定受到责令停产停业、吊销许可证以外处罚的,由食品药品监督管理部门责令停产停业,直至吊销许可证。

第一百三十五条 被吊销许可证的食品生产经营者及其法定代表人、直接负责的主管人员和其他直接责任人员自处罚决定作出之日起五年内不得申请食品生产经营许可,或者从事食品生产经营管理工作、担任食品生产经营企业食品安全管理人员。

因食品安全犯罪被判处有期徒刑以上刑罚的,终身不得从事食品生产经营管理工作,也不得担任食品生产经营企业食品安全管理人员。

食品生产经营者聘用人员违反前两款规定的,由县级以上人民政府食品药品监督管理部门吊销许可证。

第一百三十六条 食品经营者履行了本法规定的进货查验等义务,有充分证据证明其不知道所采购的食品不符合食品安全标准,并能如实说明其进货来源的,可以免予处罚,但应当依法没收其不符合食品安全标准的食品;造成人身、财产或者其他损害的,依法承担赔偿责任。

第一百三十七条 违反本法规定,承担食品安全风险监测、风险评估工作的技术机构、技术人员提供虚假监测、评估信息的,依法对技术机构直接负责的主管人员和技术人员给予撤职、开除处分;有执业资格的,由授予其资格的主管部门吊销执业证书。

第一百三十八条 违反本法规定,食品检验机构、食品检验人员出具虚假检验报告的,由授予其资质的主管部门或者机构撤销该食品检验机构的检验资质,没收所收取的检验费用,并处检验费用五倍以上十倍以下罚款,检验费用不足一万元的,并处五万元以上十万元以下罚款;依法对食品检验机构直接负责的主管人员和食品检验人员给予撤职或者开除处分;导致发生重大食品安全事故的,对直接负责的主管人员和食品检验人员给予开除处分。

违反本法规定,受到开除处分的食品检验机构人员,自处分决定作出之日起十年内不得从事食品检验工作;因食品安全违法行为受到刑事处罚或者因出具虚假检验报告导致发生重大食品安全事故受到开除处分的食品检验机构人员,终身不得从事食品检验工作。食品检验机构聘用不得从事食品检验工作的人员的,由授予其资质的主管部门或者机构撤销该食品检验机构的检验资质。

食品检验机构出具虚假检验报告,使消费者的合法权益受到损害的,应当与食品生产经营者承担连带责任。

第一百三十九条 违反本法规定,认证机构出具虚假认证结论,由认证认可监督管理部门没收所收取的认证费用,并处认证费用五倍以上十倍以下罚款,认证费用不足一万元的,并处五万元以上十万元以下罚款;情节严重的,责令停业,直至撤销认证机构批准文件,并向社会公布;对直接负责的主管人员和负有直接责任的认证人员,撤销其执业资格。

认证机构出具虚假认证结论,使消费者的合法权益受到损害的,应当与食品生产经营者承担连带责任。

第一百四十条 违反本法规定,在广告中对食品作虚假宣传,欺骗消费者,或者发布未取得批准文件、广告内容与批准文件不一致的保健食品广告的,依照《中华人民共和国广告法》的规定给予处罚。

广告经营者、发布者设计、制作、发布虚假食品广告,使消费者的合法权益受到损害的,应当与食品生产经营者承担连带责任。

社会团体或者其他组织、个人在虚假广告或者其他虚假宣传中向消费者推荐食品,使消费者的合法权益受到损害的,应当与食品生产经营者承担连带责任。

违反本法规定,食品药品监督管理等部门、食品检验机构、食品行业协会以广告或者其他形式向消费者推荐食品,消费者组织以收取费用或者其他牟取利益的方式向消费者推荐食品的,由有关主管部门没收违法所得,依法对直接负责的主管人员和其他直接责任人员给予记大过、降级或者撤职处分;情节严重的,给予开除处分。

对食品作虚假宣传且情节严重的,由省级以上人民政府食品药品监督管理部门决定暂停销售该食品,并向社会公布;仍然销售该食品的,由县级以上人民政府食品药品监督管理部门没收违法所得和违法销售的食品,并处二万元以上五万元以下罚款。

第一百四十一条 违反本法规定,编造、散布虚假食品安全信息,构成违反治安管理行为的,由公安机关依法给予治安管理处罚。

媒体编造、散布虚假食品安全信息的,由有关主管部门依法给予处罚,并对直接负责的主管人员和其他直接责任人员给予处分;使公民、法人或者其他组织的合法权益受到损害的,依法承担消除影响、恢复名誉、赔偿损失、赔礼道歉等民事责任。

第一百四十二条 违反本法规定,县级以上地方人民政府有下列行为之一的,对直接负责的主管人员和其他直接责任人员给予记大过处分;情节较重的,给予降级或者撤职处分;情节严重的,给予开除处分;造成严重后果的,其主要负责人还应当引咎辞职:

(一)对发生在本行政区域内的食品安全事故,未及时组织协调有关部门开展有效处置,造成不良影响或者损失;

(二)对本行政区域内涉及多环节的区域性食品安全问题,未及时组织整治,造成不良影响或者损失;

(三)隐瞒、谎报、缓报食品安全事故;

(四)本行政区域内发生特别重大食品安全事故,或者连续发生重大食品安全事故。

第一百四十三条 违反本法规定,县级以上地方人民政府有下列行为之一的,对直接负责的主管人员和其他直接责任人员给予警告、记过或者记大过处分;造成严重后果的,给予降级或者撤职处分:

(一)未确定有关部门的食品安全监督管理职责,未建立健全食品安全全程监督管理工作机制和信息共享机制,未落实食品安全监督管理责任制;

(二)未制定本行政区域的食品安全事故应急预案,或者发生食品安全事故后未按规定立即成立事故处置指挥机构、启动应急预案。

第一百四十四条 违反本法规定,县级以上人民政府食品药品监督管理、卫生行政、质量监督、农业行政等部门有下列行为之一的,对直接负责的主管人员和其他直接责任人员给予记大过处分;情节较重的,给予降级或者撤职处分;情节严重的,给予开除处分;造成严重后果的,其主要负责人还应当引咎辞职:

(一)隐瞒、谎报、缓报食品安全事故;

(二)未按规定查处食品安全事故,或者接到食品安全事故报告未及时处理,造成事故扩大或者蔓延；

（三）经食品安全风险评估得出食品、食品添加剂、食品相关产品不安全结论后，未及时采取相应措施，造成食品安全事故或者不良社会影响；

（四）对不符合条件的申请人准予许可，或者超越法定职权准予许可；

（五）不履行食品安全监督管理职责，导致发生食品安全事故。

第一百四十五条　违反本法规定，县级以上人民政府食品药品监督管理、卫生行政、质量监督、农业行政等部门有下列行为之一，造成不良后果的，对直接负责的主管人员和其他直接责任人员给予警告、记过或者记大过处分；情节较重的，给予降级或者撤职处分；情节严重的，给予开除处分：

（一）在获知有关食品安全信息后，未按规定向上级主管部门和本级人民政府报告，或者未按规定相互通报；

（二）未按规定公布食品安全信息；

（三）不履行法定职责，对查处食品安全违法行为不配合，或者滥用职权、玩忽职守、徇私舞弊。

第一百四十六条　食品药品监督管理、质量监督等部门在履行食品安全监督管理职责过程中，违法实施检查、强制等执法措施，给生产经营者造成损失的，应当依法予以赔偿，对直接负责的主管人员和其他直接责任人员依法给予处分。

第一百四十七条　违反本法规定，造成人身、财产或者其他损害的，依法承担赔偿责任。生产经营者财产不足以同时承担民事赔偿责任和缴纳罚款、罚金时，先承担民事赔偿责任。

第一百四十八条　消费者因不符合食品安全标准的食品受到损害的，可以向经营者要求赔偿损失，也可以向生产者要求赔偿损失。接到消费者赔偿要求的生产经营者，应当实行首负责任制，先行赔付，不得推诿；属于生产者责任的，经营者赔偿后有权向生产者追偿；属于经营者责任的，生产者赔偿后有权向经营者追偿。

生产不符合食品安全标准的食品或者经营明知是不符合食品安全标准的食品，消费者除要求赔偿损失外，还可以向生产者或者经营者要求支付价款十倍或者损失三倍的赔偿金；增加赔偿的金额不足一千元的，为一千元。但是，食品的标签、说明书存在不影响食品安全且不会对消费者造成误导的瑕疵的除外。

第一百四十九条　违反本法规定，构成犯罪的，依法追究刑事责任。

第十章　附　则

第一百五十条　本法下列用语的含义：

食品，指各种供人食用或者饮用的成品和原料以及按照传统既是食品又是中药材的物品，但是不包括以治疗为目的的物品。

食品安全，指食品无毒、无害，符合应当有的营养要求，对人体健康不造成任何急性、亚急性或者慢性危害。

预包装食品，指预先定量包装或者制作在包装材料、容器中的食品。

食品添加剂，指为改善食品品质和色、香、味以及为防腐、保鲜和加工工艺的需要而加入食品中的人工合成或者天然物质,包括营养强化剂。

用于食品的包装材料和容器,指包装、盛放食品或者食品添加剂用的纸、竹、木、金属、搪瓷、陶瓷、塑料、橡胶、天然纤维、化学纤维、玻璃等制品和直接接触食品或者食品添加剂的涂料。

用于食品生产经营的工具、设备,指在食品或者食品添加剂生产、销售、使用过程中直接接触食品或者食品添加剂的机械、管道、传送带、容器、用具、餐具等。

用于食品的洗涤剂、消毒剂,指直接用于洗涤或者消毒食品、餐具、饮具以及直接接触食品的工具、设备或者食品包装材料和容器的物质。

食品保质期,指食品在标明的贮存条件下保持品质的期限。

食源性疾病,指食品中致病因素进入人体引起的感染性、中毒性等疾病,包括食物中毒。

食品安全事故,指食源性疾病、食品污染等源于食品,对人体健康有危害或者可能有危害的事故。

第一百五十一条　转基因食品和食盐的食品安全管理,本法未作规定的,适用其他法律、行政法规的规定。

第一百五十二条　铁路、民航运营中食品安全的管理办法由国务院食品药品监督管理部门会同国务院有关部门依照本法制定。

保健食品的具体管理办法由国务院食品药品监督管理部门依照本法制定。

食品相关产品生产活动的具体管理办法由国务院质量监督部门依照本法制定。

国境口岸食品的监督管理由出入境检验检疫机构依照本法以及有关法律、行政法规的规定实施。

军队专用食品和自供食品的食品安全管理办法由中央军事委员会依照本法制定。

第一百五十三条　国务院根据实际需要,可以对食品安全监督管理体制作出调整。

第一百五十四条　本法自 2015 年 10 月 1 日起施行。

【食品安全法发展历程】

中华人民共和国食品安全法〔20090228〕

中华人民共和国食品安全法(2015 年修订)〔20150424〕

后　记

　　传统的厨房管理多为作坊式、流动岗。随着厨房生产规模的扩大，节奏的加快，工艺要求的提高，尤其是消费者对厨房产品质量追求的升华，现代厨房岗位分工更加明确，专业化程度更高，与之配套的硬件设施更加先进，软件管理也更加科学。因此，对于在读的烹饪专业学生，以及已经从事厨房生产和管理的人员来说，系统了解和掌握现代厨房管理知识都是十分必要的。本书即是为满足这种需要编写的。

　　在编写过程中，编者在总结、借鉴传统厨房管理方法、经验的基础上，更加关注现代厨房生产运作实际。本书根据现代职业教育的需求与特点，以突出理论指导实操、务实和实用为原则，从剖析现代厨房的生产特点入手，重点阐述了厨房的机构设置、厨房人力资源管理、厨房硬件配备和设计布局、厨房生产运作流程及其管理要点、厨房产品质量概念和质量控制方法、厨房卫生和安全管理等内容。为帮助学生建立更加完备的厨房计划组织、生产运转体系，本次修订特请南京旅游职业学院高志斌老师参与，增写了"厨房菜单管理"等相关内容，并将全书结构进行相应调整。高志斌老师有多年从事高星级酒店、国际品牌餐饮公司厨房生产与管理经验，烹饪技术娴熟，理论功底扎实。将"厨房菜单管理"作为第六章有机切入，使学生在前五章人与设备管理等知识学习后，通过菜单设计制作的衔接过渡，顺利进入技术生产及其产品质量管理，知识结构更完整，管理机制更顺畅。特此说明。

马开良
2018/5/7